高等应用型人才培养精品教材

JSP动态网页设计案例教程

何月顺　张　军　主　编
李　祥　高永平　副主编

電子工業出版社
Publishing House of Electronics Industry
北京・BEIJING

内 容 简 介

本书贯彻理论与实践相结合的原则，深入浅出，配以大量实例分析，循序渐进地介绍了 Web 开发的基本概念、JSP 开发运行环境的搭建、Servlet 程序的开发、JDBC、过滤器、JSP 内置对象、自定义标签和标签库等内容。

本书主要面向具有一定 HTML 基础和 Java 程序设计基础的读者，不仅可作为计算机类相关专业的本科生"JSP 程序设计"课程的教材，也可供从事 Java Web 程序开发从业人员学习和参考。

图书在版编目（CIP）数据

JSP 动态网页设计案例教程 / 何月顺，张军主编. —北京：电子工业出版社，2021.1

ISBN 978-7-121-40244-9

Ⅰ. ①J… Ⅱ. ①何… ②张… Ⅲ. ①JAVA 语言—网页制作工具—高等学校—教材 Ⅳ. ①TP312.8 ②TP393.092.2

中国版本图书馆 CIP 数据核字（2020）第 251301 号

责任编辑：胡辛征
印　　刷：天津千鹤文化传播有限公司
装　　订：天津千鹤文化传播有限公司
出版发行：电子工业出版社
　　　　　北京市海淀区万寿路 173 信箱　邮编　100036
开　　本：787×1 092　1/16　印张：18.5　字数：520 千字
版　　次：2021 年 1 月第 1 版
印　　次：2021 年 1 月第 1 次印刷
定　　价：59.80 元

凡所购买电子工业出版社图书有缺损问题，请向购买书店调换。若书店售缺，请与本社发行部联系，联系及邮购电话：（010）88254888，88258888。

质量投诉请发邮件至 zlts@phei.com.cn，盗版侵权举报请发邮件至 dbqq@phei.com.cn。

本书咨询联系方式：weijb@phei.com.cn。

前　言

早期的 Web 应用开发仅仅能够提供有限的静态 Web 页面，动态 Web 技术的出现使得 Web 页面具有良好的动态特性，可以给客户提供及时信息以及多样化服务。Sun 公司在 20 世纪 90 年代末发布了 Java Servlet API（应用编程接口）的编码标准，成为目前几乎所有动态 Web 服务器都遵循的编码标准。JSP 即 Java Servlet Pages，它是由 Sun Microsystems 公司主导创建的一种动态网页技术标准，是一种基于 Java 语言实现的用于动态产生 HTML 的技术，是 Servlet 技术体系的一个扩展，具有良好的跨平台性和可伸缩性，其功能强大，是目前使用最为广泛的动态网页开发技术之一。

本书详细地介绍了 JSP 技术的实现原理，并通过大量实例讲解了 JSP 技术的实际应用。但是，本书未对 JSP 技术相关的 HTML 基础知识进行介绍，因此读者在阅读本书之前，需要具备一定的 HTML 基础知识，同时也需要具备一定的 Java 程序设计基础。

全书图文并茂，通俗易懂，在介绍理论知识的同时穿插了丰富的实例进行讲解，由浅入深、循序渐进地介绍了 Web 开发的基本概念、JSP 开发运行环境的搭建、JSP 程序的编写和 JSP 程序的运行，JSP 中重要的技术过滤器、监听器和自定义标签的定义和使用等内容，使读者学完后即能进行动态 Web 程序的开发。

本书共 10 章。

第 1 章，概述，介绍了 Web 相关概念、Web 开发背景知识及 Web 开发技术的发展。

第 2 章，搭建开发环境，介绍了 JSP 开发环境的搭建，包括 JDK 的下载与安装、JDK 环境变量的配置、Eclipse 工具的下载、安装及配置；运行环境的搭建，包括 Tomcat 的下载与安装、Tomcat 的启动、访问和关闭，以及如何将 Tomcat 整合到 Eclipse 中；通过一个案例，介绍了 JSP 程序开发的基本过程。

第 3 章，开发 Servlet 程序，介绍了 Servlet 的相关概念、Servlet 容器、Servlet 体系结构及 Servlet 的请求形式；Servlet 程序不同的开发方式，包括实现 Servlet 接口、继承 GenericServlet 类、继承 HTTPServlet 类等方式；Servlet 请求和响应的基本过程；Servlet 的生命周期；Servlet 的配置。

第 4 章，处理 Servlet 请求，介绍了 HTTP 请求的基本构成；ServletRequest 接口和 HttpServletRequest 接口的作用及相关方法；通过 ServletRequest 或 HttpServletRequest 从请求中获取请求数据；利用 Servlet 技术实现文件上传。

第 5 章，Servlet 响应，介绍了 HTTP 响应的各个组成部分；响应状态、响应头和响应体的设置。

第 6 章，访问数据库，介绍了数据库的相关基础；JDBC 的基本概念和运行原理；通过 JDBC 实现对数据库的访问；通过开源组件实现对数据库的访问。

第 7 章，过滤器和监听器，介绍了过滤器和监听器的定义、配置及使用。

第 8 章，JSP 核心语法，介绍了 JSP 的本质；JSP 常见的脚本元素，包括常见的 JSP

指令、JSP 表达式、JSP 声明、JSP 脚本、JSP 注释；JSP 常见的内置对象，包括 request 对象、response 对象、page 对象、pageContext 对象、out 对象、config 对象、exception 对象、session 对象；计数器实例。

第 9 章，自定义标签，介绍了自定义标签的相关概念、自定义标签的开发步骤、自定义标签中属性的处理。

第 10 章，标准标签库，介绍了表达式语言；核心标签库常见的自定义标签，包括<c:set>标签、<c:out>标签、<c:remove>标签、<c:if>标签、<c:choose>标签、<c:catch>标签和<c:forEach>标签；格式化标签库中常见的标签，包括<fmt:formatNumber>标签和<fmt:formatDate>标签。

本书的编写是基于作者多年来理论实践教学的经验，以及对 Web 程序设计课程群知识体系梳理、并结合企业资深 Web 技术人员和相关专业教师的经验的基础上，同时参考了国内外多本 JSP 程序设计优秀教材，对本书的内容，包括 JSP 技术的实现原理、JSP 技术的应用实例，均进行了合理的编排。

“JSP 程序设计”是高等院校软件工程及相关计算机专业教学计划中的一门重要的专业课程，本书的编写也参考了该课程教学大纲的相关要求，因此适合作为上述相关本科专业“JSP 程序设计”课程的教材。同时，也可供从事 Java Web 程序开发从业人员学习和参考。

本书由何月顺、张军担任主编，李祥、高永平担任副主编。蒋年德、汪雪元、吴光明、叶志翔为本书的编写做出了贡献，在此表示诚挚的感谢。因时间仓促，书中可能存在不妥之处，敬请同行及广大师生批评指正。

编　者

目　录

第1章

概　述

在计算机发展历史上，网络的出现是个重要的里程碑。网络在计算机技术中发挥着越来越重要的作用。如果说 20 世纪是桌面程序的时代，那么 21 世纪无疑就是网络程序的时代。

1.1　Web 相关概念

Web 程序也就是一般所说的网站，由服务器、客户端浏览器及网络组成。Web 程序的好处是使用简单，不需要安装，也无须花大量时间学习，有一台电脑、一根网线就可以使用。截至 2006 年年底，互联网上的网站数量已经超过 1 亿，中国的网站也已经有 200 万之多了，可见网络程序的影响力。

但 Web 程序又不是一般意义上的网站。网站的目的是提供信息服务，重在内容，程序往往比较简单。但一个商用的 Web 程序往往比较复杂，背后结合数据库等技术，例如 ERP 系统、CRM 系统、财务系统，网上办公、网上银行、在线业务办理等。下面从专业上解释一下 Web 程序相关的几个概念。

1.1.1　胖客户端

桌面程序（Desktop Program）也叫胖客户端程序（Rich Client Program，RCP）。因为桌面程序需要安装到计算机上才能运行，并会导致计算机软件的体积越来越大，因此人们形象地称桌面程序为“胖客户端程序”。

计算机上安装的任何程序都是 RCP。例如办公软件 Word、Excel，聊天工具 QQ、微信，播放软件 Media Player、Flash Player，图像制作软件 Photoshop 等。

RCP 的优点很明显，只要安装上了软件，就能高效地使用软件的功能。RCP 的缺点也很明显，就是需要安装才能使用，并且会占用大量的硬盘资源。如果某个公司的 1000 台电脑都要使用 Word 功能，那么这 1000 台电脑均需要安装 Word 应用程序。

1.1.2 瘦客户端

与胖客户端程序相对的是瘦客户端程序。瘦客户端程序（Thin Client Program，TCP）一般表现为 Web 程序，它的特点是不需要在客户端安装便能使用，只要计算机能上网即可。

瘦客户端程序将软件功能的重点集中放到了服务器上，服务器端只需要提供服务。目前流行的概念“软件即服务”SAAS（Software-As-A-Service），就是一种非常流行的瘦客户端应用。瘦客户端程序是通过 Internet 提供软件的模式，用户不用再购买软件，而改用向服务提供商租用基于 Web 的软件来管理企业经营活动，且无须对软件进行维护、升级。

目前，越来越多的基于 Web 2.0 概念的应用也都是瘦客户端的应用，随着技术的不断进步，瘦客户端程序的体验也越来越丰富。Google 已经提供了许多功能强大的 Web 程序，例如在线 Word、Excel、PDF 等功能，用于取代桌面程序。相信在不久的将来，会有越来越多的 TCP 应用。

1.1.3 B/S 结构与 C/S 结构出现

按照是否需要访问网络，程序可分为网络程序与非网络程序。其中网络程序又可分为 B/S 结构与 C/S 结构。

C/S 是指客户端（Client）/服务器（Server）模式。这种模式的客户端中需要安装一个 RCP 程序。RCP 程序负责与服务器进行数据交换。一般的网络程序都是 C/S 结构，例如 QQ、PPLive、迅雷、eMule 等。

以往基于客户端/服务器的 C/S 结构应用程序存在很多缺点，它需要安装客户端程序。当应用程序升级时，客户端同样需要下载升级程序才能使用新的功能。这样无形中会给客户端带来一定的麻烦，限制了该类应用程序的广泛使用。当今更多的下载软件、即时通信软件等都是 C/S 结构的应用程序。

B/S 是指浏览器（Browser）/服务器（Server）模式。一般的网站都是 B/S 结构，例如 Google、百度、网易等。

Web 应用程序的访问不需要安装客户端程序，可以通过任一款浏览器（例如 IE 或者 Firefox）来访问各类 Web 应用程序。当 Web 应用程序进行升级时，并不需要在客户端做任何更改。和 C/S 结构的应用程序相比，Web 应用程序可以在网络上更加广泛地进行传播和使用。

1.2 Web 开发背景知识

在了解如何开发 Web 应用程序之前，很有必要首先了解一下这些应用程序的运行平台和环境。下面就重点介绍 Web 应用程序所涉及的 Web 开发的相关背景知识，包括 Web 访问基本原理、HTTP 协议、Web 浏览器及 Web 服务器。

1.2.1 Web 访问基本原理

下面我们回想一下平时在浏览网页的过程中，浏览器和服务器端都发生了什么变化，网站是怎么实现请求和响应功能的。图 1-1 清晰地显示了浏览器访问 Web 服务器的整个过程。

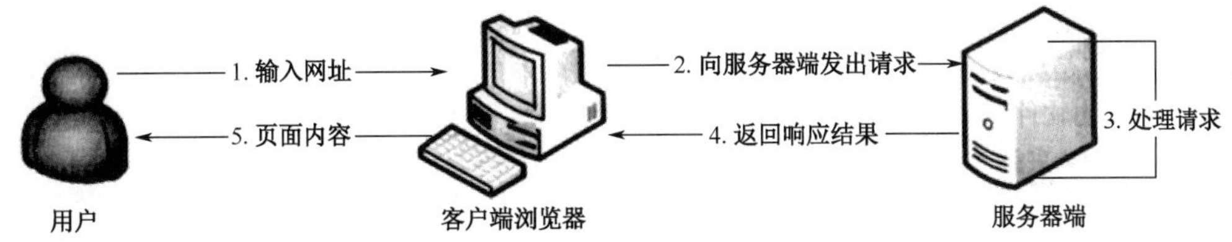

图 1-1 浏览器访问 Web 服务的过程

（1）用户打开浏览器（如 IE、Firefox 等），输入网站的 URL 地址，也就是通常所说的网址。这个地址告诉浏览器需要访问互联网中的哪台主机。

（2）浏览器寻找到指定的主机之后，向 Web 服务器发出请求（Request）。

（3）Web 服务器接受请求并做出相应的处理，生成处理结果，大多数生成 HTML 格式，也有其他响应格式。

（4）服务器把响应的结果返回并发送给浏览器。

（5）浏览器接收到对应的响应结果后，在浏览器中显示响应结果，比如 Web 页面。

1.2.2 超文本标记语言

超文本标记语言（HyperText Markup Language，HTML）是一种用于创建网页的标准标记语言。HTML 是构成 Web 世界的一砖一瓦。它定义了网页内容的含义和结构。除 HTML 以外的其他技术则通常用来描述一个网页的表现与展示效果（如 CSS），或功能与行为（如 JavaScript）。

“超文本”是指在单个网站内或网站之间将网页彼此连接的链接。链接是网络的基础。只要将内容上传到互联网，并将其与他人创建的页面相链接，你就成为万维网的积极参与者。

HTML 使用“标记”（markup，亦作 tag）来注明文本、图片和其他内容，以便于在 Web 浏览器中显示。HTML 标记包含一些特殊“元素”，比如 <head>、<title>、<body>、<header>、<footer>、<p>、<div>、<span>、<img>、<audio>、<canvas>、<video> 等。

HTML 元素通过标签将文本从文档中引出，标签由在“<”和“>”中包裹的元素名组成，HTML 中的标签不区分大小写。也就是说，它们可以用大写，小写或混合形式书写。例如，<title>标签可以写成<Title>、<TITLE>或以任何其他方式。

HTML 文件通常以.html 或.htm 为后缀，存储在 Web 服务器上。客户机通过 Web 浏览器等工具来访问存储在 Web 服务器上的 HTML 文档。

1.2.3 Web 服务器

在服务器端，与通信相关的处理都由服务器软件负责，这些服务器软件都由第三方的软件厂商提供，开发人员只需要把功能代码部署在 Web 服务器中，客户端就可以通过浏览器访问到这些功能代码，从而实现向客户提供的服务。下面简单介绍常用的服务器。

（1）IIS

Internet Information Services（IIS，互联网信息服务）IIS 是微软提供的一种 Web 服务器，提供对 ASP 语言的良好支持，也可以提供对 PHP 语言的支持。

（2）Apache

Apache 服务器是由 Apache 基金组织提供的一种 Web 服务器，其特长是处理静态页面，对静态页面的处理效率非常高。

（3）Tomcat

Tomcat 也是 Apache 基金组织提供的一种 Web 服务器，提供对 JSP 和 Servlet 的支持，通过插件的安装，同样可以提供对 PHP 语言的支持，但是 Tomcat 只是一个轻量级的 Java Web 容器，像 EJB 这样的服务在 Tomcat 中是不能运行的。

（4）JBoss

JBoss 是一个开源的重量级的 Java Web 服务器，在 JBoss 中，提供对 J2EE 各种规范的良好支持，而且 JBoss 通过了 Sun 公司的 J2EE 认证，是 Sun 公司认可的 J2EE 容器。

另外支持 J2EE 的服务器还有 BEA 的 Weblogic 和 IBM 的 WebSphere 等，适合大型的商业应用。这些产品的性能都是非常优秀的，可以提供对 J2EE 的良好支持。用户可以根据自己的需要选择合适的服务器产品。

1.2.4 统一资源定位器

在前面的内容中，我们已经知道 HTML 文档等资源被存放于 Web 服务器中，客户机通过 Web 浏览器来访问 Web 服务器上的资源。而在互联网上有成千上万的 Web 服务器，同一个服务器中也可能包括成百上千的 HTML 文档及其他资源。因此，如果需要访问指定 Web 服务器上的指定资源，必须借助于一种统一的访问形式，这种统一的访问形式被称作统一资源定位器（Uniform Resource Locator，URL），它由以下几个部分组成：

- 模式（schema）/协议（protocol）
- 主机地址或主机名称（hostname）
- 端口（port）
- 资源路径（path）

以上几个部分连接在一起，形成一个用于访问指定资源的标识符，其一般形式为：

```
protocol:hostname:port:path
```

对于支持 http 协议的 Web 服务器来说，可以使用以下形式：

```
http://hostname:port/path
```

比如：

```
http://wd.malajava.org:80/sign-up.html
```

其中，http 表示协议，wd.malajava.org 对应主机名称，80 则是端口号，而最后的 /sign-up.html 则是服务器上注册页面的路径。

1.2.5 Web 浏览器

Web 浏览器通常被简称为浏览器，它是一种用来访问 Web 服务器资源的工具，不仅能向 Web 服务器发起访问操作，还能够解析 Web 服务器返回的数据，从而以“页面”形式呈现在用户面前或将 Web 服务器返回的文件保存到本地磁盘。

在 Web 发展过程中，曾经出现过很多浏览器，比如：

- Netscape Navigator（美国网景公司）
- Internet Explorer（简称 IE，美国微软公司）
- Google Chrome（美国 Google 公司）
- Mozilla FireFox（Mozilla 基金会）
- Opera（挪威 Opera Software ASA 公司）
- Safari（美国 Apple 公司）
- Microsoft Edge（美国微软公司）

其中，网景公司的 Netscape Navigator 在早期与微软公司的 Internet Explorer 浏览器竞争中失利，已经退出浏览器市场。

在 Web 发展初期，这些浏览器都拥有自己的内核。在经历了多次浏览器大战以及 Web 领域的蓬勃发展后，目前浏览器市场上仅剩下四种主流的浏览器内核：

- Blink
- Gecko
- Webkit
- Trident

目前的主流浏览器中，Google Chrome 均采用 Blink 内核，Microsoft Internet Explorer 系列浏览器则采用 Trident 内核，Mozilla FireFox 采用 Gecko 内核，而 Apple 公司的 Safari 则采用 Webkit 内核。

早期的 Opera 采用自己的 Presto 内核，后来是 Webkit，现在是 Blink 内核。

而对于微软寄予厚望的 Microsoft Edge，初期采用的是微软为 Edge 浏览器开发的内核，而根据微软公司最新的规划，未来的 Edge 浏览器将采用 Blink 内核。

不论是哪种内核的浏览器，只要是最新版本，基本上都能很好地支持最新 HTML 标准、CSS 标注以及各种 HTML 扩展功能。另外，最新版本的浏览器也大都能很好地支持 JavaScript 脚本语言。

1.2.6 超文本传输协议

了解浏览器与 Web 服务器之间的交互关系之后，再来认识一下负责浏览器与 Web 服务器之间交互的桥梁：超文本传输协议（HyperText Transfer Protocol，HTTP）。

超文本传输协议（以下简称 HTTP 协议）是浏览器和服务器之间的应用层通信协议，它是基于 TCP/IP 之上的协议。它定义了传输文档的结构，不仅保证正确传输超文本文档，还能确定传输文档各部分内容（如文本与图形）的显示顺序等。

在万维网(World Wide Web，WWW)中，“客户”与“服务器”是一个相对的概念，只存在于一个特定的连接期间，即在某个连接中的客户在另一个连接中可能作为服务器。WWW 服务器运行时，一直在 TCP 80 端口（WWW 的默认端口）监听，等待连接的出现。

下面介绍基于 HTTP 协议的客户/服务器模式的信息交换过程，它分 4 个阶段：建立连接、发送请求、发送响应、关闭连接。

（1）建立连接

连接的建立是通过申请套接字（Socket）实现的。客户打开一个套接字并把它约束在一个端口上，如果成功，就相当于建立了一个虚拟文件。以后就可以在该虚拟文件上写数据并通过网络向外传送。

（2）发送请求

打开一个连接后，客户机把请求消息发送到服务器的指定端口上，完成发出请求动作。HTTP/1.0 请求消息的格式为：

```
请求行（通用信息|请求头|实体头） CRLF  [实体]
```

其中请求行包括以下内容：

```
方法  URL  协议 CRLF
```

在请求行中包含的“方法”可以是：

```
GET | POST | HEAD | OPTIONS | PUT | DELETE | TRACE | CONNECT
```

请求行中的方法用于描述指定资源中应该执行的动作，常用的方法有 GET、HEAD 和 POST。

CRLF 表示回车换行，标识请求行的结尾。

（3）发送响应

服务器在处理完客户的请求之后，要向客户机发送响应消息。

HTTP/1.0 的响应消息格式如下：

```
状态行（通用信息头|响应头|实体头）CRLF（实体内容）
```

其中状态行包括以下内容：

```
HTTP 版本号 状态码 原因叙述
```

状态码表示响应类型，其中：

100～199：保留；

200～299：表示请求被成功接收；

300～399：完成请求客户需进一步细化请求；

400～499：客户错误；

500～599：服务器错误。

（4）关闭连接

客户和服务器双方都可以通过关闭套接字来结束 TCP/IP 对话。

1.3 Web 开发技术简史

在了解了 Web 应用程序的基本背景知识之后，下面将重点介绍 Web 应用程序的开发方法和过程，了解开发 Web 应用程序的各类技术，以及这些技术的发展过程和优缺点。

1.3.1 传统 Web 服务器模式开发

传统的 Web 应用开发仅仅能够提供有限的静态 Web 页面（HTML 静态页面），每个 Web 页面的显示内容是保持不变的。这种模式开发的 Web 应用很不利于系统的扩展，如果网站需要提供更多新的信息资料时，就只能修改以前的页面或者重新编写 HTML 页面并提供链接，而且此类 Web 网站的信息更新周期一般都比较长（因为需要重新编写代码）。总结起来，传统 Web 应用开发模式存在如下多个不足：

- 不能提供及时信息，页面上提供的都是静态不变的信息。
- 当需要添加新的信息时，必须重新编写 HTML 文件。
- 由于 HTML 页面是静态的，所以并不能根据用户的需求提供不同的信息（包括不同的内容和格式），并不能满足多样性的需求。

静态页面的应用程序存在以上的缺点，决定了这种模式必然不能适应大中型系统和商业需求。因此，很快因特网软件工程师转向了 CGI（Common Gateway Interface，公共网关接口），系统能够提供页面的动态生成。

1.3.2 动态展现页面技术

当发布全部为静态页面的 Web 应用程序（即传统 Web 服务器模式开发）时，随着企业业务的增多，HTML 页面程序会越来越多，非常不利于后期代码的维护，而且新信息发布过程非常麻烦，所以建立一个动态 Web 应用程序就显得非常重要。一方面可以根据访问者的不同请求返回不同的访问信息，即满足服务的多样性；另一方面，可以直接通过后台管理页面发布和修改信息，再也不需要修改页面程序或者添加更多页面程序。

动态 Web 应用程序的建立，可以给客户提供及时信息以及多样化服务，可以根据客户的不同请求，动态地返回不同需求信息。下面将一一介绍创建动态页面的方法和技术。

1.3.3 CGI 实现页面的动态生成

实现动态输出的 CGI 程序是运行在服务器端的，根据不同客户端请求输出相应的 HTML 页面，然后 Web 服务器再把这些静态页面返回给浏览器作为客户端的响应。具体的 CGI 操作过程如图 1-2 所示。

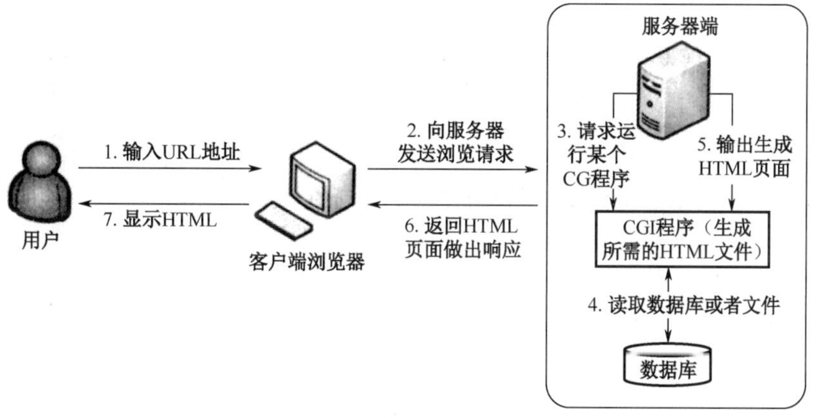

图 1-2 CGI 的操作过程

首先，用户需要在浏览器地址栏中输入 URL 地址或者单击链接来调用相应的 CGI 程序，例如 www.aaa.com/cgi/createhtml.cgi。通过 URL 地址，客户端取得和网络上域名为 www.aaa.com 的服务器主机建立连接。通过 Web 服务器调用执行 CGI 目录下的 createhtml.cgi

程序，然后将动态生成的 HTML 页面输出，最后由 Web 服务器通过网络将生成的 HTML 页面返回给客户端。

CGI 程序在服务器执行，并可以和 Web 服务器在同一个主机上。最流行的 CGI 开发语言是 Perl 和 Shell，但是也可以使用 C、C++、Java 等语言进行 CGI 开发。

CGI 程序可以访问存储在数据库中的数据或者其他系统中的文件，从而实现“动态产生页面”的效果。

虽然 CGI 实现了网站动态性，但是 CGI 也存在很多的不足之处：

- 需要为每个请求启动一个操作 CGI 程序的系统进程。如果请求非常频繁，这将会带来很大的开销。
- 需要为每个请求加载和运行一个 CGI 程序，这也将带来很大的开销。
- 需要重复编写处理网络协议的代码以及进行编码，这些工作都是非常耗时的。

前面已经介绍过了 Java 语言可以用来编写 CGI 程序，但遗憾的是，使用 Java 编写的 CGI 程序执行效率更加低下。这是因为要执行一个 Java 编写的 CGI 程序，除了首先需要启动一个系统进程，还要在进程中启动一个 JVM（Java Virtual Machine，Java 虚拟机），然后才能在 JVM 中执行 Java CGI 程序（读者应该对 Java 程序的运行机制有所了解）。

为了解决 CGI 所留下来的问题，Java 推出了 Servlet 规范。在下一节将向读者介绍 Servlet 的基本原理。

1.3.4 Java Servlet：改进的 CGI

由前面讨论知道，使用 Java 编写的 CGI 程序需要为每个请求都启动一个系统进程以及 JVM，这大大降低了执行效率。如果能有办法取消这些开销，即只需要启动一个操作系统进程以及一个 JVM 映像，基于 Java 的 CGI 就能得到很好的改善。

Servlet 正是基于这样的想法才产生的。另外，可知 Java 可以在运行的时候动态地进行加载，所以可以利用这样的功能加载新的 Java 代码来处理新的请求。这样就可以只启动一次服务器进程，而且只需要加载一次 JVM，之后这个 JVM 再加载另外的类。基于这样的思想而出现的 Servlet 执行效率就高得多了。和传统的 CGI 程序相比，Servlet 有如下几个优点：

- 只需要启动一个操作系统进程以及加载一个 JVM，大大降低了系统的开销。
- 如果多个请求需要做同样处理的时候，这时只需要加载一个类，这也大大降低了开销。
- 所有动态加载的类可以实现对网络协议以及请求解码的代码共享，大大降低了工作量。
- Servlet 能够直接和 Web 服务器交互，而普通的 CGI 程序不能。Servlet 还能够在各个程序之间共享数据，使得数据库连接池之类的功能很容易实现。

Sun 公司在 20 世纪 90 年代末就发布了基于 Servlet 的 Web 服务器，为了确保加载的各个类之间不起冲突，已经建立了一个称为 Java Servlet API（应用编程接口）的编码标准。现在基本上所有的服务器都遵循这个编码标准，所以 Servlet 有很好的移植性。

现在的 Web 服务器（例如 Tomact）已经集成了 Servlet 容器，Servlet 容器负责管理加载、卸载、重新加载和执行 Servlet 代码等操作。

1.3.5 JSP：Servlet 的模板

JSP 即 Java Servlet Pages，它是一种基于 Java 语言实现的用于动态产生 HTML 的技术，是 Servlet 技术体系的一个扩展。

通常，采用 JSP 技术开发的页面以.jsp 或.jspx 为后缀，这种文件被称作 JSP 页面或 JSP 文件。在 JSP 文件中可以直接嵌入 Java 代码，从而实现在 Servlet 中才能实现的所有功能。

所有的 JSP 文件都最终会被转换成一个 Servlet 程序，用户在访问 JSP 页面时最终访问的是该 JSP 页面对应的 Servlet 程序。

一个 JSP 文件访问一个 JSP 网站的过程如图 1-3 所示。

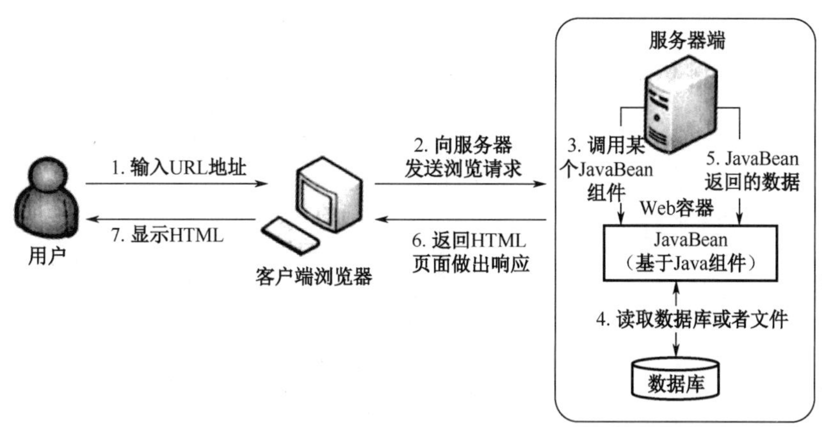

图 1-3 JSP 页面的访问过程

JSP 技术的设计目的是使得构造基于 Web 的应用程序更加容易和快捷，而这些应用程序能够与各种 Web 服务器、应用服务器、浏览器和开发工具很好地共同工作。JSP 网页可以非常容易地与静态模板结合，包括 HTML 或 XML（Extensible Markup Language，简称 XML）片段，以及生成动态内容的代码。

1.3.6 JSP 基本原理

许多由 CGI 程序生成的页面大部分仍旧是静态 HTML，动态内容只在页面中有限的几个部分出现，但是包括 Servlet 在内的大多数 CGI 技术及其变种，总是通过程序生成整个页面，JSP 使得我们可以很容易地分别创建这两个部分。

Web 容器处理 JSP 文件请求需要经过三个阶段：

（1）翻译阶段（Translation phase）

在这一阶段，编写好的 JSP 文件首先会被 Web 容器中的 JSP 引擎转换成 Java 源代码。

（2）编译阶段（Compilation phase）

JSP 文件所翻译成的 Java 源代码会被编译成可以被 Java 虚拟机执行的字节码。

（3）请求阶段（Request phase）

当容器接受了客户端的请求之后，容器会加载并执行已经编译好的字节码，等到处理完请求之后，容器再把生成的页面反馈给客户端进行显示。

图 1-4 所示形象地演示 Web 容器执行的这三个阶段。

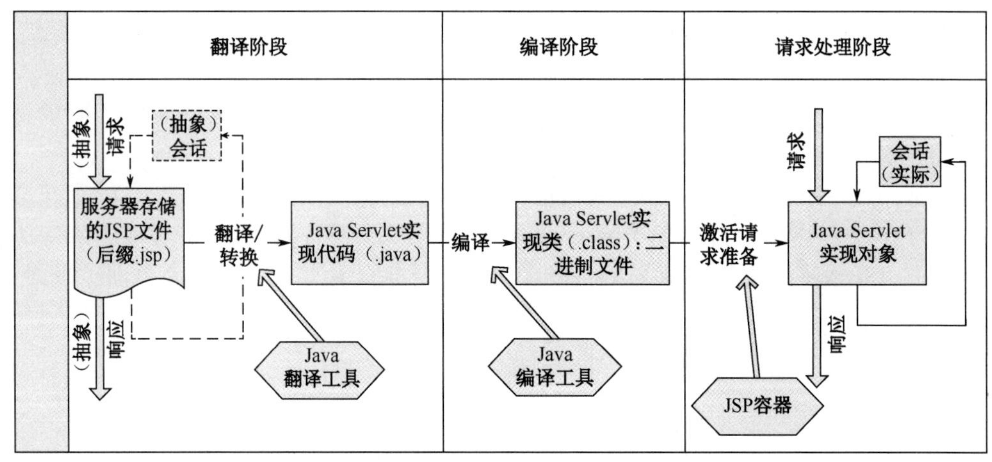

图 1-4　容器处理 JSP 的三个阶段

1.4　思维梳理

- 概述
  - Web相关概念
    - 胖客户端程序
    - 瘦客户端程序
    - B/S结构与C/S结构
  - Web开发背景知识
    - Web访问基本原理
    - 超文本标记语言——确定页面存储形式
    - Web服务器——确定资源存储位置
    - 统一资源定位器——确定资源位置
    - Web浏览器——访问服务器资源
    - 超文本传输协议——实现浏览器和服务器之间的传输
  - Web开发技术发展简史
    - 传统Web服务器模式开发
    - 动态展现页面技术
    - CGI实现页面的动态生成
    - Java Servlet：改进的CGI
    - JSP： Servlet的模版
    - JSP基本原理

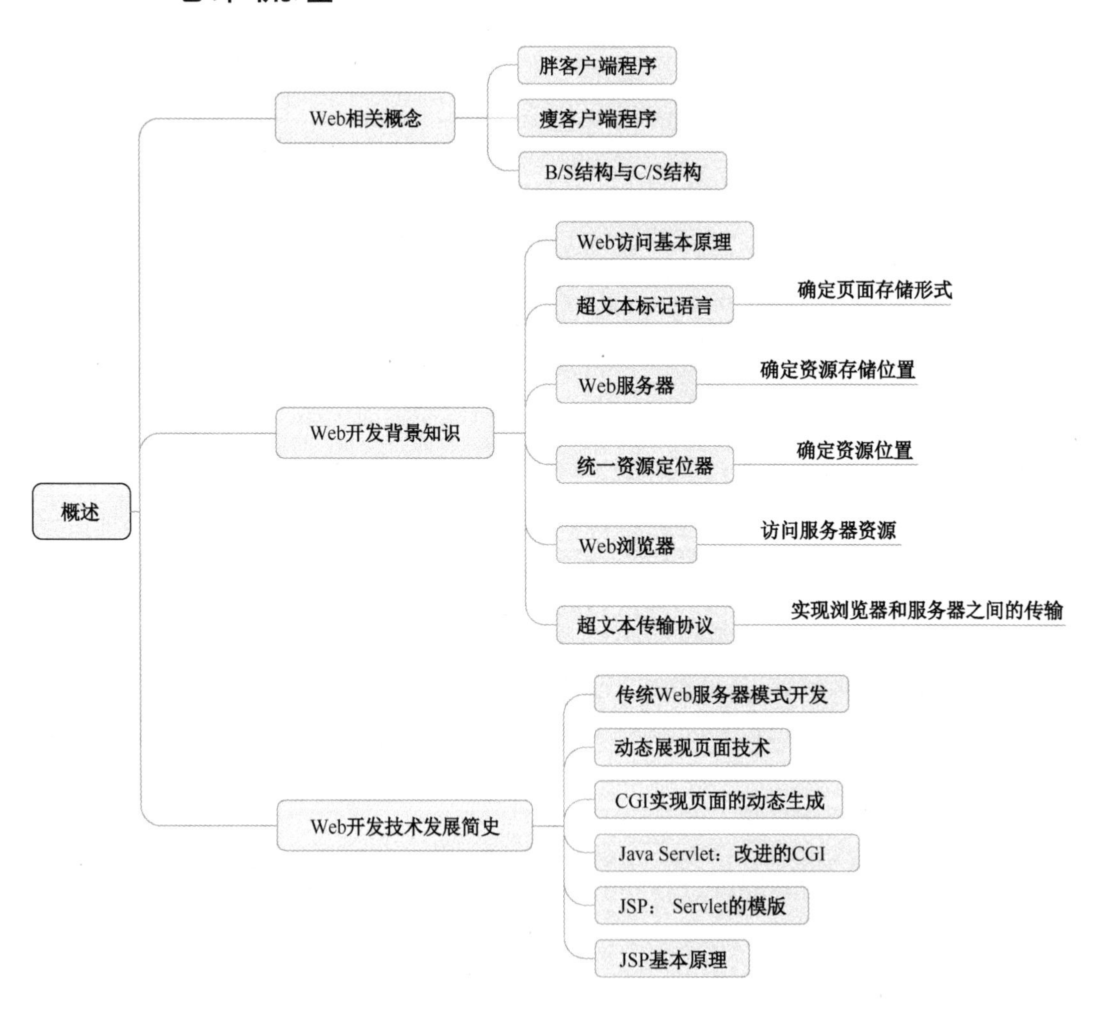

1.5 习题

（1）简述胖客户端和瘦客户端的区别。

（2）简述 B/S 结构与 C/S 结构的区别。

（3）简述 Web 访问的基本过程。

（4）什么是超文本传输协议？简述基于超文本传输协议的客户/服务器模式的信息交换过程。

（5）简述 JSP 文件被处理的基本过程。

第 2 章

搭建开发环境

本节主要讲解 JSP 开发环境的搭建。在正式搭建开发环境之前，我们约定以下事项：

- ✧ 程序开发类软件统一放入 X:/applications 目录下
- ✧ Eclipse 工作空间统一放入 X:/workspaces 目录下
- ✧ 工具类软件统一放在 X:/utility 目录下

注意，这里的 X 盘可以是任意磁盘，读者可以根据实际情况选择相应的磁盘，比如选择 C 盘、D 盘、E 盘等。

同时，需要特别强调的是，不论创建目录还是创建文件，其名称应该使用英文且不要带空格，另外不要将常用的工具或工作空间目录放到层次太深的目录里。

2.1 搭建 JSP 开发环境

2.1.1 下载 JDK

2009 年，Oracle 公司宣布收购 Sun 公司，因此 JDK 目前由 Oracle 公司来管理和维护。Oracle 公司为 JDK 提供的下载地址为：

```
https://www.oracle.com/technetwork/java/javase/downloads/index.html
```

因为这个网址太长，不便于输入和记忆，Oracle 公司提供了另外一个简短的网址：

```
http://www.oracle.com/javadownload
```

浏览器中输入该网址后按下回车键，即可跳转到 JDK 下载页面（如图 2-1 所示）。

本书在定稿之时，最新的 JDK 版本是 JDK 11。在目前企业级开发环境中并没有大规模更新到 JDK 的最新版本，部分企业甚至还在使用 JDK 1.6，因此我们不选择使用最新版本的 JDK。另外，从 JDK 1.9 开始，Oracle 官方不再提供 32 位版本的 JDK，考虑到部分读者仍然在使用 32 位操作系统，因此本书采用 JDK 1.8 作为开发环境。

在图 2-1 所示的下载页面中找到 JDK 1.8 对应的区域，如图 2-2 所示。

图 2-1 Oracle 公司提供的 JDK 下载页面

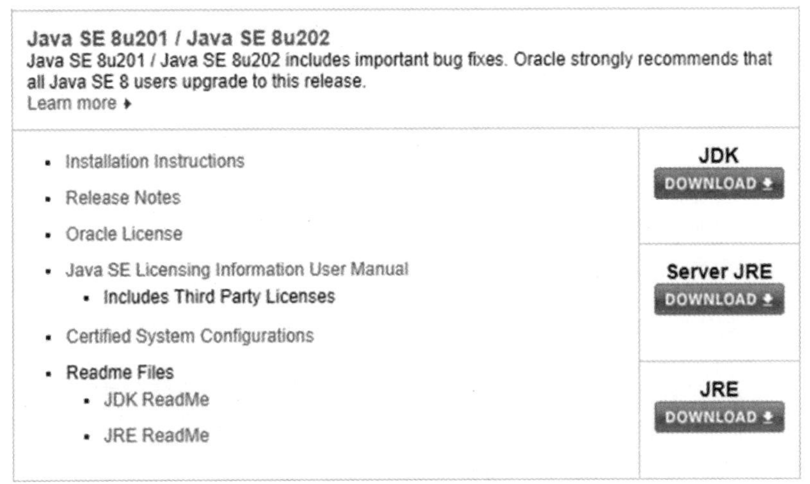

图 2-2 下载页面中的 Java SE 8u201/8u202 区域

这里需要注意的是，图 2-2 中最上方的 “Java SE 8u201 / Java SE 8u202”，其中的 8u201、8u202 表示 JDK 1.8 的第 201、202 个更新版本，这也是本书定稿时 JDK 1.8 的最新版本，将来可能会有“Java SE 8u211 / Java SE 8u212”等版本（下文中所有的 8u201 和 8u202 均为此含义）

单击图 2-2 右侧的“JDK”下面的 “DOWNLOAD”按钮即可打开 JDK 1.8 下载页面。在新开启的页面中，找到“Java SE Development Kit 8u201”区域或“Java SE Development Kit 8u202” 区域，常见操作系统对应的 JDK 如图 2-3 所示。

在图 2-3 所示的区域中选择 “Accept License Agreement” 后，单击相应版本的 JDK 文件链接即可下载 JDK。在选择 JDK 时，需要根据本机操作系统来选择，比如 32 位 Windows 操作系统对应的版本是 jdk-8u202-windows-i586.exe，而 64 位 Windows 操作系统对应的版本是 jdk-8u202-windows-x64.exe。其他操作系统也采用同样方式选择。

撰写本书时所使用的环境是 64 位 Windows 操作系统，因此这里选择下载的是 jdk-8u202-windows-x64.exe。

Java SE Development Kit 8u202

You must accept the Oracle Binary Code License Agreement for Java SE to download this software.

○ Accept License Agreement ◉ Decline License Agreement

Product / File Description	File Size	Download
Linux ARM 32 Hard Float ABI	72.86 MB	jdk-8u202-linux-arm32-vfp-hflt.tar.gz
Linux ARM 64 Hard Float ABI	69.75 MB	jdk-8u202-linux-arm64-vfp-hflt.tar.gz
Linux x86	173.08 MB	jdk-8u202-linux-i586.rpm
Linux x86	187.9 MB	jdk-8u202-linux-i586.tar.gz
Linux x64	170.15 MB	jdk-8u202-linux-x64.rpm
Linux x64	185.05 MB	jdk-8u202-linux-x64.tar.gz
Mac OS X x64	249.15 MB	jdk-8u202-macosx-x64.dmg
Solaris SPARC 64-bit (SVR4 package)	125.09 MB	jdk-8u202-solaris-sparcv9.tar.Z
Solaris SPARC 64-bit	88.1 MB	jdk-8u202-solaris-sparcv9.tar.gz
Solaris x64 (SVR4 package)	124.37 MB	jdk-8u202-solaris-x64.tar.Z
Solaris x64	85.38 MB	jdk-8u202-solaris-x64.tar.gz
Windows x86	201.64 MB	jdk-8u202-windows-i586.exe
Windows x64	211.58 MB	jdk-8u202-windows-x64.exe

图 2-3　常见操作系统对应的 JDK

2.1.2　安装 JDK

下载完成后，在磁盘上找到相应的 JDK 安装文件（浏览器默认会保存在当前用户的“下载”目录中），双击即可启动安装界面，如图 2-4 所示。

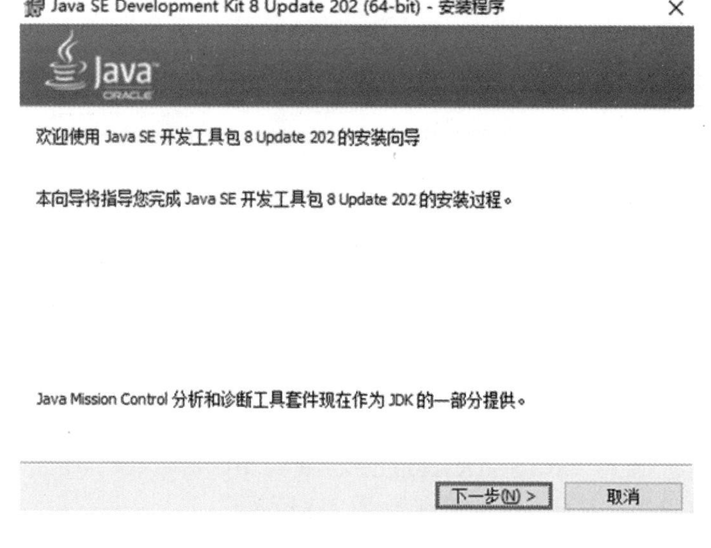

图 2-4　启动安装界面

单击“下一步”按钮，即可进入如图 2-5 所示的界面。这里，我们建议不要更改 JDK 的默认安装目录（即 C:\Program Files\Java\jdk1.8.0_202\目录），所以直接单击“下一步”按钮开始进入安装过程。

另外，因为在 JDK 中已经包含了 JRE（Java Runtime Environment），所以可以不必再单独安装 JRE。如果不需要安装 JRE，可以在图 2-5 所示界面中，单击“公共 JRE”左侧的下拉三角按钮后，选择 “此功能将不可用”，从而不再安装 JRE。

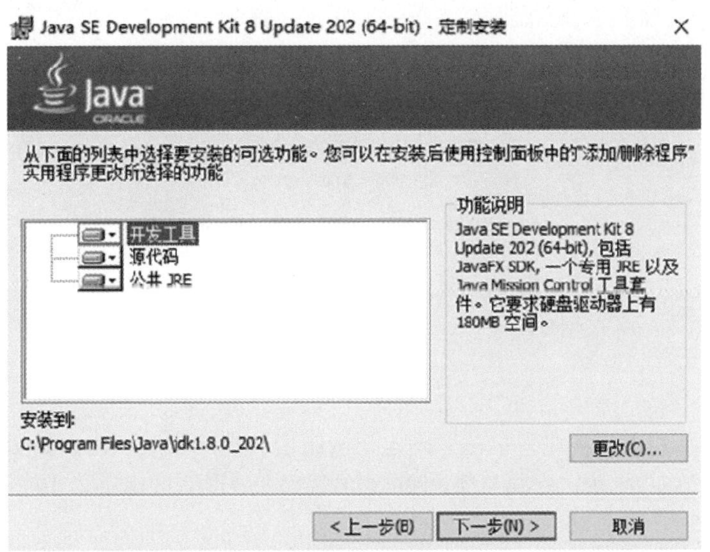

图 2-5　设置安装目录、选择安装的模块

这里，我们不做任何修改，采取默认配置（即采用默认的安装 JRE 选项）。图 2-6 显示了 JDK 的安装进度。

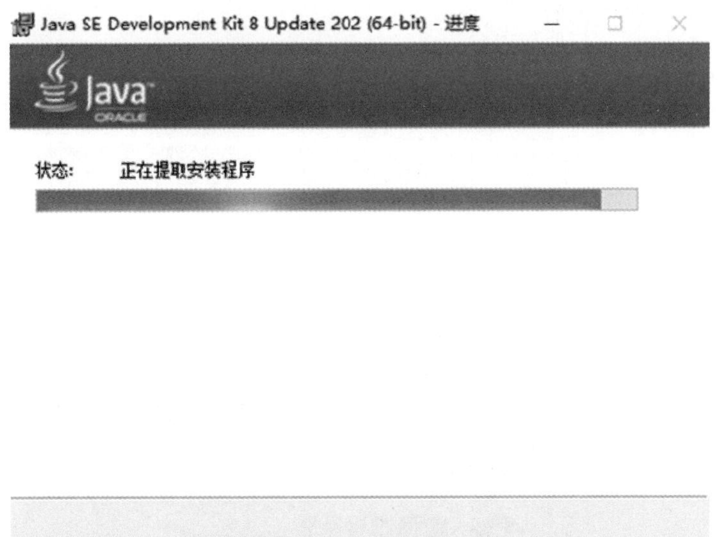

图 2-6　正在安装 JDK

JDK 安装完毕后，会弹出“许可证条款中的变更”对话框，如图 2-7 所示。

注意，这一步骤是最新版的 JDK 在安装时的一个提示，主要原因是 Oracle 公司从 2019 年 4 月份开始针对 JDK 的企业用户予以收费，这一措施并不影响个人用户，也不会对整个 Java 开发领域造成太大影响。

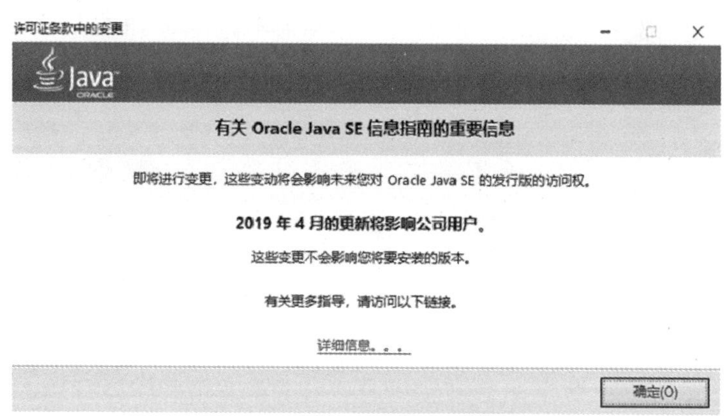

图 2-7 “许可证条款中的变更”对话框

在图 2-7 所示的对话框中，单击“确定”按钮后会提示安装 JRE，如图 2-8 所示。这里依然不建议更改默认的 JRE 安装目录，直接单击“下一步”按钮进入 JRE 的安装过程。

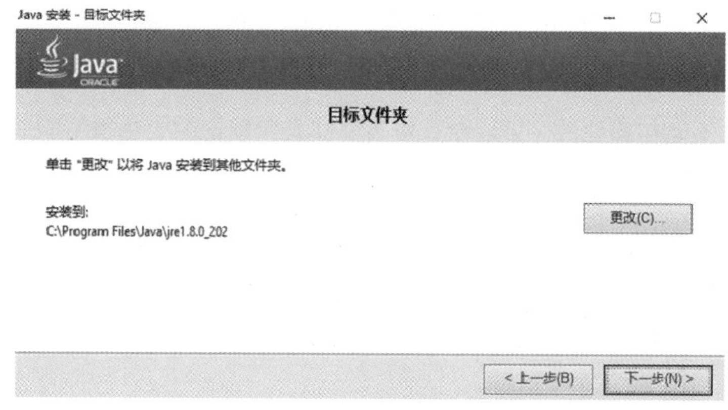

图 2-8 安装 JRE

JRE 的安装过程与安装 JDK 类似，如图 2-9 所示。

图 2-9 JRE 安装过程

当 JDK 和 JRE 都安装成功后，进入如图 2-10 所示的安装完成界面，单击“关闭”按钮即可。

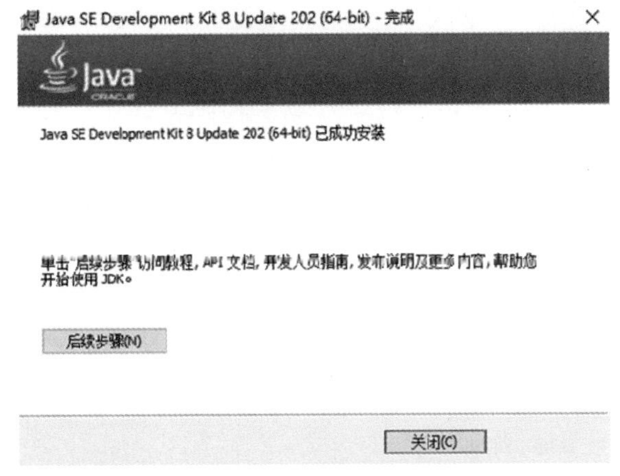

图 2-10　JKD 安装完毕

至此，JDK 安装结束。

2.1.3　配置环境变量

JDK 安装完成后，还需要配置环境变量才能更好地配合 Eclipse 开发动态网站。

在 Windows 系统下配置环境变量，需要打开环境变量对话框。

1　打开“系统”窗口

✧　Windows 7 系统下，在桌面右键单击“计算机”，选择“属性”选项

✧　Windows 10 系统下，在桌面右键单击“此电脑”，选择“属性”选项

1）打开“系统属性”对话框

在“系统”窗口中的左侧，单击 “高级系统设置”，打开“系统属性”对话框，并在“系统属性”对话框中选择“高级”选项卡，如图 2-11 所示。

2. 打开“环境变量”对话框

单击图 2-11 中的“环境变量”按钮，即可打开“环境变量”对话框，如图 2-12 所示。

3. 配置环境变量

（1）创建 JAVA_HOME 变量

在“系统变量(S)”区域中，单击“新建(W)…”按钮，创建 JAVA_HOME 变量，如图 2-13 所示 。

在“变量名(N)”之后的输入框中输入 JAVA_HOME，单击“浏览目录”按钮后即可选择 JDK 的安装目录，这里的“C:\Program Files\Java\jdk1.8.0_202”是 JDK 默认的安装目录。

最后单击“新建系统变量”对话框中的“确定”按钮之后，即创建好 JAVA_HOME

变量。

图 2-11　“高级”选项卡

图 2-12　“环境变量”对话框

新建系统变量
变量名(N):
JAVA_HOME
变量值(V):
C:\Program Files\Java\jdk1.8.0_202
浏览目录(D)...
浏览文件(F)...
确定
取消

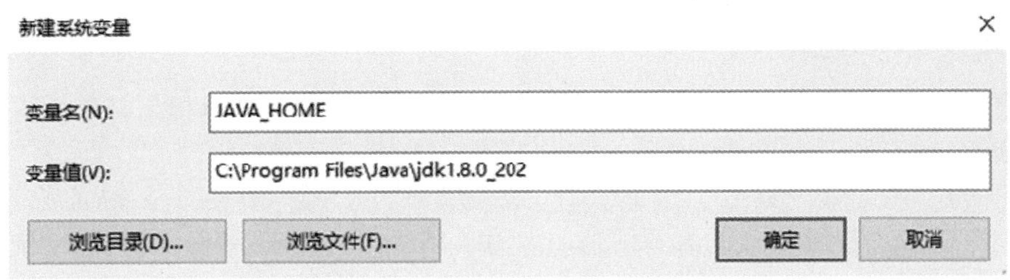

图 2-13　创建 JAVA_HOME 变量

2. 创建 CLASSPATH 变量

接下来，在图 2-12 中单击“新建”按钮，创建 CLASSPATH 变量，如图 2-14 所示。

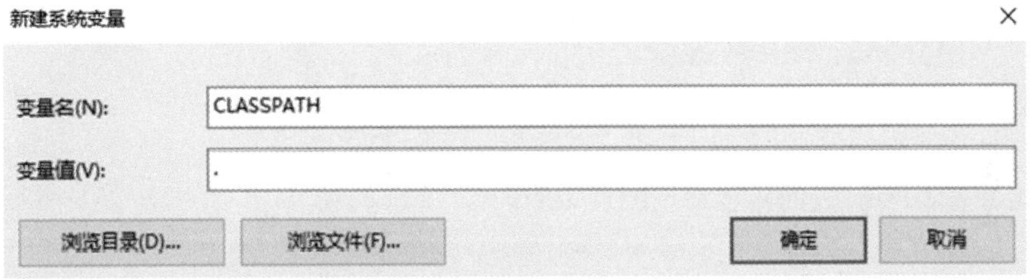

新建系统变量
变量名(N):
CLASSPATH
变量值(V):
.
浏览目录(D)...
浏览文件(F)...
确定
取消

图 2-14　创建 CLASSPATH 变量

注意，CLASSPATH 变量的取值只需要指定当前目录即可(用英文圆点表示)，并不需要指定其他的目录或文件(早期的资料上可能还配置了其他内容，现在不需要了)。

3. 修改 Path 变量

随后在图 2-12 中的“系统变量”区域中，选中 Path 变量，单击“编辑”按钮，在 Path 变量的变量值最前方添加以下内容:

```
%JAVA_HOME%\bin;
```

最后单击“确定”按钮即可，如图 2-15 所示。

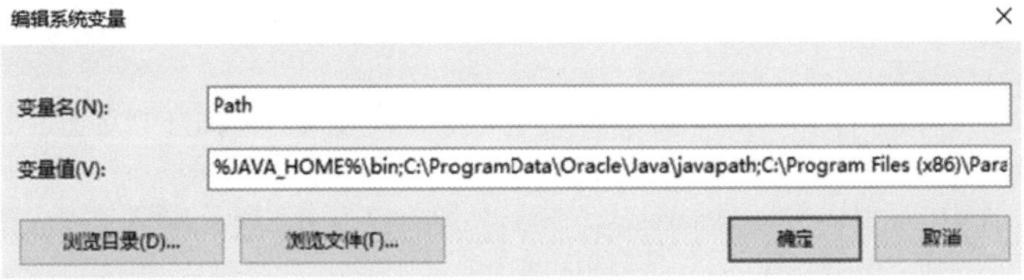

编辑系统变量
变量名(N):
Path
变量值(V):
%JAVA_HOME%\bin;C:\ProgramData\Oracle\Java\javapath;C:\Program Files (x86)\Para
浏览目录(D)...
浏览文件(F)...
确定
取消

图 2-15　编辑 Path 变量

这里需要注意，在 Windows 系统中，半角分号是 Path 变量值的不同部分之间的分隔符，因此一定要注意“%JAVA_HOME%\bin;”中的分号必须为半角分号。

4．验证环境变量

配置好 JAVA_HOME、CLASSPATH、Path 变量后，打开“命令提示符”，并在其中输入以下命令：

```
javac -version
```

按回车键后，看到 JDK 的版本信息，如图 2-16 所示，即表示环境变量已经设置成功。

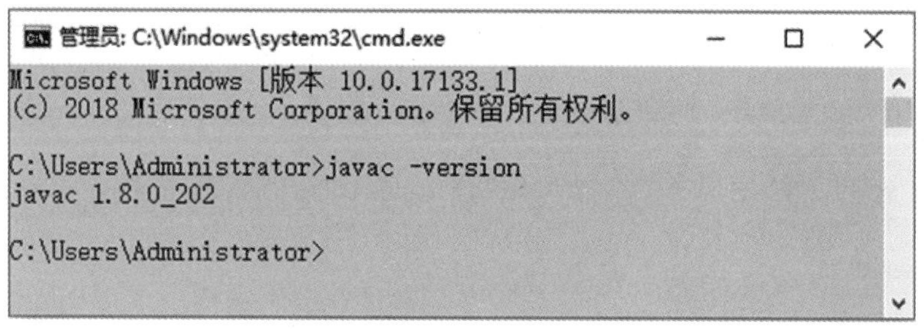

图 2-16　在命令提示符中执行 javac 命令

至此，与 JDK 有关的环境变量配置完毕。

> 在“命令提示符”的标题栏单击鼠标右键，弹出“属性”对话框，
> 在“属性”对话框中，选择 “颜色”选项卡后，可以设置“命令提示符”的文字颜色和背景颜色。
> 先单击鼠标左键选择“屏幕文字”后，在下方的颜色块中即可选择文字颜色。
> 随后，单击“屏幕背景”后，在下方颜色块中即可设置背景颜色。

2.1.4　下载 Eclipse

Eclipse 是一个开源代码、基于 Java 的可扩展开发平台。

Eclipse 最初是由 IBM 公司开发的替代商业软件 Visual Age for Java 的下一代 IDE 开发环境，2001 年 11 月贡献给开源社区，现在它由非营利软件供应商联盟 Eclipse 基金会（Eclipse Foundation）管理。

在浏览器中打开 http://www.eclipse.org/downloads/ 进入 Eclipse 下载页面，如图 2-17 所示。

在页面中单击“Download Packages “链接，如图 2-17 左下角所示，进入可以选择 Eclipse 版本的下载页面，并找到图 2-18 所示的区域。

注意，在该页面中可以选择相应的操作系统，如图 2-18 右上角所示，同时因为后续开发的需要，我们选择下载“Eclipse IDE for Enterprise Java Developers”版本，单击右侧 Windows 之后的 64-bit 即可下载 64 位 Windows 操作系统适用的 Eclipse。

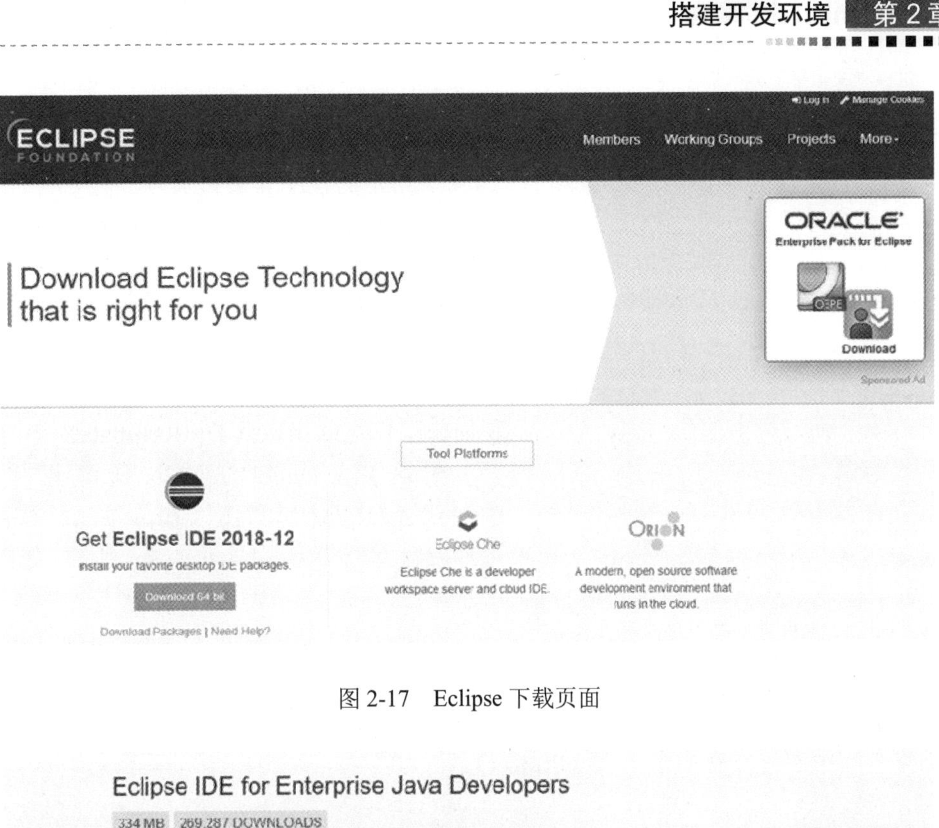

图 2-17 Eclipse 下载页面

图 2-18 Eclipse 版本选择页面

另外，Eclipse 从 4.10 版本开始将不再提供 32 位版本，使用 32 位操作系统的读者可以从以下网址下载早期版本的 Eclipse：

```
https://www.eclipse.org/downloads/packages/release/photon/r
```

在该页面中找到“Eclipse IDE for Java EE Developers”区域，根据自己的操作系统选择相应版本即可（适用于 32 位操作系统的是“32bit”，适用于 64 位操作系统的是“64 bit”）。

这是一个被命名为 Photon 的版本，为照顾使用 32 位操作系统的读者，本书所使用的 Eclipse 即为该版本（Eclipse 4.8）。

2.1.5 启动 Eclipse

下载完成后，可以在磁盘上找到相应的 Eclipse 压缩包(浏览器默认会保存在当前用户

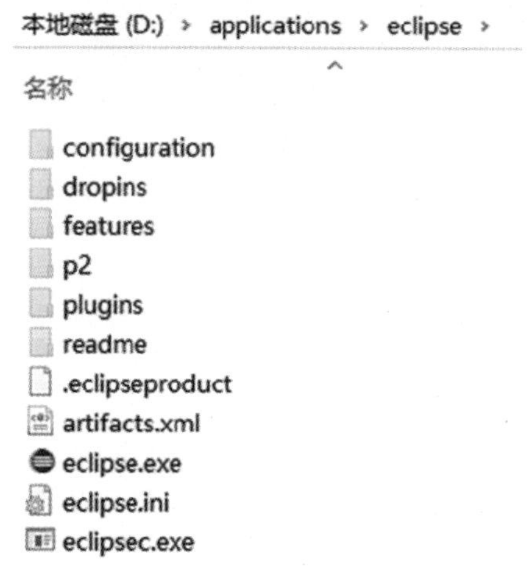

图 2-19　eclipse 主目录中的子目录和文件

的“下载”目录中)，并将 Eclipse 压缩包复制到 D:/applications 目录中。(注: applications 目录是 2.1.4 节约定的程序安装目录)

接下来，将 Eclipse 压缩包解压，得到 eclipse 目录，该目录内部结构如图 2-19 所示。

其中 eclipse.exe 即为 Eclipse 软件的启动文件，双击即可启动 Eclipse。启动时，需要设置 workspace（工作空间）的目录，根据前面的约定，我们将工作空间指定到 D:/workspaces/jsp 目录。

在这里，可以在输入框中直接输入 D:/workspaces/jsp 或单击“Browser…”按钮后再选择磁盘上的 D:/workspaces/jsp 目录，如图 2-20 所示。

Eclipse 的工作空间（Workspace）是指在 Eclipse 中所编写的工程代码的存放位置，从形式上看，一个工作空间就是一个特定的目录。Eclipse 可以对应多个工作空间（Workspace），每个工作空间中都可以有多个工程（Project）。

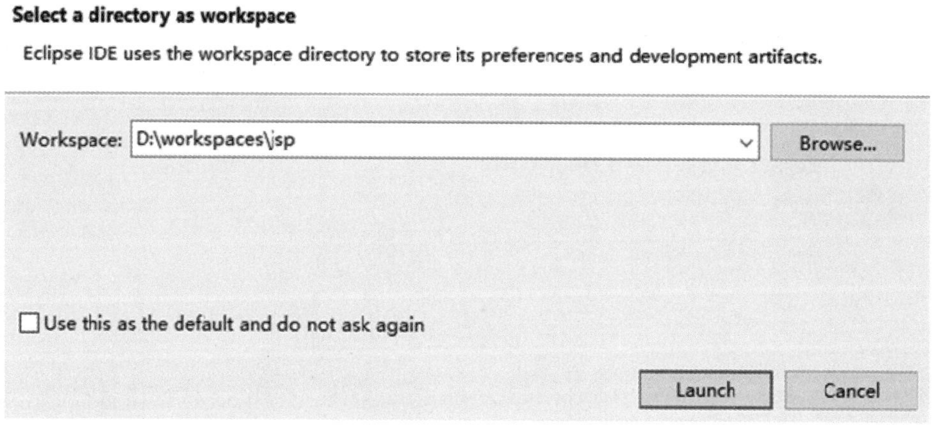

图 2-20　设置工作空间

指定好工作空间（Workspace）后，单击“Launch”按钮即可进入启动界面，如图 2-21 所示。

Eclipse 启动时间视机器配置而定，启动之后即进入 Eclipse 欢迎界面，如图 2-22 所示。

在欢迎界面中，取消对“Always show Welcome at start up”的勾选，随后关闭欢迎界面，进入软件主界面，如图 2-23 所示。

进入软件主界面后，在整个界面右上角可以看到，当前默认视图模式就是 Java EE 视图，而我们后续的开发将基于 Java EE 来实现，因此不必再切换视图模式。

图 2-21　Eclipse 启动画面

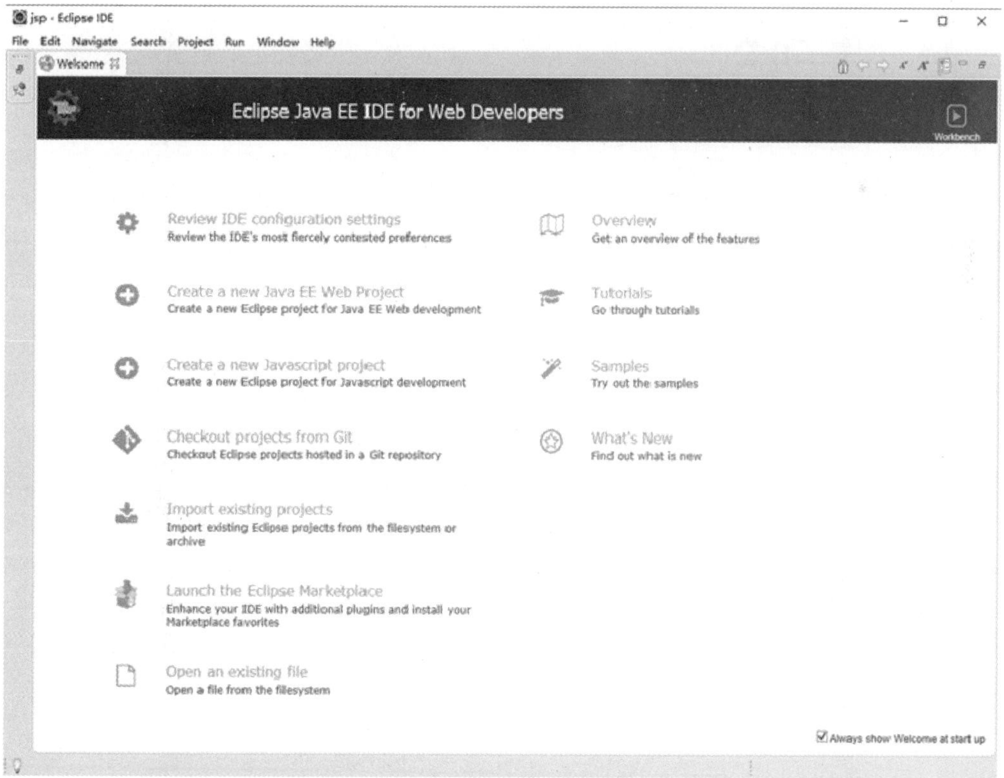

图 2-22　Eclipse 欢迎界面

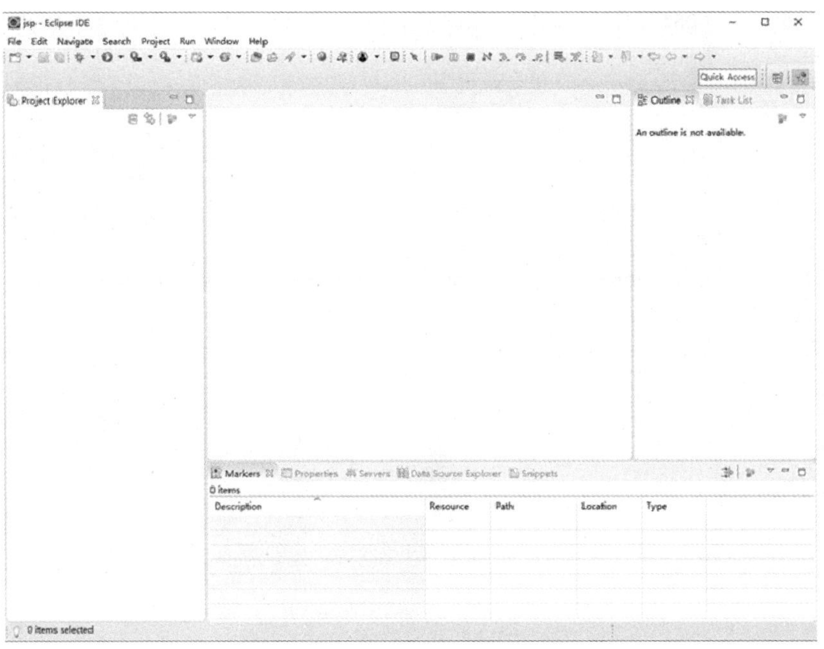

图 2-23　Eclipse 主界面

2.1.6　配置工作空间

1．关闭不必要的选项卡

根据“不使用不开启”的原则，参考图 2-23 将 Eclipse 主界面中除“Project Explorer”、“Servers”之外的选项卡全部关闭，则主界面变成如图 2-24 所示。

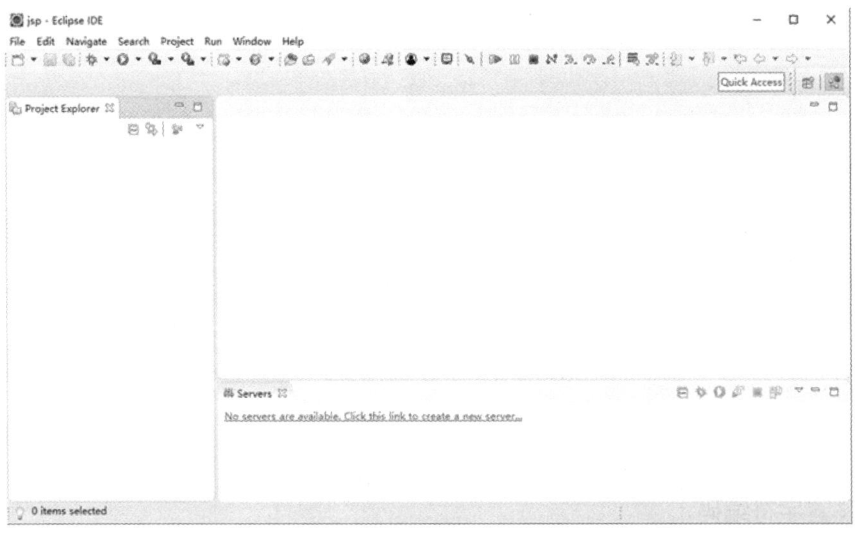

图 2-24　将 Eclipse 中不常用的选项卡关闭后的界面

随后，再在 Eclipse 主界面中添加 Console 选项卡。首先单击菜单栏中的“Window”→“Show View”→“Console”选项，如图 2-25 所示。

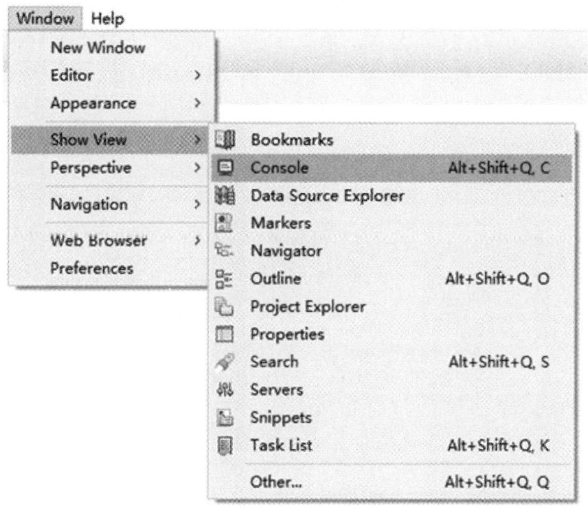

图 2-25　添加 Console 选项卡的操作过程

添加 Console 选项卡后，在 Eclipse 主界面中只剩下左侧的“Project Explorer”，下侧的“Servers”和“Console”如图 2-26 所示。

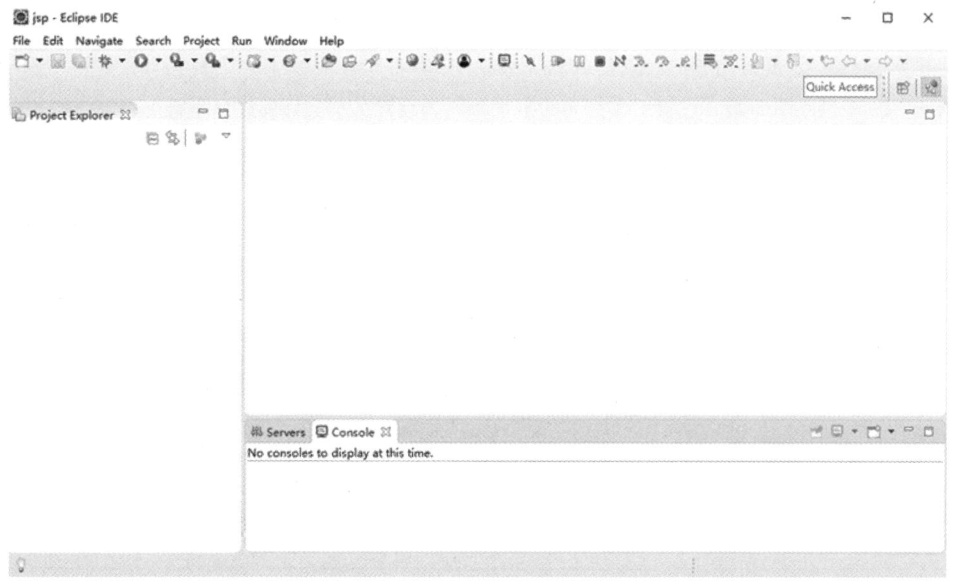

图 2-26　整理后的 Eclipse 主界面

2．设置字符编码和换行风格

默认情况下，Eclipse 为当前工作空间设置的字符编码为 GBK 编码，文本文件的换行方式为 Windows 风格。通常，我们建议将字符编码设置为 UTF-8，换行方式设置为 UNIX

风格。

在主界面中单击菜单栏中的“Window → Preferences”，开启“Preferences”对话框，出现如图 2-27 的界面，在图 2-27 左侧展开 General 选项后，单击 Workspace 选项，并将右侧 Workspace 区域中最下方的“Text file encoding”设置为“UTF-8”，将“New file line delimiter”设置为 “UNIX”，最后单击“Apply and Close”按钮即可生效。

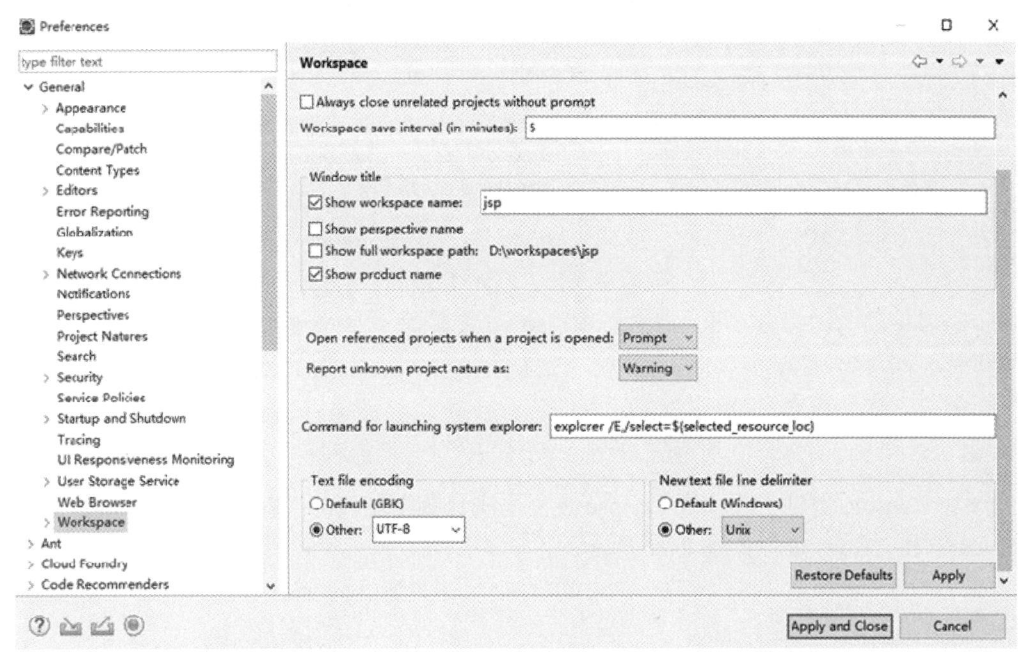

图 2-27　设置工作空间的字符编码、设置文本文件的行分隔符

3. 隐藏工具栏中的部分按钮

选择菜单栏中的“Window →Perspective → Customize Perspective…”，进入“Customize Perspective - Java EE”对话框中，在“Tool Bar Structure”选项卡中，取消对以下选项的选择：

• Eclipse User Storage	• Web Browser
• Terminal	• Launch the Web Services Explorer
• Debug	• Navigage
• Java EE	• Help
• Search	

操作完成后的“Tool Bar Structure”如图 2-28 所示，最后单击“OK”按钮确定即可。

关闭了不必要的选项卡、并取消了工具栏中不必要的工具按钮后的 Eclipse 主界面如图 2-29 所示。

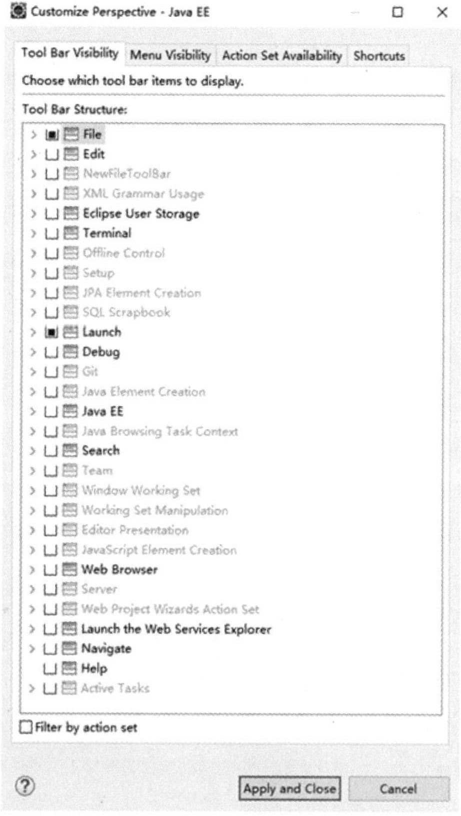

图 2-28　配置工具栏中的按钮

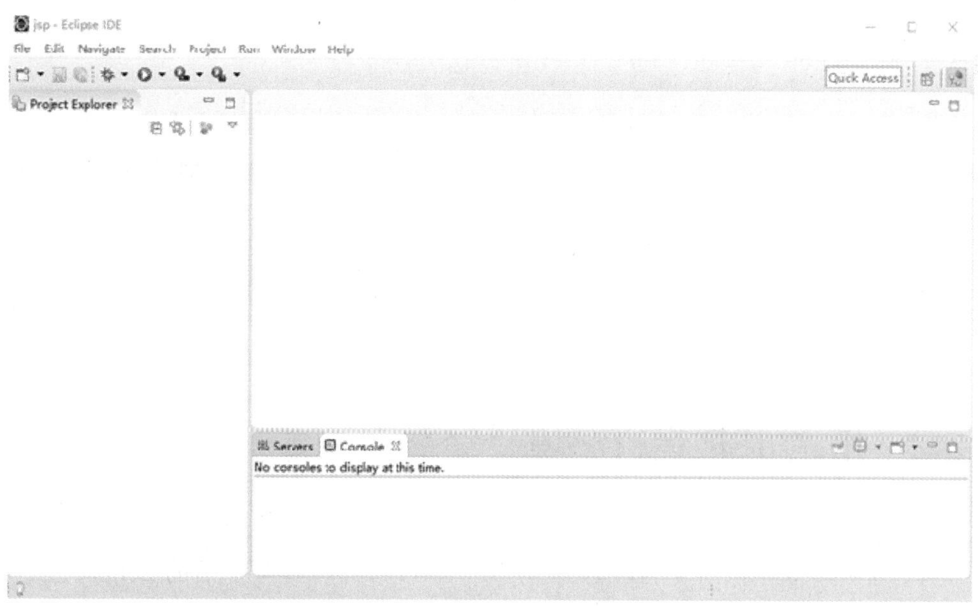

图 2-29　取消了工具栏中不必要的工具按钮后的 Eclipse 主界面

2.1.7 关闭自动更新

Eclipse 自动更新选项默认是开启的，为了避免因为更新而造成的不必要麻烦，我们选择关闭自动更新。

执行菜单栏中的 “Window → Preferences” 命令，开启“Preferences”对话框，在 Preferences 对话框左侧找到并展开“Install/Update”，随后单击“Install/Update”下方的“Automatic Updates”，如图 2-30 所示。

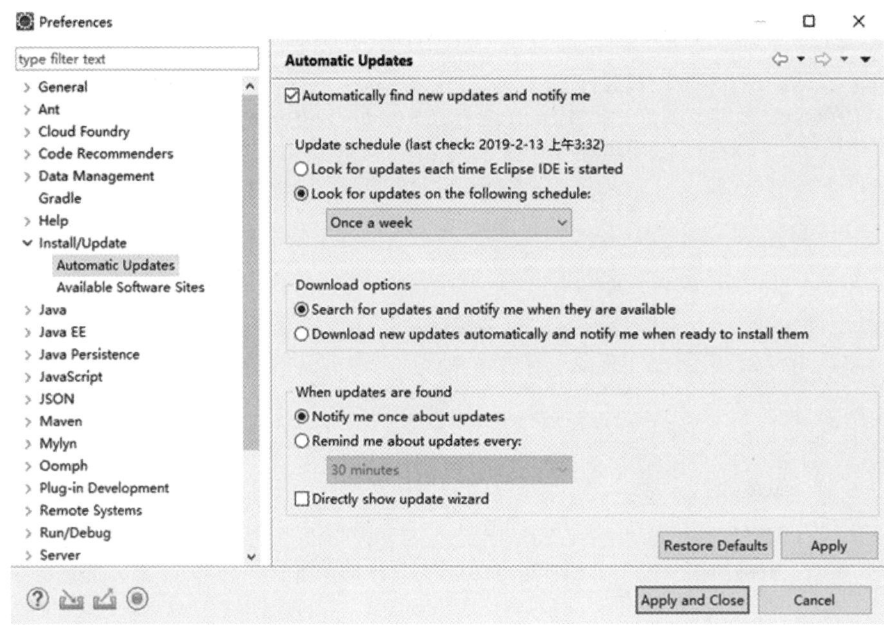

图 2-30 关闭 Eclipse 自动更新

在“Preferences”对话框右侧的“Automatic Updates”标题下，取消对“Automatically find new updates and notify me”复选框的选择，随后单击右下角的“Apply and Close”按钮即可，其操作界面如图 2-30 所示。

至此，我们设置好了当前工作空间的编码，关闭了不必要的选项卡，同时也取消了工具栏中不必要的工具按钮，整个 Eclipse 界面变得整洁了，写起代码来也会神清气爽、事半功倍。接下来我们可以搭建网站运行环境了。

2.2 搭建 JSP 运行环境

开发环境搭建好以后，只能用来开发动态网站，但不能让动态网站运行起来，因此还需要搭建动态网站的运行环境。所谓运行环境，就是可以发布并管理动态网站的一种软件，这种软件通常被称作服务器软件。在 Java 领域中常用的轻量级服务器软件有 Tomcat、Jetty、Resin 等，本书选择应用较为广泛的 Tomcat 作为运行环境。

2.2.1 获取 Tomcat

首先在浏览器中打开 http://tomcat.apache.org，进入 Apache Tomcat 官网，如图 2-31 所示。

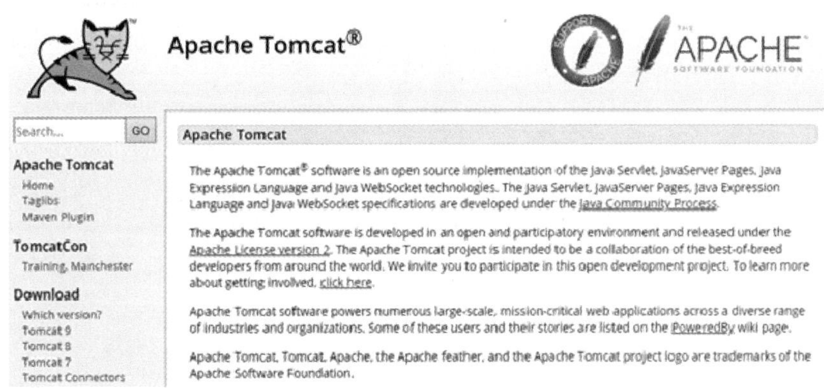

图 2-31　Apache Tomcat 官网

在图 2-31 中，单击 Download 下面的 Tomcat 9 链接，进入下载页面，然后找到如图 2-32 的所示区域。

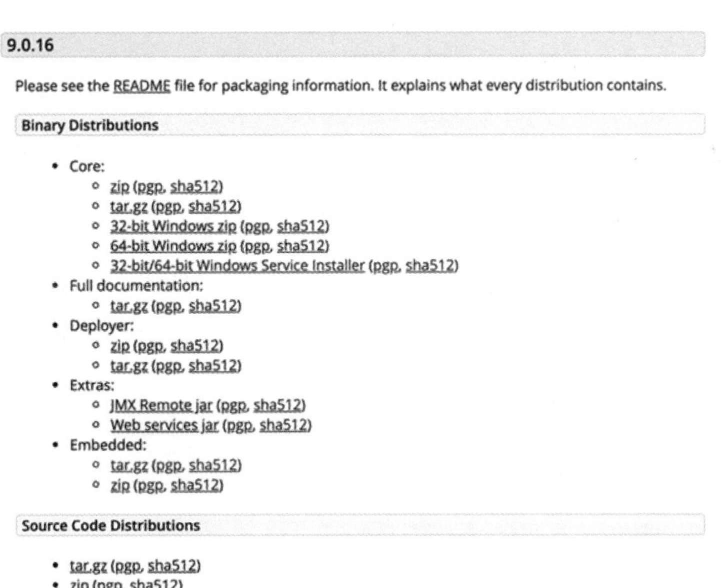

图 2-32　Apache Tomcat 下载页面

我们在图 2-32 中的“Binary Distributions”下方找到“Core”列表，并单击其中的“zip (pgp, sha512)”链接即可开始下载。如果有兴趣研究 Tomcat 实现过程，可以在“Source Code Distributions”下方列表中下载 Tomcat 的源码包。

下载完毕后，可以得到一个名称为 apache-tomcat-9.0.X.zip 的文件，这里的 X 表示

Tomcat 版本，这里下载的是 9.0.16 版本，因此文件名称为 apache-tomcat-9.0.16.zip。

下载 Tomcat 9 之后，根据之前的约定，将 apache-tomcat-9.0.X.zip 压缩包复制到 D:/applications 目录中并将其解压到当前目录即可。解压后进入 apache-tomcat-9.0.X，其目录结构如图 2-33 所示。

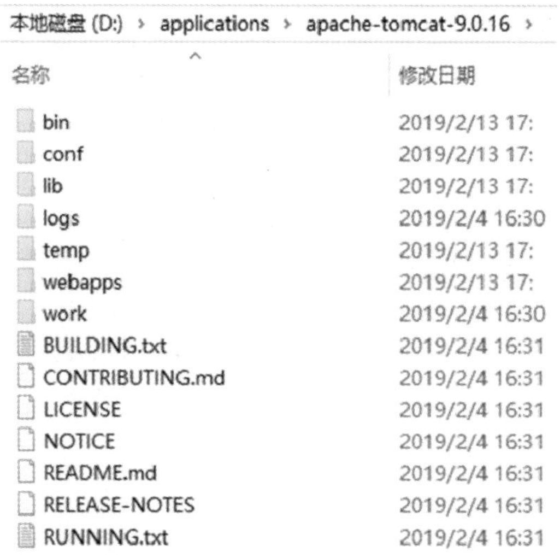

名称	修改日期
bin	2019/2/13 17:
conf	2019/2/13 17:
lib	2019/2/13 17:
logs	2019/2/4 16:30
temp	2019/2/13 17:
webapps	2019/2/13 17:
work	2019/2/4 16:30
BUILDING.txt	2019/2/4 16:31
CONTRIBUTING.md	2019/2/4 16:31
LICENSE	2019/2/4 16:31
NOTICE	2019/2/4 16:31
README.md	2019/2/4 16:31
RELEASE-NOTES	2019/2/4 16:31
RUNNING.txt	2019/2/4 16:31

本地磁盘 (D:) › applications › apache-tomcat-9.0.16 ›

图 2-33 apache-tomcat-9.0.16 中的子目录和文件

2.2.2 启动并访问 Tomcat

下载 Apache Tomcat 并解压后，在图 2-33 中可以看到 Tomcat 的目录结构，其中：

- bin 目录中存放的是操作 Tomcat 的命令，比如启动、关闭等
- conf 目录用来存放 Tomcat 的全局配置文件，比如 server.xml 等
- lib 目录用来存放 Tomcat 所依赖的 jar 文件，其大部分属于 Tomcat 的核心实现
- logs 目录用来存放 Tomcat 的运行日志，比如启动记录、访问记录等
- temp 目录是用来存放 Tomcat 产生的临时文件
- webapps 目录用来存放 Web 应用，其中的每个目录都是一个 Web 应用

默认情况下，该目录中已经包含以下 Web 应用：

docs 是 Tomcat 官方提供的文档（它是学习 Tomcat 最好的学习资料）

examples 是 Tomcat 官方提供的实例程序

host-manager 是一个用来对 Tomcat 主机进行管理的工具

manager 是一个用来管理 Tomcat 内所有 Web 应用的工具

ROOT 是一个特殊的应用，默认情况下它表示 Tomcat 服务的根目录

- work 是 Web 应用的临时工作目录，Web 应用运行时产生的文件存放在该目录中。

比如 JSP 在运行时产生的 .java 文件和 .class 文件就存放在该目录中。

- 其他文件

LICENSE 是 Apache 许可证（Tomcat 是开源软件，使用 Apache License 发布）

NOTICE 是关于 Apache Tomcat 当前版本的说明文件

RELEASE-NOTES 是当前版本的发行说明

RUNNING.txt 是 Apache Tomcat 运行环境配置说明文件

通常，我们将上述目录所在目录称作 Tomcat 主目录，本书中为了方便后续的描述，将该目录称作 TOMCAT_HOME，在随后的章节中将不再予以说明。

1．启动 Tomcat

了解 Apache Tomcat 的目录结构后，我们来启动 Apache Tomcat。首先进入 TOMCAT_HOME/bin 目录中，找到 startup.bat 文件，双击即可启动 Apache Tomcat 服务。如图 2-34 所示。

```
Tomcat
13-Feb-2019 17:57:23.543 信息 [main] org.apache.coyote.AbstractProtocol.init 初始化协议处理器 ["http-nio-8080"]
13-Feb-2019 17:57:23.657 信息 [main] org.apache.coyote.AbstractProtocol.init 初始化协议处理器 ["ajp-nio-8009"]
13-Feb-2019 17:57:23.671 信息 [main] org.apache.catalina.startup.Catalina.load 服务器在[1,043]毫秒内初始化
13-Feb-2019 17:57:23.765 信息 [main] org.apache.catalina.core.StandardService.startInternal Starting service [Catalina]
13-Feb-2019 17:57:23.767 信息 [main] org.apache.catalina.core.StandardEngine.startInternal Starting Servlet engine: [Apache Tomcat/9.0.16]
13-Feb-2019 17:57:23.793 信息 [main] org.apache.catalina.startup.HostConfig.deployDirectory 把web 应用程序部署到目录 [D:\applications\apache-tomcat-9.0.16\webapps\docs]
13-Feb-2019 17:57:24.410 信息 [main] org.apache.catalina.startup.HostConfig.deployDirectory Deployment of web application directory [D:\applications\apache-tomcat-9.0.16\webapps\docs] has finished in [617] ms
13-Feb-2019 17:57:24.411 信息 [main] org.apache.catalina.startup.HostConfig.deployDirectory 把web 应用程序部署到目录 [D:\applications\apache-tomcat-9.0.16\webapps\examples]
13-Feb-2019 17:57:25.109 信息 [main] org.apache.catalina.startup.HostConfig.deployDirectory Deployment of web application directory [D:\applications\apache-tomcat-9.0.16\webapps\examples] has finished in [698] ms
13-Feb-2019 17:57:25.111 信息 [main] org.apache.catalina.startup.HostConfig.deployDirectory 把web 应用程序部署到目录 [D:\applications\apache-tomcat-9.0.16\webapps\host-manager]
13-Feb-2019 17:57:25.206 信息 [main] org.apache.catalina.startup.HostConfig.deployDirectory Deployment of web application directory [D:\applications\apache-tomcat-9.0.16\webapps\host-manager] has finished in [95] ms
13-Feb-2019 17:57:25.207 信息 [main] org.apache.catalina.startup.HostConfig.deployDirectory 把web 应用程序部署到目录 [D:\applications\apache-tomcat-9.0.16\webapps\manager]
13-Feb-2019 17:57:25.271 信息 [main] org.apache.catalina.startup.HostConfig.deployDirectory Deployment of web application directory [D:\applications\apache-tomcat-9.0.16\webapps\manager] has finished in [64] ms
13-Feb-2019 17:57:25.273 信息 [main] org.apache.catalina.startup.HostConfig.deployDirectory 把web 应用程序部署到目录 [D:\applications\apache-tomcat-9.0.16\webapps\ROOT]
13-Feb-2019 17:57:25.326 信息 [main] org.apache.catalina.startup.HostConfig.deployDirectory Deployment of web application directory [D:\applications\apache-tomcat-9.0.16\webapps\ROOT] has finished in [53] ms
13-Feb-2019 17:57:25.332 信息 [main] org.apache.coyote.AbstractProtocol.start 开始协议处理句柄["http-nio-8080"]
13-Feb-2019 17:57:25.354 信息 [main] org.apache.coyote.AbstractProtocol.start 开始协议处理句柄["ajp-nio-8009"]
13-Feb-2019 17:57:25.358 信息 [main] org.apache.catalina.startup.Catalina.start Server startup in [1,686] milliseconds
```

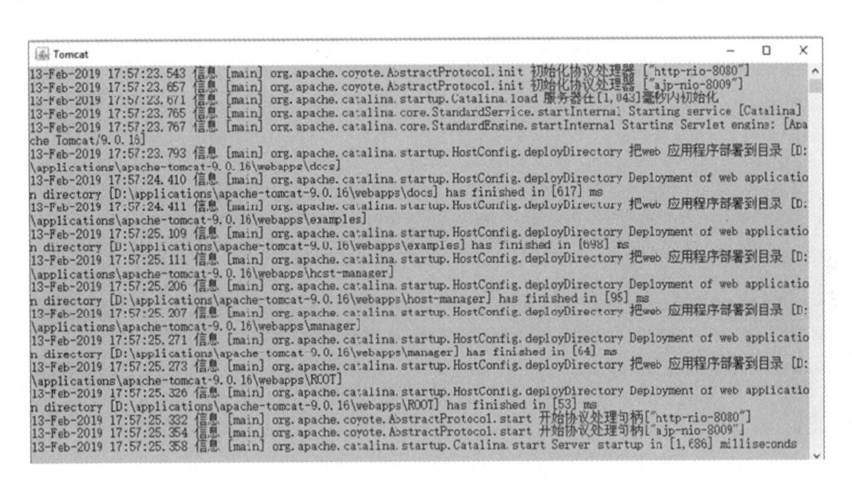

图 2-34 启动 Apache Tomcat

首次启动 Apache Tomcat 时，Windows 系统可能会弹出如图 2-35 所示的“Windows 安全警报”对话框，单击“允许访问”按钮即可。

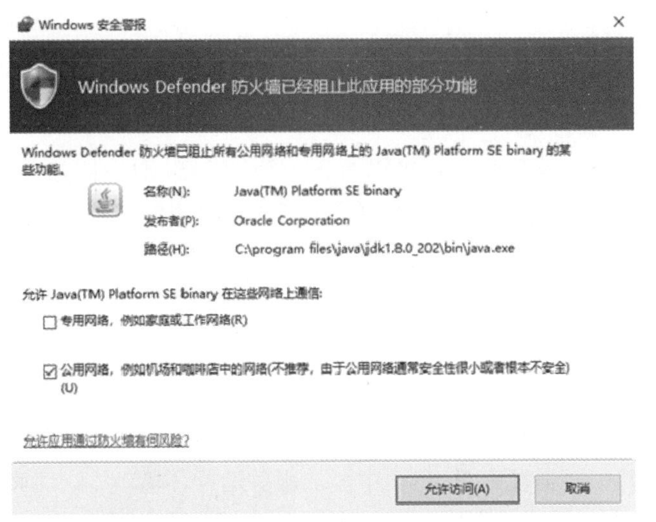

图 2-35 “Windows 安全警报”对话框

需要注意的是，使用此种方式启动 Tomcat 时，命令提示符中可能会发生中文乱码问题，其缘由是 Tomcat 内部默认采用 UTF-8 编码，而 Windows 环境下的命令提示符中默认的为 GBK 编码。我们可以通过修改 Tomcat 的配置文件来避免该问题，使用记事本打开 TOMCAT_HOME/conf/logging.properties 文件，并在该文件末尾添加以下内容：

```
java.util.logging.ConsoleHandler.encoding = GBK
```

采用此种方式可以解决绝大多数机器上的此类问题。

如果使用以上方式仍然不能解决乱码问题，建议先通过网络查询解决方案并予以尝试。实在不能解决的，可以咨询授课老师或者联系作者。

2. 访问 Tomcat

启动 Apache Tomcat 后，即可在浏览器中通过 http://localhost:8080 来访问 Tomcat，Apache Tomcat 首页如图 2-36 所示。

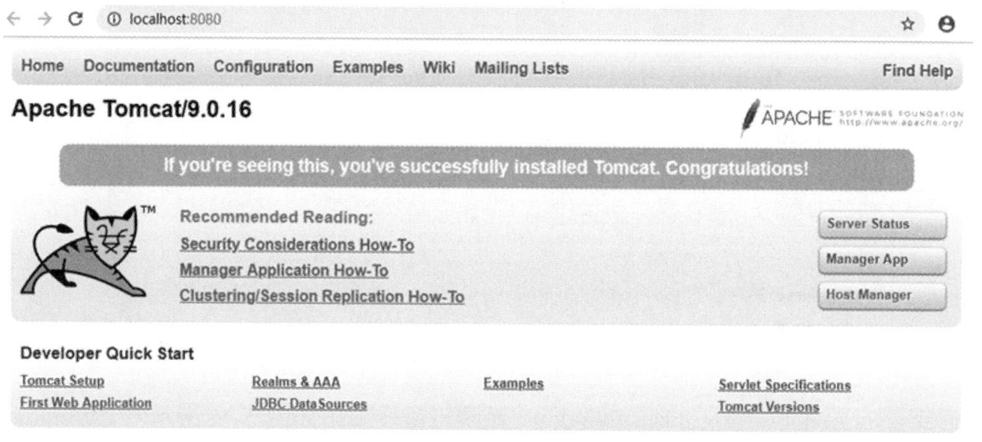

图 2-36　Apache Tomcat 首页

图 2-36 中所访问的页面，默认存在于 TOMCAT_HOME/webapps/ROOT 目录中。

3. 关闭 Tomcat

如果需要关闭 Apache Tomcat，可以直接关闭图 2-34 对应的命令行窗口，也可以在图 2-34 对应的命令行窗口中按下“Ctrl + C”组合键来实现。

2.2.3 将 Tomcat 整合到 Eclipse

1. 配置服务器运行环境

经过之前两个步骤的操作后，我们已经拥有了一个网站的运行环境。为了能够在 Eclipse 中开发动态网站，我们还需要在 Eclipse 中添加服务运行环境。

在 Eclipse 菜单栏中选择“Window → Preferences”，开启“Preferences”对话框，在左侧展开 Server 选项后，再选择其子项目“Runtime Environments”，如图 2-37 所示。

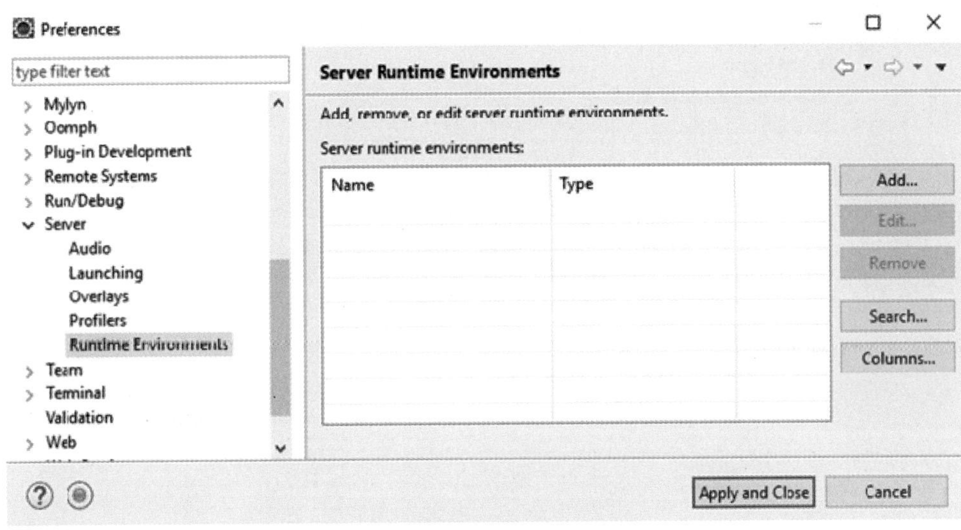

图 2-37 配置服务器运行环境

随后单击 “Add…” 按钮，弹出“New Server Runtime Environment”对话框，如图 2-38 所示。

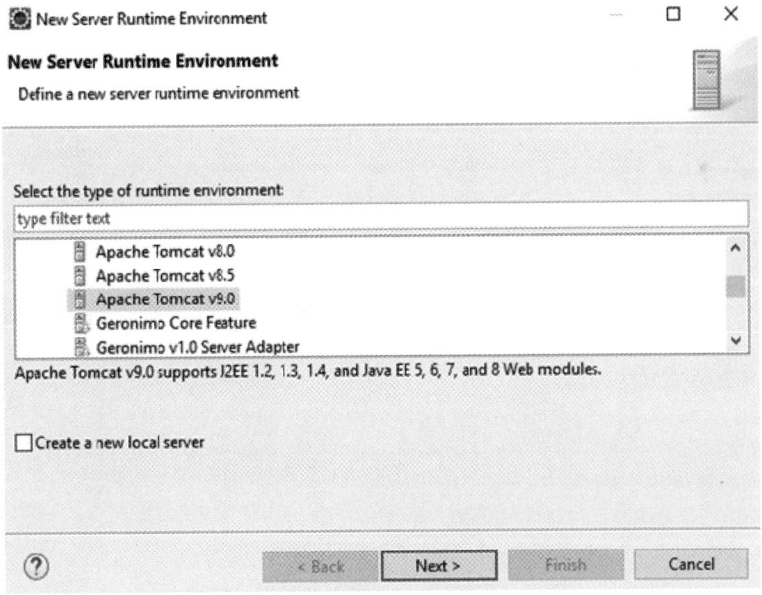

New Server Runtime Environment

New Server Runtime Environment

Define a new server runtime environment

Select the type of runtime environment:

type filter text

Apache Tomcat v8.0

Apache Tomcat v8.5

Apache Tomcat v9.0

Geronimo Core Feature

Geronimo v1.0 Server Adapter

Apache Tomcat v9.0 supports J2EE 1.2, 1.3, 1.4, and Java EE 5, 6, 7, and 8 Web modules.

Create a new local server

< Back　Next >　Finish　Cancel

图 2-38 新建服务器运行环境

在“New Server Runtime Environment”对话框中选择“Apache Tomcat v9.0”后，单击“Next”按钮进入下一步，在新弹出的对话框中，单击“Tomcat installation directory”右侧的“Browser…”按钮，之后在“浏览文件夹”对话框中选择 Tomcat 主目录（TOMCAT_HOME），如图 2-39 所示。

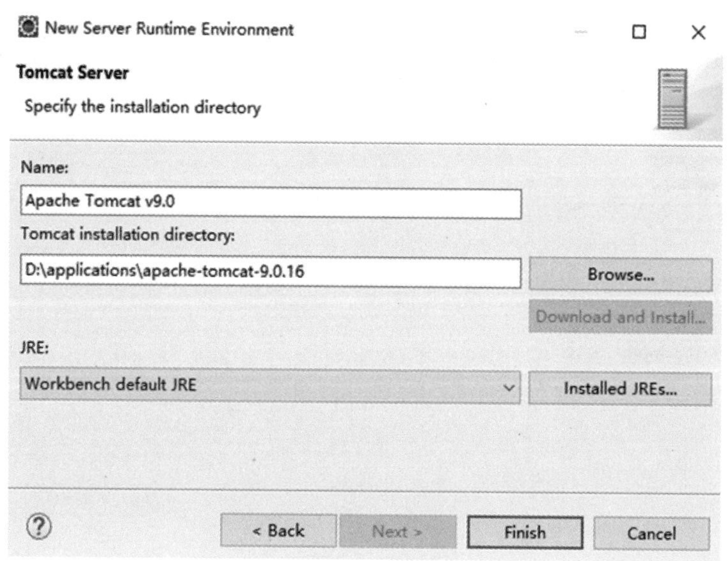

图 2-39　指定 Tomcat 主目录

经过上述配置后，单击“New Server Runtime Environment”对话框最下方的“Finish”按钮返回到“Preferences”对话框，随后单击“Apply and Close”按钮即可，如图 2-40 所示。

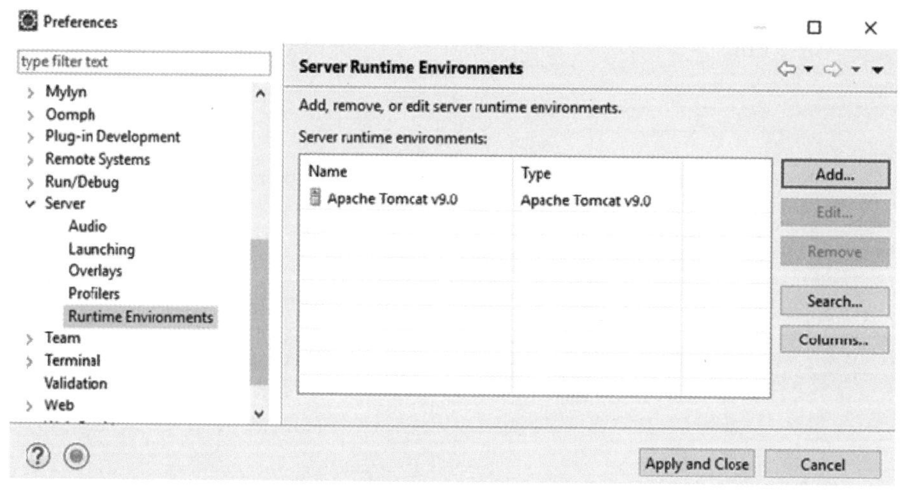

图 2-40　已经添加好的服务器运行环境

至此，在 Eclipse 中开发动态网站的运行时环境（Runtime Environment）配置完毕。

2. 创建 Tomcat 服务器

至此，我们已经可以使用 Eclipse 来开发动态网站了，但是我们还无法将开发好的网站发布到 Tomcat 中，因此也就无法访问开发的网站。为了能够在 Eclipse 中发布和管理我们的网站，还需要在 Eclipse 中新建并配置 Tomcat 服务器。

首先需要在 Eclipse 中新建一个服务器，在 Eclipse 主界面中，选择“Servers”选项卡，然后在“Servers”中单击“No servers are available. Click this link to create a new server ...”，如图 2-41 所示。

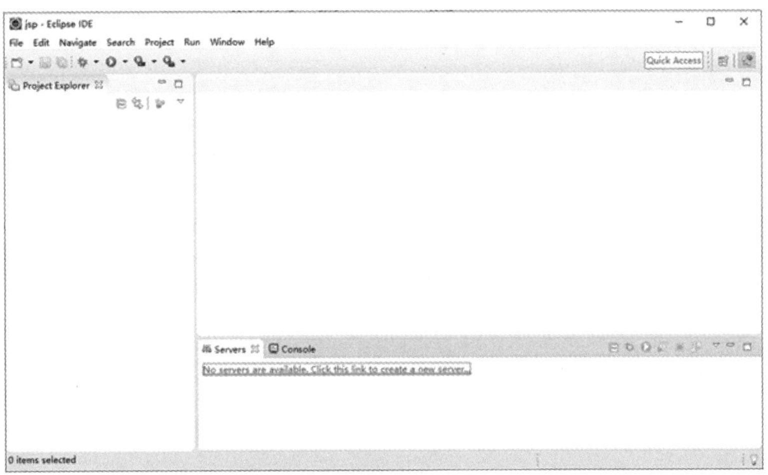

图 2-41　在 Eclipse 主界面选择 Servers 选项卡

在随后开启的“New Server”对话框中，可以看到默认已经选择了“Tomcat v9.0 Server”，并且 Eclipse 已经设定了默认的“Server's host name”和“Server name”，并且默认的“Server runtime environment”即为我们之前配置过的 Apache Tomcat v9.0，因此在“New Server”对话框中直接单击“Finish”按钮即可完成服务器的创建，如图 2-42 所示。

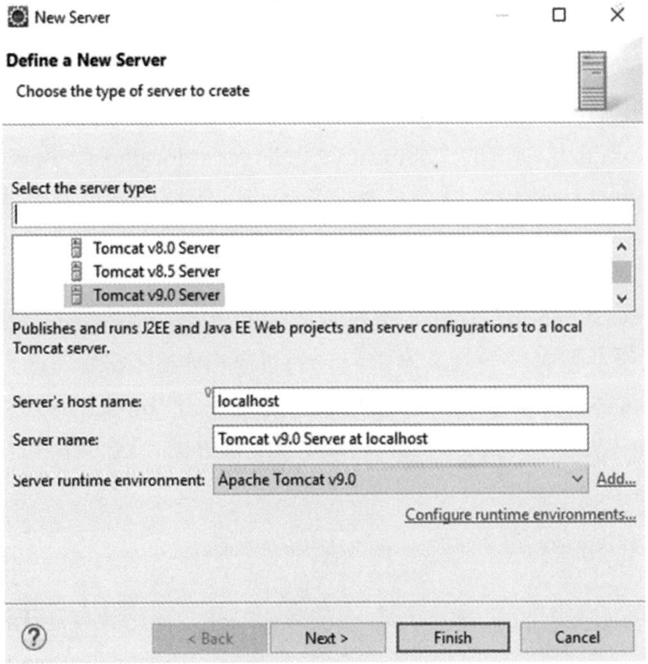

New Server
Define a New Server
Choose the type of server to create
Select the server type:
Tomcat v8.0 Server
Tomcat v8.5 Server
Tomcat v9.0 Server
Publishes and runs J2EE and Java EE Web projects and server configurations to a local Tomcat server.
Server's host name: localhost
Server name: Tomcat v9.0 Server at localhost
Server runtime environment: Apache Tomcat v9.0 Add...
Configure runtime environments...
< Back Next > Finish Cancel

图 2-42　定义新的服务器

服务器(Server)创建完成后，可以看到 Servers 选项卡中多了一个名称为“Tomcat v9.0 Server at localhost”的服务器(Server)，另外在 Eclipse 左侧的“Project Explorer”区域中多了一个名称为“Servers”的工程(Project)，如图 2-43 所示。

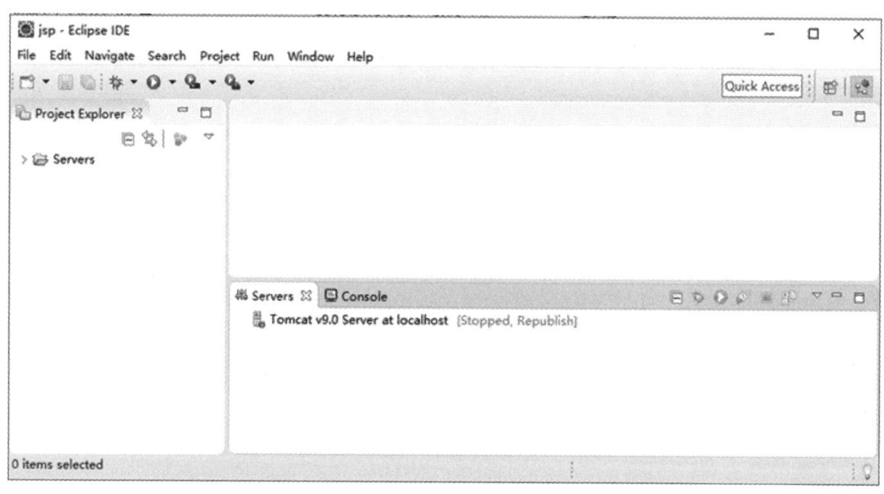

图 2-43　创建 Tomcat 服务器后的 Eclipse 主界面

值得注意的是，尽管此时服务器已经创建成功，但并不建议立即启动，因为还未对该服务器进行合理的配置。事实上，这里创建的服务器并不是真正意义上的 Apache Tomcat，它只能算是之前解压的 Apache Tomcat 的一个副本。

为了不对原生的 Apache Tomcat 产生影响，Eclipse 将原生 Apache Tomcat 的目录结构复制到当前 Eclipse 工作空间内部。按照之前的约定，我们指定的工作空间为 D:/workspaces，因此就是复制到 D:/workspaces/jsp/.metadata/.plugins/org.eclipse.wst.server.core/tmp0 目录中。其中 tmp0 是第一个 Server 对应的目录，若创建多个 Server 则相应的目录依次是 tmp1、tmp2 …

图 2-43 中，Servers 选项卡的“Tomcat v9.0 Server at localhost”用来监听、管理该服务器的接口，而“Project Explorer”区域中的“Servers”工程则是该服务器对应的配置文件。

3．配置 Tomcat 服务器

为了方便我们学习，也为了彻底不再影响原生的 Apache Tomcat，我们建议对该服务器重新配置，并将该服务器对应的目录设定为我们自己指定的目录。

在图 2-43 所示的 Servers 选项卡中，使用鼠标右键单击“Tomcat v9.0 Server at localhost”，在弹出的快捷菜单中，选择“Open”，打开服务器配置界面，这一操作过程如图 2-44 所示。

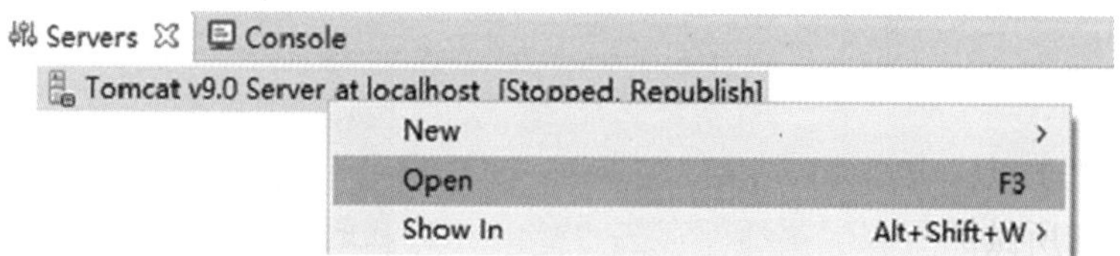

图 2-44　打开 Tomcat 配置界面

以上操作完成后，可以在 Eclipse 主界面中看到如图 2-45 所示的区域。

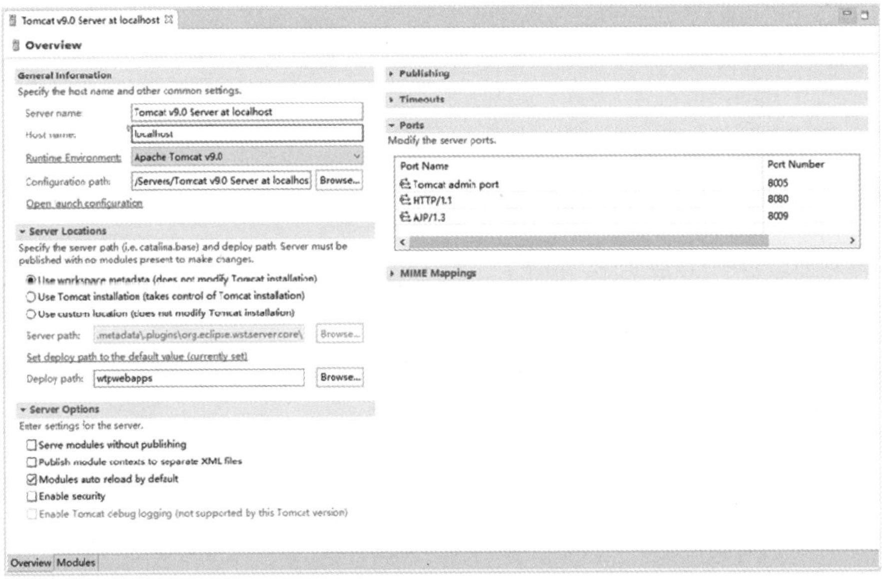

图 2-45　配置新创建的 Tomcat 服务器

在这里，我们要重点修改的是“Server Locations”部分的设置，在图 2-45 所示的界面中，我们选择“Use custom location (does not modify Tomcat installation)”后，再单击右侧的“Browse…”按钮，同时选择我们自己指定的目录，比如 D:/mytomcat 目录(请自行创建 mytomcat 目录)。最后，再将 Deploy path 中的 wtpwebapps 修改为 webapps。修改后，该部分如图 2-46 所示。

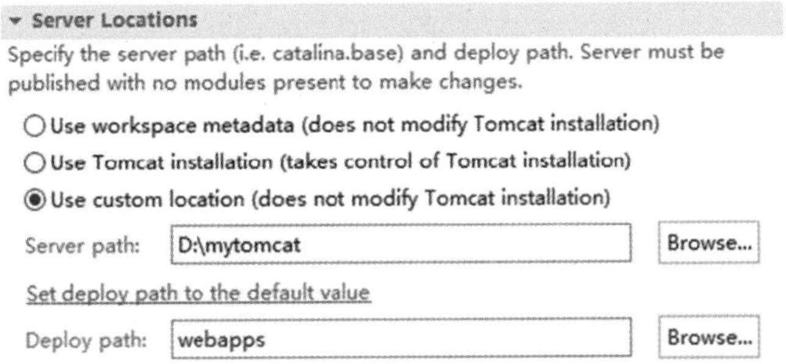

图 2-46　指定 Tomcat 服务器的位置

至此，Server Locations 部分的设置完毕，如果需要修改 Tomcat 默认的端口，可以在图 2-47 所示的区域中予以修改（通常是需要启动多个 Tomcat 时才修改默认端口）。

以上操作全部完成后，在 Eclipse 菜单栏中选择“File → Save”或单击工具条中的保存按钮将上述配置予以保存，最后再将“Tomcat v9.0 Server at localhost”选项卡关闭即可。

另外，之前所做的所有配置都保存在“Project Explorer”区域中的“Servers”工程下，因此，千万不要删除该工程。删除该工程会丢失上述所有配置，服务器也随即被废弃无用。

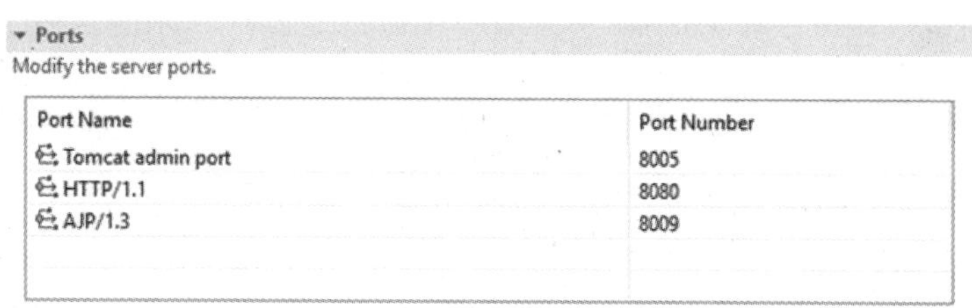
Ports
Modify the server ports.

Port Name	Port Number
Tomcat admin port	8005
HTTP/1.1	8080
AJP/1.3	8009

图 2-47 配置 Tomcat 端口号

至此，一个完全由 Eclipse 控制的 Tomcat 服务器配置完毕。

2.3 体验 Web 应用开发

在搭建好 JSP 开发环境和 JSP 运行环境后，我们就可以开发自己的 Web 应用了。本节将讲解如何创建并部署一个简单的动态 Web 应用。

2.3.1 创建 Web 工程

1. 创建动态 Web 工程

单击 Eclipse 主界面中的"File→ New → Dynamic Web Project"菜单命令 ，弹出“New Dynamic Web Project”对话框，如图 2-48 所示。

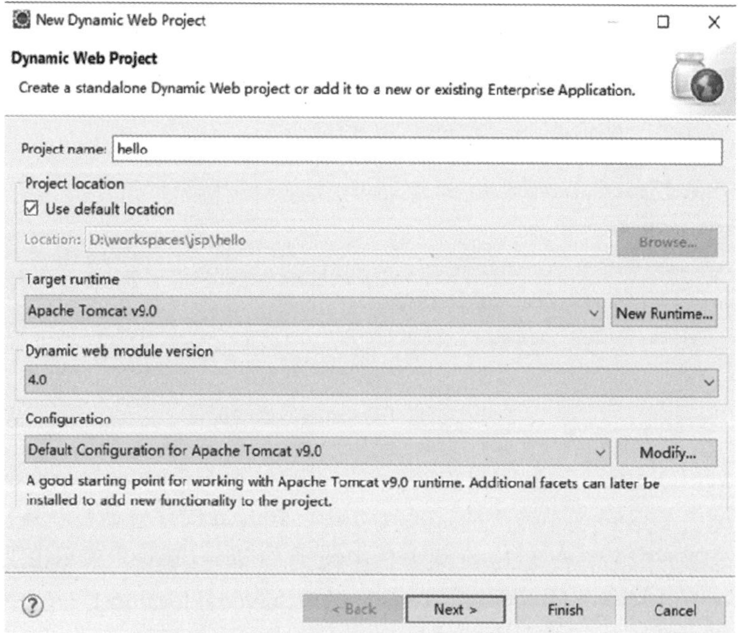

图 2-48 新建动态 Web 工程对话框

因为上一节我们已经配置过“Runtime Environments”，并且已经创建并配置过一个服务器，因此在图 2-48 中的“Target runtime”中已经默认选择了 Apache Tomcat 9.0，并且“Configuration”中默认已经选择了“Default Configuration for Apache Tomcat v9.0”。

另外 Eclipse 创建的 Web 工程默认使用 Servlet 4.0 规范，因此我们只需要在“Project name”之后的输入框中输入工程名称即可。

在这里，我们建议工程名尽量简洁。工程名称简洁，意味着将来访问时的路径也很简洁。另外最好做到“望文知意”，比如 hello、servlet、implicit、filter 等。

特别强调的是，我们强烈反对使用中文作为工程名称，以及使用形如“myPro_JSP_hello”形式的名称，因为这样做会给我们在外部浏览器中访问 Web 应用带来不必要的麻烦。

在图 2-48 中输入工程名称之后单击“Next”按钮即可进入下一步操作。

在图 2-49 中，可以添加新的源码目录(source folder)或者指定默认的字节码输出目录(Default output folder)。通常采用默认值即可，因此直接单击“Next”按钮进入下一步。

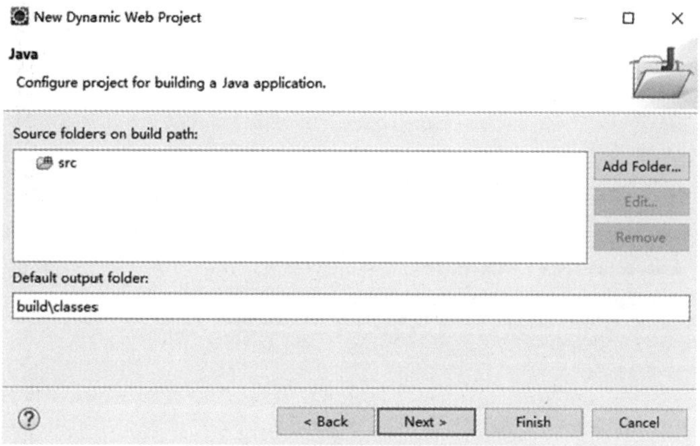

图 2-49　设置默认的输出目录

在图 2-50 中勾选“Generate web.xml deployment descriptor”复选框后，直接单击“Finish”按钮即可创建新的动态 Web 工程。

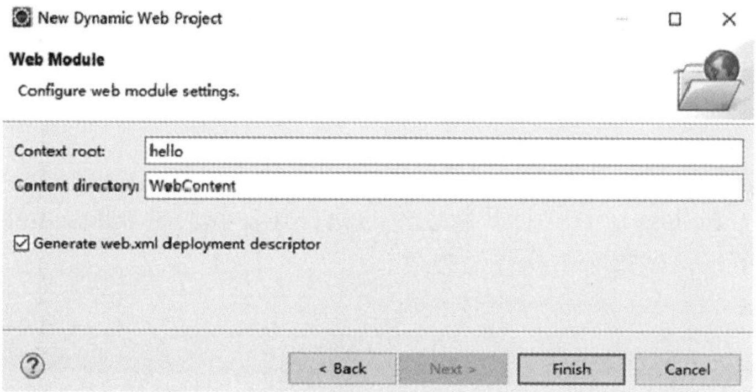

图 2-50　勾选“Generate web.xml deployment descriptor”复选框

注意图 2-50 中的“Context root”与之前工程名称“Project name”是相同的，将来把该 Web 工程部署到服务器后，该名称即为服务器中 Web 应用的名称。（该名称使用默认设置即可，不要手动修改）

至此，一个全新的动态 Web 工程创建完毕。

2．创建静态页面

在 Eclipse 主界面的“Project Explorer”区域，展开刚刚创建的 hello 工程并将该工程下的“Java Resources”和“WebContent”都展开，展开后的工程如图 2-51 所示。

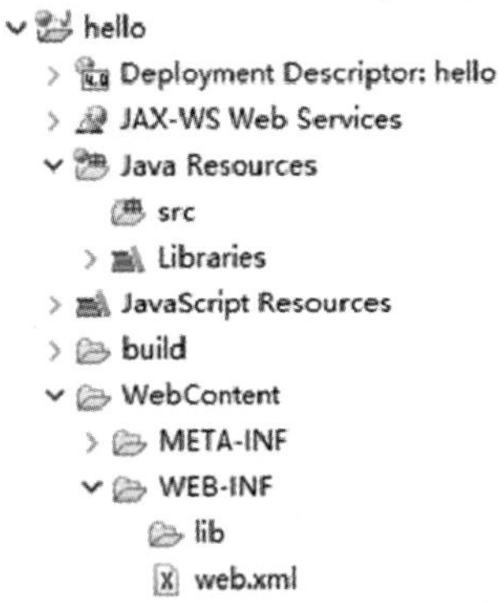

hello
Deployment Descriptor: hello
JAX-WS Web Services
Java Resources
src
Libraries
JavaScript Resources
build
WebContent
META-INF
WEB-INF
lib
web.xml

图 2-51　动态 Web 工程的基本结构

在图 2-51 所示的 WebContent 目录上单击鼠标右键，选择“New→HTML File”后弹出“New HTML File”对话框，随后在“File name”之后的输入框中更改文件名称为 index.html 后单击“Finish”按钮即可，具体界面如图 2-52 所示。

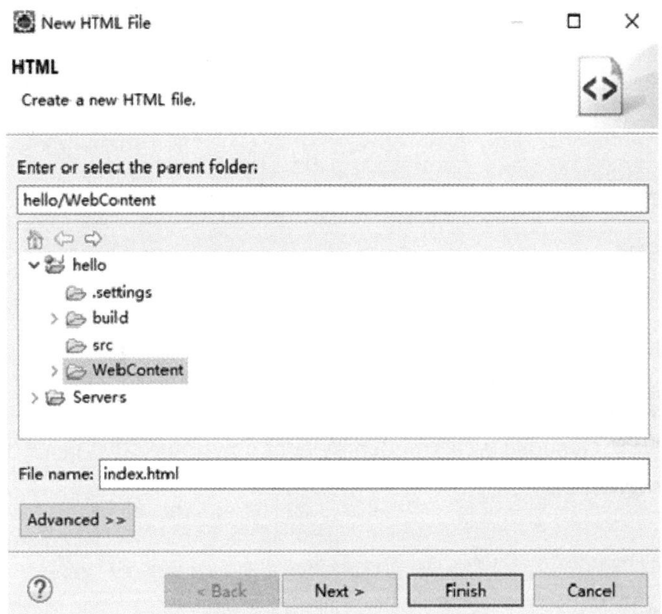

图 2-52　创建 HTML 文件

默认情况下，Eclipse 会直接打开新创建的 HTML，我们将 index.html 文件内容修改为如示例代码 2-1 所示，创建简单的登录表单。

示例代码 2-1：

```
<!-- WebContent/index.html -->
<!-- 示例代码 2-1 : 简单的登录表单 -->
<!DOCTYPE html>
<html>
```

```
    <head>
        <meta charset="UTF-8">
        <title>体验 Web 应用</title>
    </head>
    <body>
        <h5>体验 Web 开发</h5>
        <form action="/hello/sign-in" method="post" >
            <input type="text" name="username" placeholder="登录名称">
            <input type="password" name="password" placeholder="登录密码">
            <input type="submit" value="登录" >
        </form>
    </body>
</html>
```

示例代码 2-1 中，action="/hello/sign-in" 的 hello 是当前 Web 工程的名称，将来把 Web 工程部署到服务器（即 Tomcat）后其相应的 Web 应用名称也是 hello，因此/hello 是在浏览器中访问该 Web 应用时使用的路径。而/sign-in 则表示在当前 Web 应用内提供登录服务的一个程序（一个在服务器端运行的 Java 小程序），在浏览器中通过/sign-in 来访问该程序。

这里需要注意，创建新的 HTML 页面后，编辑区域中的字体并不适合阅读代码，因此还需要设置编辑区域中的字体样式。通过“Window → Preferences”菜单命令，开启“Preferences”对话框，然后逐层选择“ General → Appearance → Colors and Fonts”，随后展开右侧的 Basic，可以找到字体设置选项（Text Font），如图 2-53 所示。

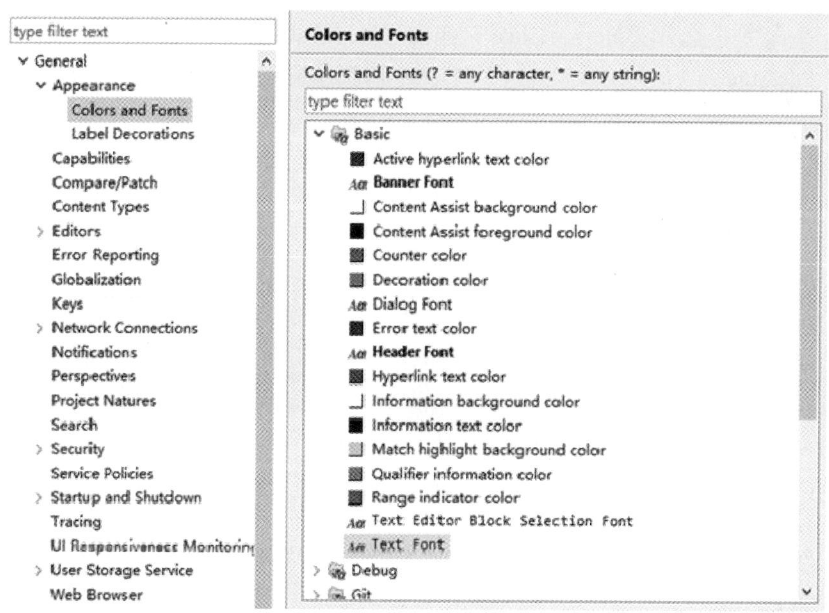

图 2-53　字体设置选项

双击其中的“Text Font”打开“字体”对话框后，即可设置字体、字形、大小，如图 2-54 所示。

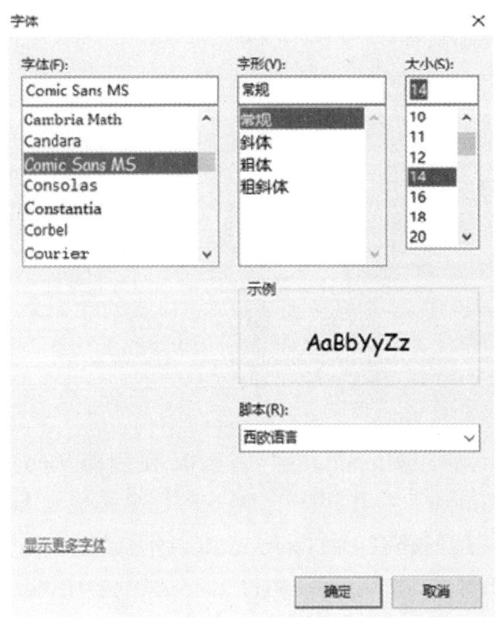

图 2-54　设置字体

3．开发服务器程序

在展开的 hello 工程结构中，选中“Java Resources”中的 src 目录后，单击鼠标右键，在打开的快捷菜单中选择“New→Class”弹出“New Java Class”对话框，如图 2-55 所示，在其中的“Package”之后输入包名，在“Name”之后输入类名后单击“Finish”按钮即可。

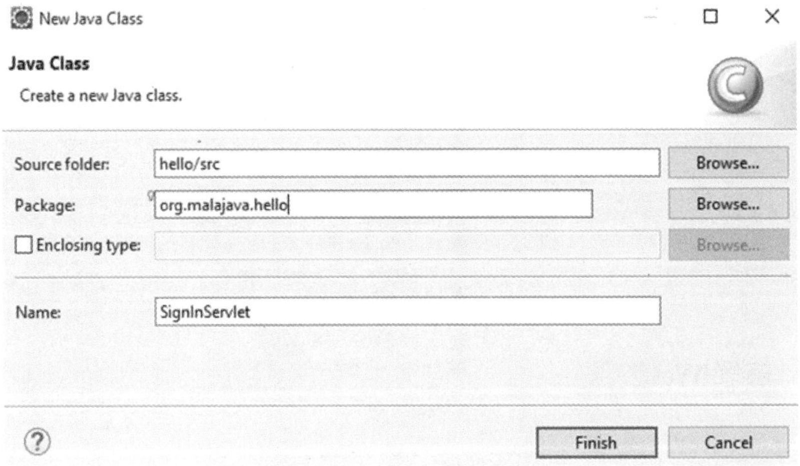

图 2-55　新建 Java 类

随后编辑 SignInServlet 类，将其中的内容更改为如示例代码 2-2 所示。

示例代码 2-2：

```
// src/org/malajava/hello/SignInServlet.java
```

```
// 示例代码 2-2 ：一个简单的服务器程序
package org.malajava.hello;

import java.io.*;
import javax.servlet.*;
import javax.servlet.http.*;

@WebServlet ("/sign-in")
public class SignInServlet extends HttpServlet{
 private static final long serialVersionUID = 3898025195367755418L;
 @Override
 protected void service(HttpServletRequest request, HttpServletResponse
response)
        throws ServletException, IOException {
     request.setCharacterEncoding ("UTF-8") ;
     response.setCharacterEncoding ("UTF-8") ;

     String username = request.getParameter ("username") ;
     String password = request.getParameter ("password") ;

     response.setContentType ("text/html;charset=UTF-8") ;
     PrintWriter w = response.getWriter();

     w.println ("<h3>") ;
     if("malajava".equals(username) && "helloworld".equals(password))
{
         w.println ("欢迎, " + username) ;
     } else {
         w.println ("用户名或密码错误") ;
     }
     w.println ("</h3>") ;
  }
 }
```

编辑完成后，一个简单的服务器程序就开发好了。这里，我们创建了一个简单的 Servlet 程序，关于创建 Servlet 程序的详细讲解请参见第 3 章。

至此，一个简单的动态 Web 工程就创建就绪了。

2.3.2 部署 Web 工程

创建好一个动态 Web 工程后，并不能直接访问其中的页面或程序，还需要将整个 Web 工程部署到服务器并启动服务器才能访问。将 Web 工程部署到服务器中有很多中方法，本书中主要使用 Eclipse 进行项目开发，因此仅介绍在 Eclipse 环境下的部署操作

在 Eclipse 主界面的 Servers 选项卡中，选中“Tomcat v9.0 Server at localhost”后，单击鼠标右键，在弹出的快捷菜单中选择“Add and Remove...”，如图 2-56 所示。

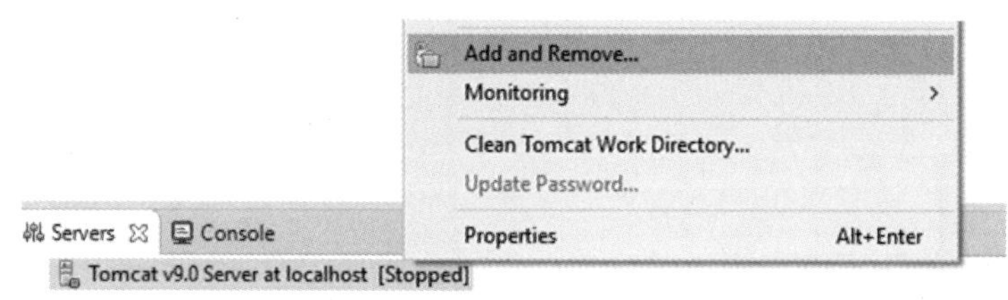

图 2-56 选择“Add and Remove...”选项

随后弹出“Add and Remove…”对话框，如图 2-57 所示，其中左侧的 Available 区域为当前工作空间中所有可以部署的动态 Web 工程，右侧的 Configured 区域为部署后的 Web 应用。

在 Eclipse 的工作空间中，我们创建的是动态 Web 工程(Dynamic Web Project)，将该工程交给 Apache Tomcat 管理后，在 Tomcat 内部即为一个 Web 应用。Tomcat 所管理的这个 Web 应用的名称默认与 Eclipse 工作空间中相应的 Web 工程名称相同。

注意，在 Eclipse 环境下创建的是 Web 工程，是开发人员在开发阶段管理和维护的源代码所在。将 Web 工程部署到服务器(比如 Tomcat)后，被服务器所管理的才是 Web 应用。要注意 Web 工程和 Web 应用是两个不同的概念，切勿混淆。

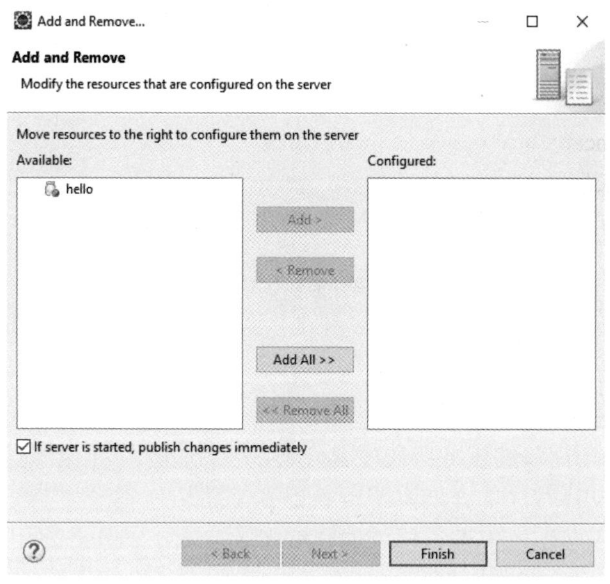

图 2-57 “Add and Remove...”对话框

在图 2-57 的 Available 区域中选中需要部署的 Web 应用后，单击 “Add”按钮即可将 Web 应用添加到 Configured 区域，最后单击“Finish”按钮即可完成部署。

部署完成后，展开 Servers 选项卡下的“Tomcat v9.0 Server at localhost”即可看到部署后的 Web 应用，如图 2-58 所示。

在图 2-58 中，通过展开 Tomcat 即可看到部署后的 Web 应用（通常是在 Tomcat 内部可以看到一个小奶瓶图标，图标之后即为 Web 应用的名称，这里的 Web 应用名称即为 hello）。

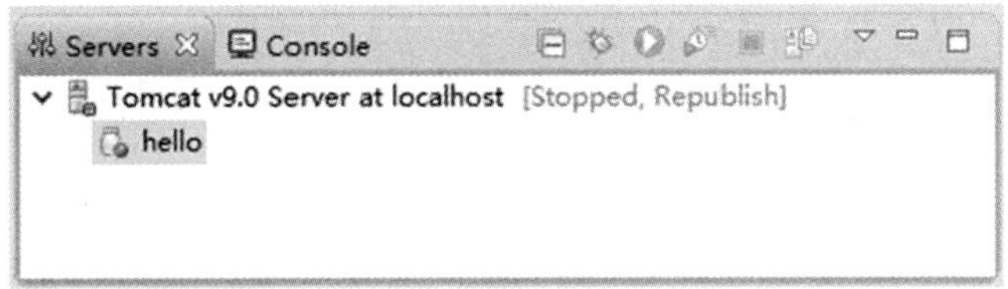

图 2-58 部署后的 Web 应用

至此，一个简单的 Web 应用即部署完毕。

2.3.3 启动服务器

在部署完成后，选中“Tomcat v9.0 Server at localhost”，随后单击图 2-59 中的绿色按钮(箭头所指向的按钮)即可启动 Tomcat 服务器。

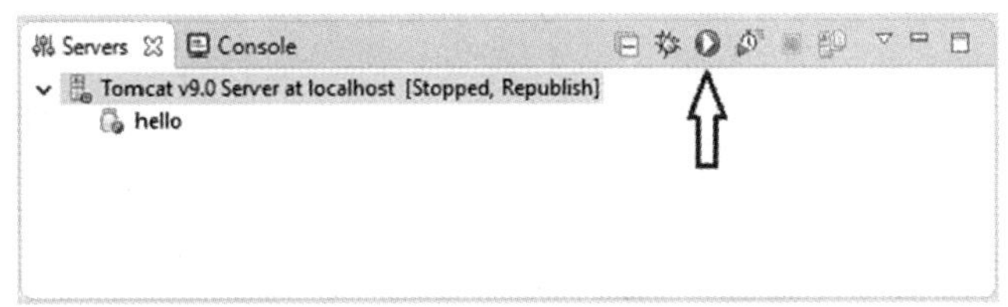

图 2-59 单击 Start 按钮启动 Tomcat

也可以在“Tomcat v9.0 Server at localhost”上单击鼠标右键，在弹出的快捷菜单中选择“Start”菜单项来启动 Tomcat 服务器。

Tomcat 正常启动后，在 Console 选项卡中可以看到以下信息，如图 2-60 所示。

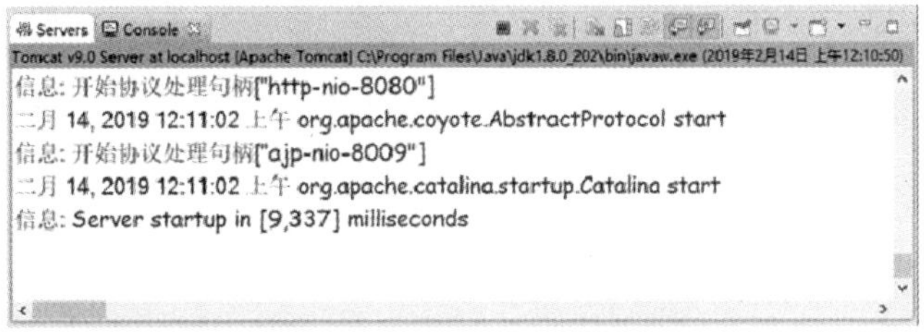

图 2-60 Tomcat 启动时输出的日志信息

同时在 Servers 选项卡中也可以看到“Tomcat v9.0 Server at localhost”处于启动状态(Started,Synchronized)，如图 2-61 所示。

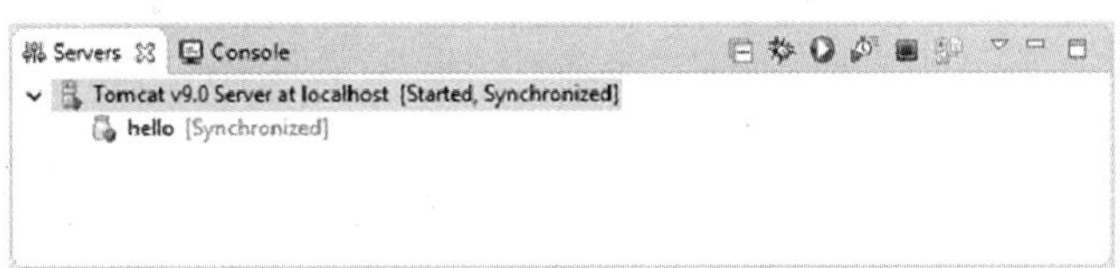

图 2-61 启动后的 Tomcat 服务器

启动服务器时，服务器会加载它内部所管理的所有 Web 应用，此时一个 Web 应用的生命周期开始了，等到服务器关闭或手动卸载某个 Web 应用时，该 Web 应用的生命周期终止。

简单来说，一个 Web 应用的生命周期就是：

（1）被加载

当启动 Tomcat 时，Tomcat 会加载它所管理的所有 Web 应用（比如 hello 应用），此时一个 Web 应用的生命周期开始了。

（2）对外提供服务

以 hello 应用为例，当 Tomcat 启动、并将 hello 应用成功加载后，即可对外提供服务。此时可以通过浏览器访问 hello 应用中的 index.html 页面、访问 hello 应用中的 SignInServlet 程序等。

（3）被卸载

当 Tomcat 被正常关闭时，Tomcat 会卸载它所管理的所有 Web 应用（比如 hello 应用），此时一个 Web 应用的生命周期也就终结了。

2.3.4 访问 Web 应用

当服务器启动并成功加载相应的 Web 应用后，即可通过浏览器访问该 Web 应用。

我们打开浏览器，并在地址栏中输入 http://localhost:8080/hello/即可访问 hello 应用下的 index.html 页面，访问效果如图 2-62 所示。

图 2-62 访问 hello 应用的首页

在浏览器地址栏输入的网址中：

✧ 通过 http 确定使用哪种协议访问

✧ 通过 localhost 确定访问哪台机器(localhost 表示本地主机)

✧ 通过 8080 端口确定访问哪个服务(Tomcat 服务默认端口为 8080)

✧ 通过 hello 确定访问容器内的哪个 Web 应用(Tomcat 中的 hello)

✧ 通过 index.html 确定访问哪个具体资源(hello 根目录下的 index.html)

随后，在图 2-62 所示页面的“登录名称”输入框中输入“malajava”，并在“登录密码”输入框中输入“helloworld”，随后单击“登录”按钮即可将用户名和密码发送给 Tomcat。Tomcat 随即调用 hello 应用中的 SignInServlet 实例的 service 方法对我们的请求作出回应，如图 2-63 所示。

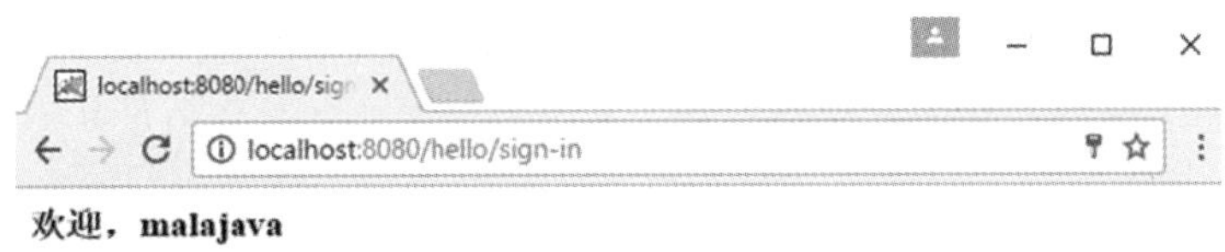

图 2-63 当登录名称和登录密码都正确时 SignInServlet 的回应信息

如果在图 2-62 中没有任何输入直接单击“登录”按钮，或者输出的登录名称不是 malajava，又或者输入的密码不是 helloworld，则 SignInServlet 给出如图 2-64 所示的回应信息。

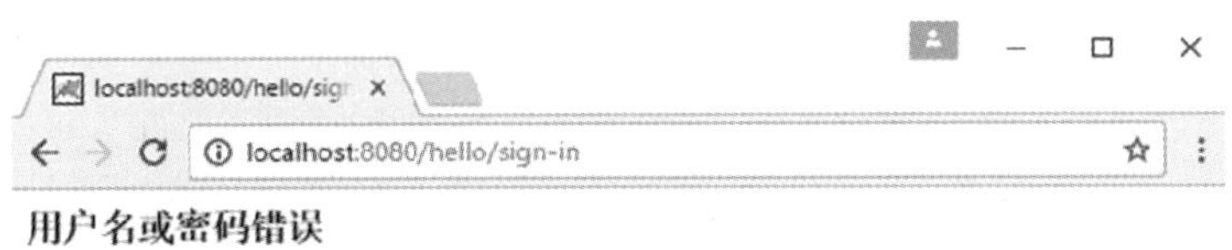

图 2-64 当登录名称或登录密码错误时 SignInServlet 的回应信息

2.3.5 关闭服务器

当 Tomcat 处于运行状态时，在 Eclipse 的 Servers 选项卡中，可以看到有一个红色的方块按钮(图 2-65 中箭头所指向的位置)，此时单击该按钮即可终止 Tomcat 服务器。

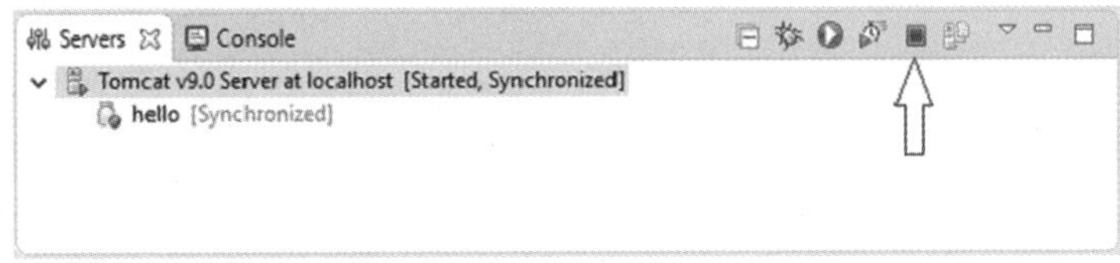

图 2-65 运行中的 Tomcat 服务器

Tomcat 服务器被关闭后，原本红色高亮的方块按钮将会变成灰色暗淡的方块按钮。

关闭 Tomcat 服务器时，Tomcat 会先卸载它所管理的所有 Web 应用，因此在关闭 Tomcat 服务器后，将无法用浏览器访问 Web 应用。如果需要再次访问 Web 应用，则需要重新开启 Tomcat 服务器。

这里需要注意，可能存在这种情况，当单击图 2-65 中箭头所指向的红色按钮关闭 Tomcat 服务后，当再次启动 Tomcat 服务时，提示以下错误信息:

Address already in use : bind

该提示告知我们有一个正在运行的程序占用了我们指定的端口(8080)，而我们只有在 Tomcat 中才使用了 8080 这个端口，这说明刚才的关闭操作并没有彻底关掉 Tomcat，仍然有一个与 Tomcat 关联的进程在运行，因此需要找到并彻底结束该进程。

在 Windows 操作系统中，可以通过打开任务管理器，并在详细信息中找到 java.exe 或 javaw.exe 对应的进程，直接结束该进程即可。

在 UNIX / Linux 操作系统中，可以通过执行以下命令来确定该进程的进程号：

ps -ef | grep tomcat

随后使用 kill 命令杀死该进程即可。

至此，我们系统体验了一个简单的 Web 应用从开发、部署到访问的全部过程。其中涉及的各项技术和操作，将在后续的章节中逐渐展开。

2.4 思维梳理

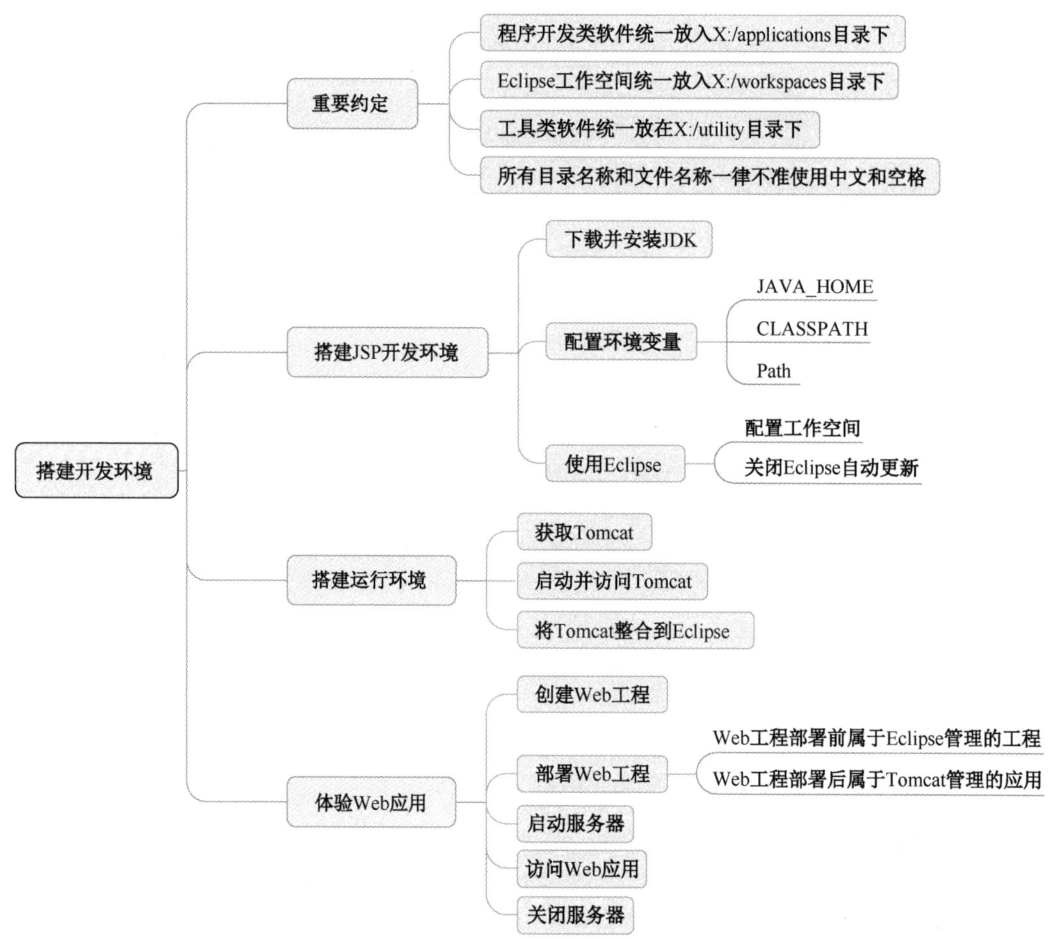

2.5 习题

（1）简述操作系统中环境变量的作用。

（2）什么是 Web 工程？什么是 Web 应用？

（3）在命令行模式下启动 Tomcat 与在 Eclipse 环境中启动 Tomcat 有何不同？

（4）为什么访问 http://localhost:8080/hello 可以直接打开 hello 应用中的 index.html 页面？

第 3 章

开发 Servlet 程序

3.1 认知 Servlet 技术

Java Servlet 技术是 Java EE 规范中用以编写 Web 服务器扩展功能的重要技术体系，从 1997 年 6 月 Servlet 发布至今，陆续在该体系中增加了过滤器（Filter）、监听器（Listener）等技术，目前 Oracle 正式发布的 Servlet 规范最新版本是 4.0。Servlet 的发展历程如图 3-1 所示。

JDK版本	Servlet 规范	JavaEE规范	发布时间
1.0	Servlet 1.0	无	1997年6月
1.2 and later	Servlet 2.0	J2EE 1.0	1999年
1.2 and later	Servlet 2.1	J2EE 1.1	1999年8月
1.2 and later	Servlet 2.2	J2EE 1.2	1999年11月
1.3 and later	Servlet 2.3	J2EE 1.3	2001年8月
1.4 and later	Servlet 2.4	J2EE 1.4	2003年11月
1.5 and later	Servlet 2.5	Java EE 5	2005年10月
1.6 and later	Servlet 3.0	Java EE 6 / 7	2009年12月
1.7 and later	Servlet 3.1	Java EE 7	2013年6月
1.8 and later	Servlet 4.0	Java EE 8	2017年7月

图 3-1　Servlet 规范各版本发布时间

3.1.1　Java Servlet

Servlet 一词是 Server Applet 的缩写，与 Server Applet 相对应的是 Java Applet。

Java Applet 就是用 Java 语言编写的小应用程序，可以直接嵌入网页中，并能够产生特殊的效果，通常 Java Applet 被应用在客户端(Java Applet 目前已经很少使用)。

Java Servlet 是一种基于 Java 技术的 Web 服务器编程技术体系，主要涉及以下内容:

1. Servlet

Servlet 是一个基于 Java 技术的 Web 组件，运行在服务器端，由 Servlet 容器所管理，用于生成动态的内容。Servlet 是平台独立的 Java 类，开发一个 Servlet，实际上就是按照 Servlet 规范编写一个 Java 类。Servlet 被编译为平台独立的字节码，可以被动态地加载到支持 Java 技术的 Web 服务器中运行。

2. Filter

与 Servlet 不同，Servlet 规范中的 Filter 并不能处理用户请求，也不能对客户端生成响应。Filter 主要用于对请求进行预处理，也可以对响应进行后处理，是个典型的处理链。

3. Listener

Servlet 规范中的 Listener 是通过观察者设计模式进行实现的，用来监听 Web 服务器中的各种事件，比如与生命周期有关的事件、与属性操作有关的事件等。

Servlet 规范定义了一系列的 Listener 接口，通过接口的方式将事件暴露给应用程序。应用程序如果需要监听其感兴趣的事件，那么不必去直接注册对应的事件，而是编写自己的 Listener 实现相应的接口类，并将自己的 Listener 注册到 Servlet 容器。当程序关心的事件发生时，Servlet 容器会通知相应的 Listener，并调用 Listener 中的相应方法。

3.1.2 Servlet 容器

上文中提到的 Servlet 容器也被称作 Servlet 引擎，它是 Web 服务器或应用程序服务器的一部分，用于在发送的请求和响应之上提供网络服务，解码基于 MIME 的请求，格式化基于 MIME 的响应。

Servlet 不能独立运行，它必须被部署到 Servlet 容器中，由容器来实例化和调用 Servlet 的方法，Servlet 容器在 Servlet 的生命周期内包容和管理 Servlet。

当用户通过单击某个链接或者直接在浏览器的地址栏中输入 URL 来访问 Servlet 时，浏览器向相应的 URL 对应的 Web 服务器发起 HTTP 请求，Web 服务器接收到该请求后，并不是将请求直接交给 Servlet，而是交给 Servlet 容器。

Servlet 容器接到 Web 容器“派送”过来的请求后，加载 Servlet 类并完成实例化、初始化操作，随后调用 Servlet 实例的一个特定方法(service)对请求进行处理，并产生一个响应。这个响应由 Servlet 容器返回给 Web 服务器，再由 Web 服务器包装这个响应，以 HTTP 响应的形式发送给 Web 浏览器。

在 JSP 技术推出后，管理和运行 Servlet、JSP 的容器也被称作 Web 容器。除非特别说明，本书中所使用的 Servlet 容器、JSP 容器、Web 容器均指 Apache Tomcat。图 3-2 展示了 Tomcat 版本与不同 Servlet、JSP、Java EE 版本的对应关系。

Tomcat 版本	JDK版本	Servlet 规范	JSP规范	EL规范	JavaEE规范
Tomcat 4.x	1.3 and later	Servlet 2.3	JSP 1.2	N/A	J2EE 1.3
Tomcat 5.x	1.4 and later	Servlet 2.4	JSP 2.0	EL 1.0	J2EE 1.4
Tomcat 6.x	1.5 and later	Servlet 2.5	JSP 2.1	EL 2.0	Java EE 5
Tomcat 7.x	1.6 and later	Servlet 3.0	JSP 2.2	EL 3.0	Java EE 6 / 7
Tomcat 8.x	1.7 and later	Servlet 3.1	JSP 2.3	EL 3.0	Java EE 6 / 7
Tomcat 9.x	1.8 and later	Servlet 4.0	JSP 2.3	EL 3.0	Java EE 8

图 3-2 Tomcat 版本与相应的 Servlet、JSP、Java EE 版本

本书将会陆续讲解 Servlet 技术、Filter 技术、Listener 技术，本章主要讲解 Servlet 技术。另外，除非特别说明，本书中所使用的 Servlet 一词仅表示 Java Servlet 技术体系中的 Servlet 技术。

3.1.3 Servlet 体系

1. Servlet 接口

在 Java EE 规范中，Servlet API 被定义在 javax.servlet 包中，其中定义了 Servlet 接口。根据 Servlet 规范，javax.servlet.Servlet 接口是所有 Servlet 类必须实现的接口，在该接口中定义了所有 Servlet 都必须实现的 5 个方法。

```
package javax.servlet;

import java.io.IOException;

public interface Servlet {

 public void init (ServletConfig config) throws ServletException;

 public void service (ServletRequest request , ServletResponse response)
                throws ServletException, IOException;

 public void destroy();

 public String getServletInfo();

 public ServletConfig getServletConfig();

}
```

其中：

```
public void init (ServletConfig config) throws ServletException
```

当容器加载 Servlet 实现类并完成实例化后，调用该方法完成初始化操作。

容器通过该方法的参数向 Servlet 实例传递信息。

当需要在处理客户端请求之前完成某些准备工作时，可以在该方法内部实现。

容器必须保证正确执行初始化方法(init)后，才能调用 Servlet 实例的 service 方法。

```
public void service (ServletRequest request , ServletResponse response)
        throws ServletException, IOException
```

容器通过调用 service 方法来接收客户端的请求并做出响应。

容器在调用该方法时会为该方法传入表示客户端请求的对象和用来向客户端进行响应的响应对象。(在“Servlet 的生命周期”一节中详细讲解)

```
public void destroy()
```

当容器检测到一个 Servlet 实例应该从服务器中被移除时，会调用该对象的 destory 方法，以便释放由该 Servlet 实例所占用的资源。

```
public ServletConfig getServletConfig()
```

该方法返回由 init 方法传入的 ServletConfig 对象。

```
public String getServletInfo()
```

该方法返回关于当前 Servlet 的描述信息，可以由实现者来指定返回的内容。

2. Servlet 实现类

为了简化 Servlet 开发，在 javax.servlet 包中还定义了 GenericServlet 类，该类实现了 javax.servlet.Servlet 接口中的大部分方法，唯一未实现的方法是 service 方法。同时 GenericServlet 类还实现了 javax.servlet.ServletConfig 接口和 java.io.Serializable 接口。

在 Apache Tomcat 中对 GenericServlet 的实现如下:

```
package javax.servlet;

import java.io.IOException;
import java.util.Enumeration;

public abstract class GenericServlet
        implements Servlet , ServletConfig , java.io.Serializable {

    private static final long serialVersionUID = 1L;

    private transient ServletConfig config;

    public GenericServlet() {   /* NOOP */   }

    @Override
    public String getInitParameter(String name) {
        return getServletConfig().getInitParameter(name);
    }

    @Override
```

```java
    public Enumeration<String> getInitParameterNames() {
        return getServletConfig().getInitParameterNames();
    }

    @Override
    public ServletConfig getServletConfig() {  return config ;  }

    @Override
    public ServletContext getServletContext() {
        return getServletConfig().getServletContext();
    }

    @Override
    public void init (ServletConfig config)  throws ServletException {
        this.config = config;
        this.init();
    }

    public void init() throws ServletException {  /*  NOOP by default */  }

    public void log (String msg)  {
        getServletContext().log(getServletName() + ": " + msg);
    }

    public void log (String message , Throwable t)  {
        getServletContext().log(getServletName() + ": " + message, t);
    }

    @Override
    public abstract void service(ServletRequest req , ServletResponse resp)
            throws ServletException , IOException ;

    @Override
    public void destroy() {  /*  NOOP by default */   }

    @Override
    public String getServletName() {   return config.getServletName();    }

    @Override
    public String getServletInfo() {   return "";  }

}
```

根据 JavaEE 规范，GenericServlet 类增加了一个无参数的 init 方法:

```
public void init() throws ServletException {
}
```

该方法不带任何参数，在 GenericServlet 类中该方法不做任何操作(NOOP)。

当某个继承 GenericServlet 类的类需要完成初始化操作时，可以重写该方法。该方法由另一个带参数的 init(ServletConfig)方法来调用。

```
public void init (ServletConfig config) throws ServletException {
    this.config = config;
    this.init();
}
```

另外在 javax.servlet.http 包中还定义了采用 HTTP 通信协议的 HttpServlet 类，该类继承 GenericServlet 类并实现了 service(ServletRequest,ServletResponse)方法，并在其中定义了与 HTTP 协议中的 DELETE、GET、OPTIONS、POST、PUT、TRACE 等请求方式对应的 doDelete()、doGet()、doOptions()、doPost()、doPut()、doTrace()等方法。

需要特别注意的是，在 javax.servlet.http.HttpServlet 类中有两个 service 方法:

```
protected void service(ServletRequest request , ServletResponse response)
protected void service (HttpServletRequest request, HttpServletResponse
response)
```

当客户端访问相应的 Servlet 程序时，容器在保证 Servlet 实例完成初始化操作的前提下，随后会调用 service(ServletRequest,ServletResponse)方法，再由该方法调用另外一个 service 方法。

关于这两个方法的详细实现过程，请参见后续章节内容，这里暂不做讲解。

3．Servlet 体系结构

在 Java EE 规范中，一个 Servlet 程序对应的类必须实现 javax.servlet.Servlet 接口，为了简化开发，Java EE 规范中增加了 javax.servlet.GenericServlet 类，同时为了支持 HTTP 通信协议，又增加了 javax.servlet.http.HttpServlet 类。它们的关系如图 3-3 所示。

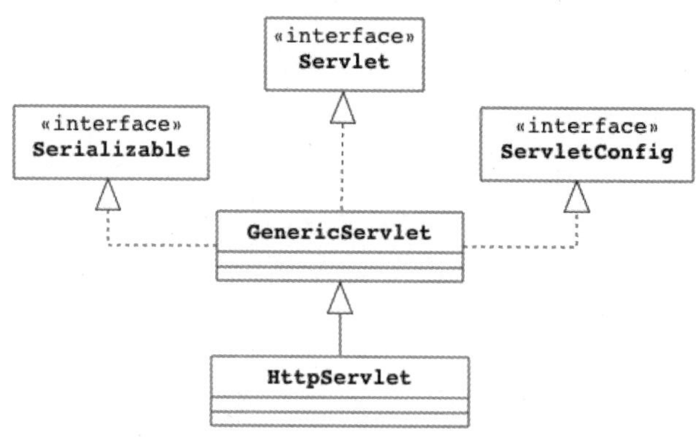

图 3-3　Servlet 继承体系图

javax.servlet.Servlet 接口声明的方法中又涉及 ServletConfig、ServletRequest、ServletResponse 等接口，而在 HttpServlet 接口重新定义的 service 方法中则涉及

HttpServletRequest、HttpServletResposne 等接口，实际应用中还将涉及 HttpSession、ServletContext 等接口。本书后续章节将陆续讲解它们的用法。

3.1.4 请求形式

当 Web 客户端（比如浏览器）向 Web 服务器（比如 Tomcat）发起请求时，Web 服务器会根据客户端的请求形式来确定调用哪个 Servlet 程序。

通过浏览器向 Web 服务器发起请求，通常可以采用以下三种形式：

1. 超链接

通过单击超链接或在地址栏中直接输入 URL 的方式向服务器发起请求：

```
<a href=" http://wd.malajava.org" >问道</a>
```

2. 表单

通过提交表单的方式向服务器发送请求：

```
<form action="http://wd.malajava.org/learner/sign/in" method="post" >
    <input type="text" name="username" placeholder="请输入登录名称">
    <input type="password" name="password" placeholder="请输入登录密码">
    <input type="submit" value="登录" >
</form>
```

3. AJAX

使用 AJAX 技术通过异步方式向服务器发送请求：

```
var $http = new XMLHttpRequest();
$http.open（"GET" , "http://wd.malajava.org/learner/verify/sign/in"） ;
$http.send（null）;
```

（读者欲了解 AJAX 相关技术，请自行查阅相关资料，本书不做赘述）

无论是以上哪种形式，都是通过 URL 来请求指定服务器上的资源，不同的 URL 对应的资源也不相同，Web 服务器根据客户端所请求的 URL 来确定应该访问哪个资源。

比如当在浏览器中访问 http://wd.malajava.org/learner/sign/in 时，Web 服务器就可以通过调用 SignInServlet 类的 service 方法来接收请求并做出响应。

因此，我们需要向 Web 容器提供被访问的 Servlet 程序并告知 Web 容器使用哪种形式的 URL 可以访问到这些 Servlet 程序。

3.2 开发 Servlet 程序

在认知 Servlet 技术后，我们可以开发自己的 Servlet 程序了。所谓开发 Servlet 程序，就是创建实现了 javax.servlet.Servlet 接口的类。因此一个 Servlet 程序的本质就是一个特殊的 Java 类，这些类的特点是：

- 它们都不是独立的应用程序，都没有 main 方法。
- 它们都不能直接运行，而是生存在 Servlet 容器内，由容器来管理它们。
- 它们都有自己的生命周期，都包含了 init 方法和 destory 方法。
- 它们都有一个 service 方法用来响应客户端请求。

创建好 Servlet 程序后，还需要将 Servlet 程序部署到容器中才能被访问。

本节将通过四种不同的方式来开发 Servlet 程序，使用三种不同的部署方法将 Servlet 程序予以部署，并分别从开发 Servlet 程序、部署 Servlet 程序、访问 Servlet 程序三个环节逐步讲解 Servlet 程序的应用方法。

因为本章所讲解的内容为 Servlet 核心内容，因此在正式学习之前，我们首先创建一个名称为 core 的动态 Web 工程，如图 3-4 所示。

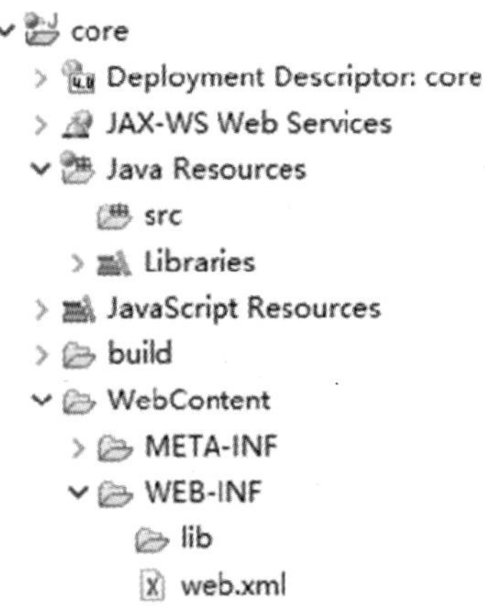

图 3-4 新创建的 core 工程

随后将该工程部署到 Tomcat 服务器中（如图 3-5）。同时，将其他所有已部署到 Tomcat 的 Web 应用全部移除。为了不受其他 Web 应用的影响，我们建议尽量保证在 Tomcat 服务器中只有一个被部署的 Web 应用。

图 3-5 部署后的 core 应用

注意，这里只需要完成 Web 应用的部署即可，并不需要启动 Tomcat。

3.2.1 刀耕火种：实现 Servlet 接口的所有抽象方法

首先我们来学习最原始的实现方式，即通过直接实现 javax.servlet.Servlet 接口，并实现该接口中所有的抽象方法来创建 Servlet 类。

1. 创建 Servlet 类

在 core 工程的 src 目录上右击，在弹出的快捷菜单中选择 New→Class 菜单项，弹出“New Java Class”对话框，如图 3-6 所示，在 Package 之后的输入框中输入包名 org.malajava.servlet，在 Name 之后的输入框中输入类名 PrimitiveServlet 后单击“Finish”按钮，即可创建一个普通的 Java 类。

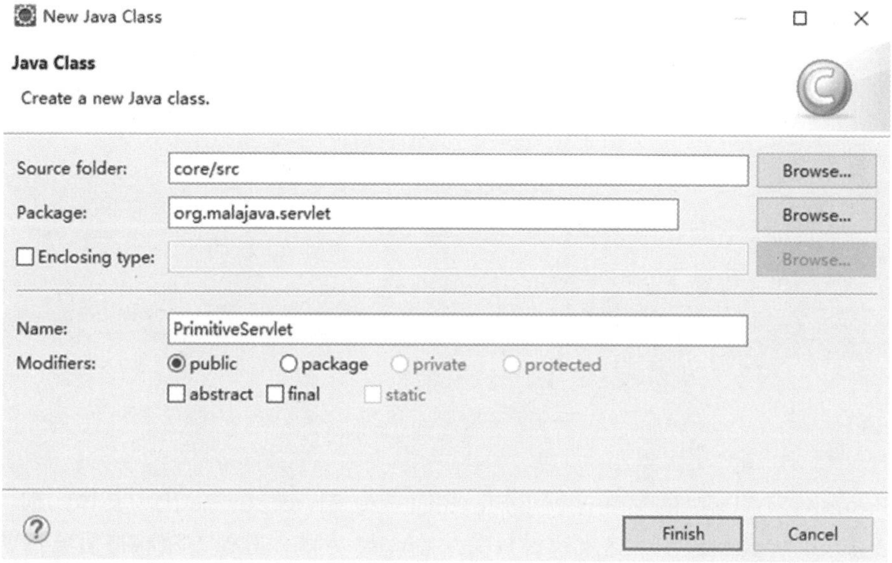

图 3-6 创建 PrimitiveServlet 类

随后编辑 PrimitiveServlet 类，由该类实现 javax.servlet.Servlet 接口中的所有方法，其内容如示例代码 3-1 所示。

示例代码 3-1：

```
package org.malajava.servlet;

import java.io.IOException;
import java.io.PrintWriter;

import javax.servlet.Servlet;
import javax.servlet.ServletConfig;
import javax.servlet.ServletException;
import javax.servlet.ServletRequest;
import javax.servlet.ServletResponse;

```

```
public class PrimitiveServlet implements Servlet {

 public void init(ServletConfig config) throws ServletException {
 }

 public void service(ServletRequest req , ServletResponse resp)
          throws ServletException, IOException {
     // 在控制台（Console）中输出信息
     System.out.println (" primitive servlet : service") ;
     // 获得可以向响应对象中输出数据的字符输出流
     PrintWriter w = resp.getWriter();
     // 向响应对象中输出 HTML 片段（最终发送到 Web 客户端）
     w.println("<h1 align='center'>I am a primitive servlet .</h1>");
 }

 public void destroy() {
 }

 public ServletConfig getServletConfig() {
     return null;
 }

 public String getServletInfo() {
     return null ;
 }

}
```

由 PrimitiveServlet 类的实现过程可知，我们只对 service 方法做出了具体实现，另外的四个方法并没有做任何操作。这里暂时只关注 service 方法，其他方法将在后续章节中陆续讲解。

2．通过 web.xml 部署 Servlet 程序

我们已经知道，所有的 Servlet 程序都必须部署到容器后才有可能被访问。

通常，将某个已经编写好的 Servlet 程序交给容器管理的过程称作注册，而将指定的 URL 与已经注册过的某个 Servlet 程序建立关联的过程称作映射。将 Servlet 程序注册到容器并建立映射的过程被称作部署。

在现行的 Servlet 规范中，我们可以用三种方式来部署 Servlet，即:

- ✧ 通过 web.xml 实现部署
- ✧ 通过@WebServlet 注解实现部署
- ✧ 通过 ServletContext 动态部署

这里我们将采用 Servlet 体系中最原始的部署方式，即通过 web.xml 来部署已经开发好的 Servlet 程序。

这里我们以部署 PrimitiveServlet 为例，将 web.xml 文件修改为示例代码 3-2 的形式。

示例代码 3-2：

```
<!-- WebContent/WEB-INF/web.xml -->
<!-- 示例代码 3-2 ：通过 web.xml 中部署 PrimitiveServlet-->
<? xml version="1.0" encoding="UTF-8"? >

<web-app xmlns:xsi="http://www.w3.org/2001/XMLSchema-instance"
xmlns="http://xmlns.jcp.org/xml/ns/javaee"
 xsi:schemaLocation="http://xmlns.jcp.org/xml/ns/javaee
http://xmlns.jcp.org/xml/ns/javaee/web-app_3_1.xsd"
 id="WebApp_ID" version="3.1"
 metadata-complete="false" >

 <servlet>
     <servlet-name>primitiveServlet</servlet-name>
<servlet-class>org.malajava.servlet.PrimitiveServlet</servlet-class>
 </servlet>

 <servlet-mapping>
     <servlet-name>primitiveServlet</servlet-name>
     <url-pattern>/primitive</url-pattern>
 </servlet-mapping>

</web-app>
```

在示例代码 3-2 的配置中：

（1）<servlet> 标记用于向容器注册一个 servlet

✧ <servlet-name>标记用来定义所注册的 servlet 的名称

该名称在整个应用中必须是唯一的（类似于 Map 集合中的 Key，必须唯一），容器通过该名称来管理相应的 servlet 实例。

本例中，primitiveServlet 即为 servlet 名称（英文称作“servlet name”），它与 Servlet 类名（英文称作“Servlet Class Name”）的作用是不同的。

✧ <servlet-class>标记用来指定 Servlet 类的类名

这里所指定的 Servlet 类名（Servlet Class Name）必须是规范化类名。

✧ 其他子标签

在<servlet>标记内部，还可以书写<jsp-file>、<init-param>、<load-on-startup>、<multipart-config>、<async-supported>等常用标记，这些标记的使用方法在后续的章节中陆续讲解，此处暂不做讲解。

（2）<servlet-mapping> 用于将 URL 映射到已注册过的 servlet

✧ <servlet-name>用来引用已经注册过的 servlet 名称

容器将通过该名称来寻找已经注册过的 servlet 程序。

✧ <url-pattern>用于指定 Web 客户端访问 servlet 时所使用的路径

该路径相对于当前 Web 应用的根路径，同时该路径在整个应用中必须唯一。

在 Web 客户端（比如浏览器）中通过该路径即可访问相应的 servlet 程序。

在示例代码 3-2 中，primitiveServlet 所映射的 url-pattern 为“/primitive”，而当前 Web 应用的路径为“/core”，因此在 Web 客户端（比如浏览器）中应该使用以下 URL 来访问该 primitiveServlet:

```
http://localhost:8080/core/primitive
```

请注意这个 URL 中的“/primitive”部分，这里的“/”表示当前 Web 应用的根路径，也就是“/core”所对应的 Web 应用的根路径。

另外，可以为同一个 servlet 映射多个不同的路径，比如：

```
<servlet-mapping>
  <servlet-name>primitiveServlet</servlet-name>
  <url-pattern>/primitive</url-pattern>
  <url-pattern>/primitive/servlet</url-pattern>
</servlet-mapping>
```

关于 url-pattern 的书写规则，请参看本节“URL 匹配模式”部分，此处不做讲解。

另外，这里纠正一下目前网络上流传的一种错误观念，即在容器中所有 Servlet 类都是单实例。其实在 web.xml 中可以部署多个 servlet，同时可以让这些 servlet 都使用同一个 Servlet 类，比如 theFirstPrimitiveServlet 和 theSecondPrimitiveServlet 这两个 servlet 都使用了 PrimitiveServlet 类，同时两者所映射的 url-pattern 也是不相同的：

```
<servlet>
    <servlet-name>theFirstPrimitiveServlet</servlet-name>
<servlet-class>org.malajava.servlet.PrimitiveServlet</servlet-class>
</servlet>

<servlet-mapping>
    <servlet-name>theFirstPrimitiveServlet</servlet-name>
    <url-pattern>/first/primitive</url-pattern>
</servlet-mapping>

<servlet>
    <servlet-name>theSecondPrimitiveServlet</servlet-name>
<servlet-class>org.malajava.servlet.PrimitiveServlet</servlet-class>
</servlet>

<servlet-mapping>
    <servlet-name>theSecondPrimitiveServlet</servlet-name>
    <url-pattern>/second/primitive</url-pattern>
</servlet-mapping>
```

当 Web 客户端（比如浏览器）分别通过“/first/primitive”和“/second/primitive”这两种 URL 模式访问时，容器必须保证创建 PrimitiveServlet 类的两个实例，并完成它们的初始化操作。

此时，容器中将拥有 PrimitiveServlet 类的两个实例，因此，在 Servlet 容器中所有的 Servlet 类都是单实例是错误的，至少是不严谨的。

3．访问 servlet

在本节开始，已经创建 core 工程并将其部署到 Tomcat 中，因此在 web.xml 中完成对 PrimitiveServlet 的部署后即可启动 Tomcat。如果已经启动 Tomcat 可以先关闭服务器后再重新开启服务器。

我们已经知道当 Tomcat 启动时，Tomcat 会加载名称为 core 的应用，此时该 Web 应用对应的路径为“/core”。而在 web.xml 中为 primitiveServlet 映射的 url-pattern 为“/primitive”，因此在浏览器地址栏中输入以下 URL 即可访问 primitiveServlet:

```
http://localhost:8080/core/primitive
```

访问结果如图 3-7 所示。

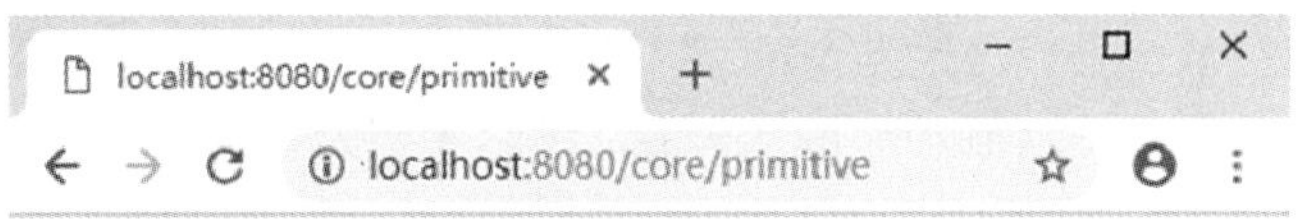

图 3-7　访问 primitiveServlet

此时在 Eclipse 主界面中，选择 Console 选项卡，可以看到 service 方法输出的信息。（图 3-8 中最后一行信息：“primitive servlet : service”）

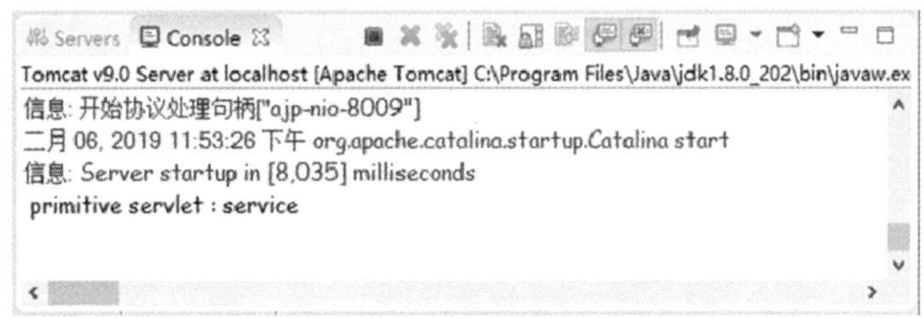

图 3-8　访问 primitiveServlet 时 service 方法在 Console 中输出的信息

由以上访问过程可知，当通过浏览器访问“http://localhost:8080/core/primitive”时，容器（即 Tomcat）在它所管理的 Web 应用中寻找名称为“core”的应用，并在该 Web 应用中寻找“/primitive”对应的映射，相当于找到 web.xml 中的以下配置：

```
<servlet-mapping>
    <servlet-name>primitiveServlet</servlet-name>
    <url-pattern>/primitive</url-pattern>
</servlet-mapping>
```

随后再根据<servlet-name>来寻找已经注册的 primitiveServlet:

```
<servlet>
    <servlet-name>primitiveServlet</servlet-name>
<servlet-class>org.malajava.servlet.PrimitiveServlet</servlet-class>
</servlet>
```

因为是首次访问 primitiveServlet，因此容器（即 Tomcat）会先创建 PrimitiveServlet 类

的一个实例，容器通过 primitiveServlet 这一名称来维护这个实例，随后完成对该实例的初始化操作。最后容器（即 Tomcat）通过调用 primitiveServlet 实例的 service 方法来处理 Web 客户端（比如浏览器）的请求。

也正因为容器调用了 primitiveServlet 实例的 service 方法，所以在通过浏览器访问 primitiveServlet 时，才在浏览器中看到了由 service 方法输出的 HTML 片段，同时也在 Eclipse 的 Console 选项卡中看到了由 service 输出的信息。

另外需要注意的是，从第二次访问 primitiveServlet 开始，容器（即 Tomcat）只需要调用 primitiveServlet 实例的 service 方法即可（参见 Servlet 生命周期）。

4．URL 匹配模式

我们已经知道，Web 服务器根据 Web 客户端所请求的 URL 来确定应该访问哪个资源，为了能够让客户端准确地访问到相应的 servlet，我们需要为不同的 servlet 指定不同的 URL 模式（url-pattern） 。

Web 服务器接收到来自 Web 客户端的请求后，根据 Web 客户端发起请求时使用的 URL 来寻找相应的 URL 模式(url-pattern)，从而确定应该访问哪个 servlet。

不同的 Web 服务器对 URL 的处理方式也不尽相同，绝大多数 Web 服务器都支持多种 URL 匹配模式。以下仅针对主流 Servlet 容器所支持的几种常见的匹配模式予以说明。

注意这里使用了 Servlet 容器的概念，需要了解的是我们所使用的 Servlet 容器，比如 Tomcat，它同时也充当了 Web 服务器的角色。

（1）完全匹配

即将 URL 与指定的 url-pattern 进行精确比较，比如以下 URL：

```
http://localhost:8080/core/hello/servlet/show.do
```

将匹配于：

```
<url-pattern>/hello/servlet/show.do</url-pattern>
```

不匹配于：

```
<url-pattern>/hello/url-pattern>
<url-pattern>/hello/servlet</url-pattern>
```

（2）路径匹配

将 URL 与指定的路径前缀进行匹配，比如以下 URL：

```
http://localhost:8080/core/hello/servlet/show.do
```

将匹配于：

```
<url-pattern>/hello/*</url-pattern>
```

同时也可以匹配于：

```
<url-pattern>/hello/servlet/*</url-pattern>
```

即只要 URL 中 Web 应用名称(“/core”)之后的部分是以“/hello”为前缀都可以匹配于“/hello/*”，比如：

```
http://localhost:8080/core/hello/zhangsanfeng
http://localhost:8080/core/hello/zhang/san/feng
```

只要 URL 中 Web 应用名称(“/core”)之后的部分是以“/hello/servlet”为前缀的，都可以匹配于“/hello/servlet/*”，比如：

```
http://localhost:8080/core/hello/servlet/zhangcuishan
```

```
http://localhost:8080/core/hello/servlet/zhang/cui/shan
```

（3）最长路径匹配

设存在以下两个映射：

```
<servlet-mapping>
    <servlet-name>theFirstServlet</servlet-name>
    <url-pattern>/hello/*</url-pattern>
</servlet-mapping>

<servlet-mapping>
    <servlet-name>theFirstServlet</servlet-name>
    <url-pattern>/hello/world/*</url-pattern>
</servlet-mapping>
```

当访问 http://localhost:8080/core/hello/world/test 时，Web 服务器会优先选择路径最长的 url-pattern 来匹配，即优先匹配“/hello/world/*”。

（4）扩展匹配

扩展匹配也被称作扩展名匹配或后缀匹配，当 Web 客户端请求以下路径时：

```
http://localhost:8080/core/hello.do? name=zhangsanfeng
```

其中，问号(“？”)之后的内容被当作请求参数来处理，在问号(“？”)之前存在一个请求路径的后缀（即 .do ），通常将这部分称作扩展名（.do）。

当 Web 容器接收到类似的请求时，Web 容器将会根据扩展(后缀)选择合适的 servlet，比如之前的路径就可以匹配于：

```
<url-pattern>*.do</url-pattern>
```

即当被访问的 URL 以.do 为后缀时，都匹配于该 url-pattern。

当存在多种匹配模式时，Web 容器按照以下顺序依次匹配：

```
完全匹配 > 最长路径匹配 > 路径匹配 > 扩展匹配
```

当 Web 客户端所请求的 URL 不能匹配于以上任意一种模式时，Tomcat 会将请求交给一个名称为 default 的 servlet 来处理。

在 Tomcat 内部定义了一个 DefaultServlet 类，并通过 Tomcat 主目录下的 conf/web.xml 定义了一个名称为 default 的 servlet：

```
<servlet>
    <servlet-name>default</servlet-name>
<servlet-class>org.apache.catalina.servlets.DefaultServlet</servlet-class>
    <init-param>
        <param-name>debug</param-name>
        <param-value>0</param-value>
    </init-param>
    <init-param>
        <param-name>listings</param-name>
        <param-value>false</param-value>
    </init-param>
    <load-on-startup>1</load-on-startup>
</servlet>
```

同时，也在 conf/web.xml 中为该 servlet 建立了映射：

```
<servlet-mapping>
    <servlet-name>default</servlet-name>
    <url-pattern>/</url-pattern>
</servlet-mapping>
```

注意这里的 url-pattern 为 "/"，它能够匹配任意 URL。因此，当某个 URL 不能匹配于已经给定的所有 url-pattern 时，绝大多数容器(比如 Tomcat)内部就会借助于 default servlet 来处理这个 URL。

对于这个名称为 default 的 servlet，我们仅作简单介绍，这里不做详细讲解。

另外，必须注意的是，在 url-pattern 中不能同时使用路径匹配和扩展匹配，以下形式的 url-pattern 都是错误的：

```
<url-pattern>/*.do</url-pattern>
<url-pattern>/hello*.do</url-pattern>
<url-pattern>/hello/*.do</url-pattern>
<url-pattern>/hello/*/world.do</url-pattern>
```

3.2.2 擒贼擒王：继承 GenericServlet 类并重写 service 方法

在通过继承 GenericServlet 类开发 Servlet 程序之前，我们先回顾一下 3.2.1 节中“刀耕火种”方式的关键步骤：

✧ 实现 javax.servlet.Servlet 接口并实现其中所有方法
✧ 重点实现 javax.servlet.Servlet 接口中的 service 方法
✧ 通过 web.xml 注册开发好的 Servlet 程序并为其建立 URL 映射
✧ 启动 Tomcat 服务器后通过 URL 访问已经部署好的 Servlet 程序

由以上步骤可见，最为关键的两个部分是：

✓ 实现 javax.servlet.Servlet 接口的 service 方法
✓ 向容器注册 Servlet 程序后为其建立 URL 映射

因此，通过继承 GenericServlet 类来开发 Servlet 程序时，只需重点关注这两部分即可，其他环节可以暂时先不关注。

1. 创建 Servlet 类

我们已经知道 javax.servlet.GenericServlet 类实现了 javax.servlet.Servlet 接口中的绝大多数方法，因此在编写 Servlet 类时可以选择继承 javax.servlet.GenericServlet 类从而简化 Servlet 开发，只需要实现 GenericServlet 类中尚未实现的 service 方法即可。

在 core 工程的 src 目录下创建 org.malajava.servlet.PrimaryServlet 类，该类继承 GenericServlet 类并实现 service 方法。其中内容如示例代码 3-3 所示。

示例代码 3-3：

```
package org.malajava.servlet;

import java.io.IOException;
import java.io.PrintWriter;

```

```
import javax.servlet.GenericServlet;
import javax.servlet.ServletException;
import javax.servlet.ServletRequest;
import javax.servlet.ServletResponse;

public class PrimaryServlet extends GenericServlet {

 private static final long serialVersionUID = 7126120676169060864L;

 public void service (ServletRequest req , ServletResponse resp)
                throws ServletException, IOException {
     // 在控制台（Console）中输出信息
     System.out.println (" primary servlet : service") ;
     // 获得可以向响应对象中输出数据的字符输出流
     PrintWriter w = resp.getWriter();
     // 向响应对象中输出 HTML 片段（最终发送到 Web 客户端）
     w.println ("<h1 align='center'>I am a primary servlet .</h1>") ;
 }

}
```

2. 使用注解方式部署 Servlet 程序

从 Servlet 3.0 开始，支持使用注解（annotation）方式来部署 Servlet 程序，我们可以通过在 Servlet 实现类上添加@WebServlet 注解来实现。

比如，可以在之前创建的 PrimaryServlet 类上添加@WebServlet 注解，并指定 urlPatterns 属性的取值，如示例代码 3-4 所示。

示例代码 3-4：

```
// src/org/malajava/servlet/PrimaryServlet.java
package org.malajava.servlet;
// 省略部分 import 语句
import javax.servlet.annotation.WebServlet;
@WebServlet (urlPatterns="/primary")
public class PrimaryServlet extends GenericServlet {
// 省略 PrimaryServlet 类中所有代码（被省略代码参见示例代码 3-3）
}
```

以上代码中，@WebServlet 是从 Servlet 3.0 开始提供的、用来部署 Servlet 的注解，它被定义在 javax.servlet.annotation 包中。这里的 urlPatterns = "/primary" 与 web.xml 中的<url pattern>作用相同，都用来指定 Web 客户端访问 Servlet 时所使用的路径。

在 PrimaryServlet 类上标注@WebServlet（urlPatterns="/primary"）等同于在 web.xml 中添加以下设置：

```
<servlet>
<servlet-name>org.malajava.servlet.PrimaryServlet</servlet-name>
<servlet-class>org.malajava.servlet.PrimaryServlet</servlet-class>
```

```
</servlet>

<servlet-mapping>
<servlet-name>org.malajava.servlet.PrimaryServlet</servlet-name>
    <url-pattern>/primitive</url-pattern>
</servlet-mapping>
```

当未通过@WebServlet 注解的 name 属性显式指定 servlet 名称时，默认的 servlet 名称即为当前 Servlet 类的规范化类名。

如果在 PrimaryServlet 类上标注@WebServlet 同时指定了 name 属性，比如：

```
@WebServlet (name="primary" , urlPatterns="/primary")
public class PrimaryServlet extends GenericServlet {
}
```

则等同于在 web.xml 中使用以下配置：

```
<servlet>
    <servlet-name>primary</servlet-name>
<servlet-class>org.malajava.servlet.PrimaryServlet</servlet-class>
</servlet>

<servlet-mapping>
    <servlet-name>primary</servlet-name>
    <url-pattern>/primitive</url-pattern>
</servlet-mapping>
```

这里仅说明@WebServlet 注解的 name 属性的作用，通常在使用@WebServlet 时并不需要指定 name 属性（采用默认值即可）。

与之前在 web.xml 中部署 Servlet 程序不同，尽管从 JDK 1.8 开始增加了 java.lang.annotation.Repeatable 注解，但遗憾的是在现行的 Servlet 规范中并没有为 javax.servlet.annotation.WebServlet 标注 Repeatable 注解，因此一个 Servlet 类仍然只能标注一次@WebServlet 注解。故而容器在扫描到标注了@WebServlet 注解的 Servlet 类时，容器仅为该 Servlet 类创建单个实例，并为其建立 URL 映射。

另外，@WebServlet 注解中定义了许多属性。实际开发中，最常用的是 urlPatterns、value、loadOnStartup 这三个属性，其中 value 属性与 urlPatterns 属性功能相同，它们的类型都是 String 数组，因此它可以接收多个取值，比如：

```
@WebServlet (urlPatterns = { "/primary" , "/primary/servlet" })
```

或者：

```
@WebServlet (value = { "/primary" , "/primary/servlet" })
```

注意，数组中的每一个取值都是一个 url-pattern，这类似于在 web.xml 中为同一个 servlet 指定了多个<url-pattern>。

而当 urlPatterns 或 value 属性的取值只有单个值时，可以将数组简写为：

```
@WebServlet (urlPatterns = "/primary")
```

或者：

```
@WebServlet (value = "/primary")
```

同时，对于任意注解(annotation)来说，当且仅当只指定了一个属性，并且该属性的名称为 value 时，可以将 value 属性的属性名省略，即：

```
@WebServlet ("/primary")
```

而这种写法，也正是我们在 PrimaryServlet 类上所使用的写法。

另外，通过@WebServlet 注解的 urlPatterns 属性或 value 属性指定的 url-pattern 的匹配规则，与之前所述的"URL 匹配模式"部分所归纳的规则完全相同。

对于@WebServlet 注解的 loadOnStartup 属性，我们将在后续章节 Servlet 生命周期中讲解；而对于 initParams 属性则在后续章节 ServletConfig 中讲解；对于其他的属性及其作用请参见“@WebServlet 属性列表”部分（附录 A），此处不做讲解。

3. 访问 servlet

因为重新开发并部署了 PrimaryServlet 类，因此需要重新启动容器以便于容器能够重新加载整个 Web 应用，从而加载新开发的 Servlet 程序。我们可以参照 2.4.5 节（关闭服务器）中的方法关闭容器（即 Tomcat），随后再参照 2.4.3 节（启动服务器）中的方法重新启动容器（即 Tomcat）。

同时，在 3.2.1 节中我们已经知道当前 Web 应用对应的路径为“/core”。而在 PrimaryServlet 类上标注的@WebServlet 注解的 urlPatterns 属性值为“/primary”，因此在浏览器地址栏中输入以下 URL 即可访问 PrimaryServlet：

```
http://localhost:8080/core/primary
```

访问结果如图 3-9 所示。

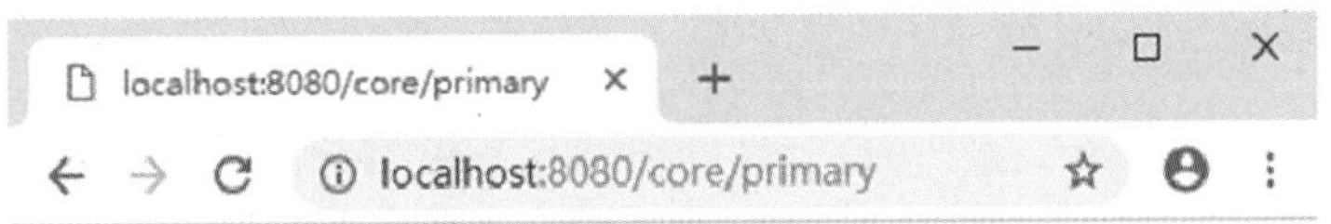

图 3-9 访问 PrimaryServlet 程序

此时在 Eclipse 主界面中，选择 Console 选项卡，可以看到 service 方法输出的信息。（图 3-10 中最后一行信息: "primary servlet : service"）

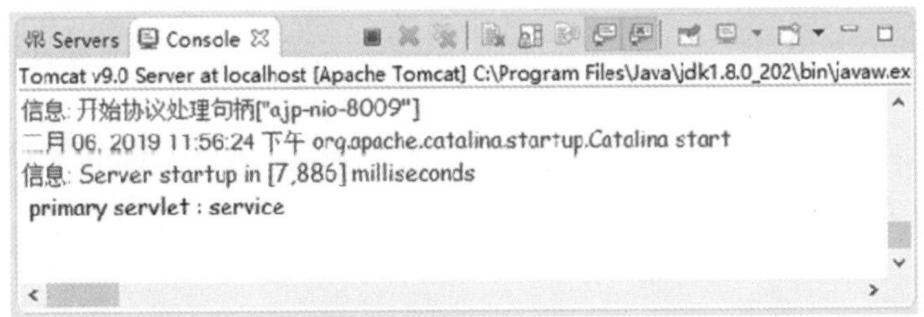

图 3-10 访问 PrimaryServlet 时 service 方法在 Console 中输出的信息

由以上访问过程可知，当通过浏览器访问“http://localhost:8080/core/primary”时，容器（即 Tomcat）在它所管理的 Web 应用中寻找名称为“core”的应用，并在该 Web 应用中寻找含有@WebServlet 注解且 urlPatterns 属性或 value 属性取值中有“/primitive”取值的 Servlet 类，相当于找到以下配置：

```
@WebServlet (urlPatterns="/primary")
public class PrimaryServlet extends GenericServlet {
}
```

因为是首次访问，因此容器会先创建 PrimaryServlet 类的一个实例，容器通过“org.malajava.servlet.PrimaryServlet”这一名称来维护这个实例，随后完成对该实例的初始化操作。最后容器通过调用 PrimaryServlet 实例的 service 方法来处理 Web 客户端的请求。

与 3.2.1 节中相同，从第二次访问 PrimaryServlet 程序开始，容器只需要调用 PrimaryServlet 实例的 service 方法即可（参见 3.4 节 Servlet 生命周期 ）。

3.2.3 分而治之：继承 HttpServlet 类并重写 doGet 和 doPost 方法

在 1.2.6 节（超文本传输协议）中我们已经知道，HTTP 1.1 中支持 8 种不同的动作，即 GET、POST、HEAD、OPTIONS、PUT、DELETE、TRACE、CONNECT 等，但在前两小节的 Servlet 开发方式中，并没有为不同的 HTTP 动作提供相应的方法。

在 Servlet 体系结构中，javax.servlet.http.HttpServlet 类继承了 GenericServlet 类，并在其内部定义了与 HTTP 协议中的 DELETE、GET、OPTIONS、POST、PUT、TRACE 等请求方式对应的 doDelete()、doGet()、doOptions()、doPost(),、doPut()、doTrace()等方法。

1. 开发并部署 Servlet 程序

当我们所开发的 Servlet 程序需要分别处理来自 Web 客户端的 GET 请求和 POST 请求时，可以选择继承 HttpServlet 类并重写其 doGet()方法和 doPost()方法。

在 core 工程的 src 目录下创建 org.malajava.servlet.DispatcherServlet 类，该类继承 HttpServlet 类并重写 doGet()方法和 doPost()方法。其中内容如示例代码 3-5 所示。

示例代码 3-5：

```
package org.malajava.servlet;

import java.io.IOException;
import java.io.PrintWriter;

import javax.servlet.ServletException;
import javax.servlet.http.HttpServlet;
import javax.servlet.http.HttpServletRequest;
import javax.servlet.http.HttpServletResponse;
import javax.servlet.annotation.WebServlet;

@WebServlet (urlPatterns="/dispatcher")
public class DispatcherServlet extends HttpServlet {

 private static final long serialVersionUID = -8181235040757048286L;
```

```

	protected void doGet(HttpServletRequest request, HttpServletResponse response)
							throws ServletException, IOException {
		// 在控制台（Console）中输出信息
		System.out.println(" dispatcher servlet : doGet");
		// 获得可以向响应对象中输出数据的字符输出流
		PrintWriter w = response.getWriter();
		// 向响应对象中输出 HTML 片段（最终发送到 Web 客户端）
		w.println("<h1 align='center'>I am a dispatcher servlet .</h1>");
		w.println("<h3 align='center'>request method : GET .</h3>");
	}

	protected void doPost(HttpServletRequest request, HttpServletResponse response)
							throws ServletException, IOException {
		// 在控制台（Console）中输出信息
		System.out.println(" dispatcher servlet : doPost");
		// 获得可以向响应对象中输出数据的字符输出流
		PrintWriter w = response.getWriter();
		// 向响应对象中输出 HTML 片段（最终发送到 Web 客户端）
		w.println("<h1 align='center'>I am a dispatcher servlet .</h1>");
		w.println("<h3 align='center'>request method : POST .</h3>");
	}

}
```

值得注意的是，在 DispatcherServlet 类中重写后的 doGet()方法和 doPost()方法中有大量冗余代码，但这并不能成为我们在其中一个方法中调用另一个方法的理由，比如一种比较流行的做法可能是：

```
public class DispatcherServlet extends HttpServlet {

	protected void doGet(HttpServletRequest request, HttpServletResponse response)
							throws ServletException, IOException {
		this.doPost(request, response); // 为了减少冗余代码这里调用了doPost()方法
	}

	protected void doPost(HttpServletRequest request, HttpServletResponse response)
							throws ServletException, IOException {
		System.out.println(" dispatcher servlet");
		PrintWriter w = resp.getWriter();
		w.println("<h1 align='center'>I am a dispatcher servlet .</h1>");
```

```
    }

}
```

尽管这么做使代码更加简洁了，但是，但凡需要分别对待 GET 和 POST 两种不同的请求方式时，doGet()方法和 doPost()方法内部的操作实际上是不一样的，否则完全没有必要去重写两个方法。

比如处理文件上传时，Web 客户端必须使用 POST 方式发送请求，此时服务器端的 Servlet 程序中应该使用 doPost()方法来处理文件上传操作，不应该使用 doGet()方法来处理文件上传操作，此时的 doPost()方法和 doGet()方法的实现过程是截然不同的，因此绝不可贸然在一个方法中调用另一个方法。

正如在开发 DispatcherServlet 类之前就已言明的：

“当我们所开发的 Servlet 程序需要分别处理来自 Web 客户端的 GET 请求和 POST 请求时，可以选择继承 HttpServlet 类并重写其 doGet()方法和 doPost()方法”。

因此，除非是必须区分 GET 请求和 POST 请求，否则没有必要分别重写 HttpServlet 类的 doGet()方法和 doPost()方法，只需要重写一个 service()方法就可以了。

2．访问 servlet

我们期望 Web 客户端分别通过 GET 方式和 POST 方式访问已经开发并部署好的 DispatcherServlet 程序，因此，我们首先创建一个 HTML 页面，并在其中通过两种不同的方式来访问 DispatcherServlet 程序。

（1）创建 HTML 页面

在本节开始已经创建好的 core 工程的 WebContent 目录下直接创建一个名称为 index.html 的页面，其中内容如示例代码 3-6。

示例代码 3-6：

```
<!DOCTYPE html>
<html>
 <head>
     <meta charset="UTF-8">
     <title>开发 Servlet 程序</title>
 </head>
 <body>

     <h3>通过单击超链接来访问 DispatcherServlet 程序</h3>
     <a href="/core/dispatcher">单击超链接</a>

     <h3>以 GET 方式访问 DispatcherServlet 程序</h3>
     <form action="/core/dispatcher" method="get">
         <input type="submit" value="GET 方式提交表单" >
     </form>

     <h3>以 POST 方式访问 DispatcherServlet 程序</h3>
     <form action="/core/dispatcher" method="post">
         <input type="submit" value="POST 方式提交表单" >
```

```
        </form>

    </body>
  </html>
```

在示例代码 3-6 中，分别采用了超链接和表单两种方式来访问 DispatcherServlet 程序。它们的共同点是使用了相同的 URL，即“/core/dispatcher”，这里的“/core”与当前的 Web 应用对应，而“/dispatcher”则是通过@WebServlet 方式部署 DispatcherServlet 程序时使用的 url-pattern。

在创建好 index.html 页面后，即可重新启动 Tomcat，随后在浏览器的地址栏中直接输入以下 URL 即可访问该页面：

```
http://localhost:8080/core/index.html
```

访问该 URL 后的页面如图 3-11 所示。绝大多数 Web 服务器中都有默认的首页，而在 Tomcat 中默认的首页即为 index.html 或 index.jsp，因此还可以通过以下形式来访问 index.html 页面：

```
http://localhost:8080/core
```

注意，这里的“/core”依然是当前 Web 应用对应的根路径。

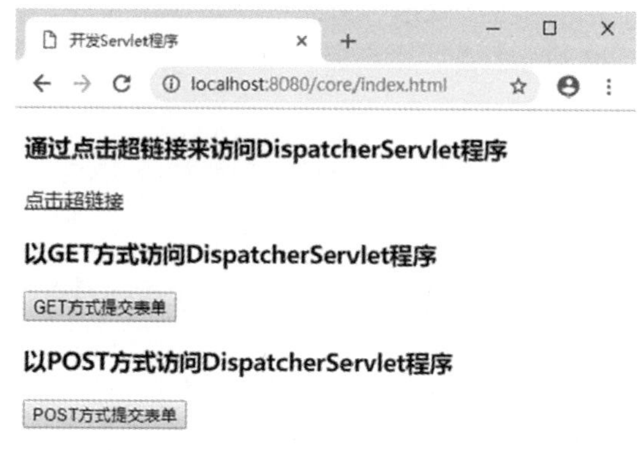

图 3-11　在浏览器中访问 index 页面

（2）以 GET 方式访问

在 index.html 页面上，单击“单击超链接”或者单击“GET 方式提交表单”按钮，都可以采用 GET 方式访问 DispatcherServlet 程序。

以 GET 方式访问时，浏览器中呈现的效果如图 3-12 所示。

图 3-12　以 GET 方式访问 DispatcherServlet 时的返回结果

此时，以 GET 方式访问 DispatcherServlet 时 Console 中的输出信息如图 3-13 所示。

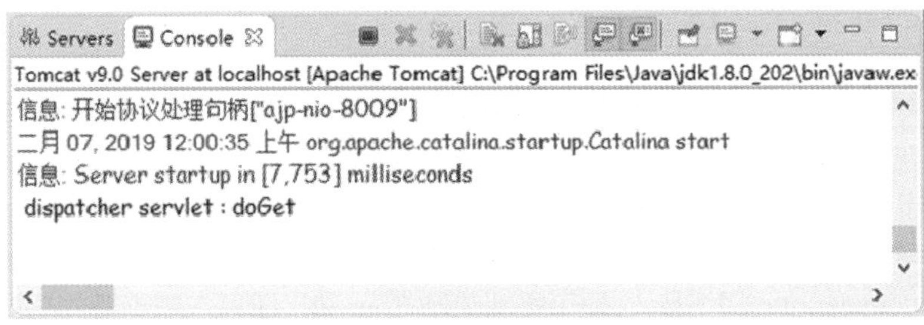

图 3-13　以 GET 方式访问 DispatcherServlet 时 Console 中的输出信息

除了单击超链接、以 GET 方式提交表单两种方式外，在浏览器的地址栏中直接输入 URL 也可以以 GET 方式访问 DispatcherServlet 程序。

实际上，浏览器在默认情况下，单击超链接、直接在地址栏输入 URL、以 GET 方式提交表单都是采用 HTTP 协议中的 GET 方式来访问 Web 服务器中的相关资源。

（3）以 POST 方式访问

在 index.html 页面上，单击“POST 方式提交表单”按钮，即可以 POST 方式访问 DispatcherServlet 程序，以 POST 方式访问时，浏览器中呈现的效果如图 3-14 所示。

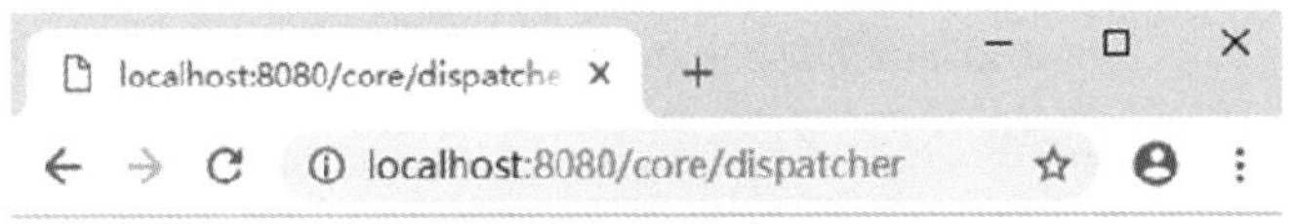

图 3-14　以 POST 方式访问 DispatcherServlet 时的返回结果

此时，以 POST 方式访问 DispatcherServlet 时 Console 中的输出信息如图 3-15 所示。

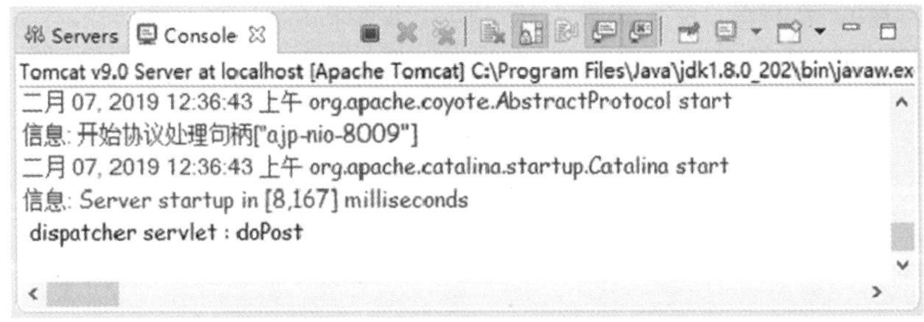

图 3-15　以 POST 方式访问 DispatcherServlet 时 Console 中的输出信息

3. “分而治之”的实现原理

在 DispatcherServlet 类的实现过程中，我们采用了继承 HttpServlet 的方式，同时重写了 HttpServlet 类中的 doGet 和 doPost 方法：

```
public class DispatcherServlet extends HttpServlet {
 protected void doGet(HttpServletRequest request, HttpServletResponse response)
                     throws ServletException, IOException {
 }

 protected void doPost(HttpServletRequest request, HttpServletResponse response)
                     throws ServletException, IOException {
 }
}
```

而 HttpServlet 类继承 GenericServlet 类并实现了其中的 service 方法：

```
 public void service (ServletRequest req , ServletResponse resp)
     throws ServletException, IOException {

     HttpServletRequest  request;
     HttpServletResponse response;

     try {
         request = (HttpServletRequest) req ;
         response = (HttpServletResponse) resp ;
     } catch (ClassCastException e) {
         throw new ServletException("non-HTTP request or response");
     }

     service (request , response) ; // 请注意这里的参数类型
 }
```

在以上实现过程中，最后一行调用了由 HttpServlet 重载的另一个 service 方法：

```
protected void service(HttpServletRequest req, HttpServletResponse resp)
    throws ServletException, IOException {
    String method = req.getMethod();
    if (method.equals(METHOD_GET)) {
        long lastModified = getLastModified(req);
        if (lastModified == -1) {
            doGet(req, resp);
        } else {
            long ifModifiedSince;
             try {
                ifModifiedSince = req.getDateHeader(HEADER_IFMODSINCE);
             } catch (IllegalArgumentException iae) {
                 ifModifiedSince = -1;
             }
             if (ifModifiedSince < (lastModified / 1000 * 1000)) {
```

```
                    maybeSetLastModified(resp, lastModified);
                    doGet(req, resp);
                } else {
                    resp.setStatus(HttpServletResponse.SC_NOT_MODIFIED);
                }
            }
        } else if (method.equals(METHOD_HEAD)) {
            long lastModified = getLastModified(req);
            maybeSetLastModified(resp, lastModified);
            doHead(req, resp);
        } else if (method.equals(METHOD_POST)) {
            doPost(req, resp);
        } else if (method.equals(METHOD_PUT)) {
            doPut(req, resp);
        } else if (method.equals(METHOD_DELETE)) {
            doDelete(req, resp);
        } else if (method.equals(METHOD_OPTIONS)) {
            doOptions(req,resp);
        } else if (method.equals(METHOD_TRACE)) {
            doTrace(req,resp);
        } else {
            String errMsg = lStrings.getString("http.method_not_implemented");
            Object[] errArgs = new Object[1];
            errArgs[0] = method;
            errMsg = MessageFormat.format(errMsg, errArgs);
            resp.sendError(HttpServletResponse.SC_NOT_IMPLEMENTED, errMsg);
        }
    }
```

该方法的主要作用是根据Web客户端所发起的HTTP请求方式来调用当前Servlet实例的相应方法，比如当Web客户端发起的是GET请求时，则该方法将调用doGet方法；当Web客户端发起的是POST请求时，则该方法将调用doPost方法。

正因为DispatcherServlet类继承了HttpServlet类，所以才可以根据Web客户端的请求方式来调用不同的方法，从而实现“分而治之”。

3.2.4 殊途同归：继承HttpServlet类并重写service方法

在DispatcherServlet类中可以根据Web客户端的不同请求方式来调用不同的方法，但当我们所开发的Servlet程序并不需要分别处理不同的HTTP动作（请求方式）时，我们可以通过继承javax.servlet.http.HttpServlet类并覆盖service（HttpServletRequest, HttpServletResponse）方法的形式来开发Servlet程序。

1. 开发Servlet类

在core工程的src目录下创建org.malajava.servlet.GeneralServlet类，该类继承

HttpServlet 类并覆盖 service（HttpServletRequest，HttpServletResponse）方法。其中内容如示例代码 3-7 所示。

示例代码 3-7：

```
package org.malajava.servlet;

import java.io.IOException;
import java.io.PrintWriter;

import javax.servlet.ServletException;
import javax.servlet.http.HttpServlet;
import javax.servlet.http.HttpServletRequest;
import javax.servlet.http.HttpServletResponse;
import javax.servlet.annotation.WebServlet;

public class GeneralServlet extends HttpServlet {

    private static final long serialVersionUID = -3591285586656016474L;

    @Override
    protected void service(HttpServletRequest request, HttpServletResponse response)
                            throws ServletException, IOException {

        // 在控制台（Console）中输出信息
        System.out.println ("general servlet : service") ;
        // 获得可以向响应对象中输出数据的字符输出流
        PrintWriter w = response.getWriter();
        // 向响应对象中输出 HTML 片段（最终发送到 Web 客户端）
        w.println ("<h1 align='center'>I am a general servlet .</h1>") ;
    }

}
```

2. 动态部署 Servlet 程序

从 Servlet 3.0 开始，不仅仅可以通过 web.xml 和@WebServlet 注解这两种方式来部署一个 Servlet，还可以通过编码的方式在程序中“动态”部署 Servlet 程序。动态部署 Servlet 程序可以通过 javax.servlet.ServletContext 接口中定义的 addServlet 方法来实现。

ServletContext 接口中定义了以下不同形式的 addServlet 方法：

```
public ServletRegistration.Dynamic addServlet (String servletName , String className)
```

该方法中：

第一个参数为 Servlet 名称，作用相当于 web.xml 中的<servlet-name>；

第二个参数 className 为 Servlet 实现类的全限定类名，作用相当于 web.xml 中的<servlet-class>。

```
public ServletRegistration.Dynamic addServlet (String servletName , Servlet servlet)
```

该方法中：

第一个参数为 Servlet 名称，作用相当于 web.xml 中的<servlet-name>;

第二个参数 servlet 为 Servlet 实现类的实例(需要手动创建 Servlet 实现类的实例)。

```
public ServletRegistration.Dynamic addServlet (String name , Class<? extends Servlet> sc)
```

该方法中：

第一个参数为 Servlet 名称，作用相当于 web.xml 中的<servlet-name>;

第二个参数为 Servlet 实现类对应的 Class 对象（通过 “类名.class”来获取）。

通常我们会在监听器程序中监听容器对当前 Web 应用的加载，当容器加载当前 Web 应用时，通过执行特定的 Java 代码将需要部署的 Servlet 动态地部署到容器中。

这里，我们通过实现 javax.servlet.ServletContextListener 接口的方式实现一个监听器程序，用以监听容器对当前 Web 应用的加载操作。

在 core 工程的 src 目录下创建 org.malajava.listener.ApplicationListener 类，其实现过程如示例代码 3-8 所示。

示例代码 3-8：

```
package org.malajava.listener;

import javax.servlet.ServletContext;
import javax.servlet.ServletContextEvent;
import javax.servlet.ServletContextListener;
import javax.servlet.ServletRegistration.Dynamic;
import javax.servlet.annotation.WebListener;

import org.malajava.servlet.GeneralServlet;

@WebListener
public class ApplicationListener implements ServletContextListener {

 /** 当容器加载当前 Web 应用时，执行该方法 */
 public void contextInitialized(ServletContextEvent event) {
     ServletContext application = event.getServletContext();

     // 向容器注册名称为 generalServlet 的  servlet
     Dynamic d = application.addServlet ("generalServlet" , GeneralServlet.class) ;
     // 为新注册的 servlet 建立 URL 映射
     d.addMapping ("/general") ;

 }

 /** 当容器卸载当前 Web 应用时，执行该方法 */
```

```
    public void contextDestroyed(ServletContextEvent sce) {
    }

}
```

在以上代码中，通过 ServletContext 的 addServlet 方法向容器注册 Serlvet 程序后，addServlet 返回了 ServletRegistration.Dynamic 对象，通过 ServletRegistration.Dynamic 对象的 addMapping 可以为动态注册的 Servlet 程序建立 URL 映射：

```
    Dynamic d = application.addServlet ("generalServlet" ,
GeneralServlet.class) ;
    d.addMapping ("/general") ;
```

其中 application.addServlet("generalServlet" , GeneralServlet.class)相当于在 web.xml 中添加以下配置：

```
<servlet>
 <servlet-name>generalServlet</servlet-name>
<servlet-class>org.malajava.servlet.GeneralServlet</servlet-class>
</servlet>
```

而 d.addMapping("/general")相当于在 web.xml 中添加以下配置：

```
<servlet-mapping>
 <servlet-name>generalServlet</servlet-name>
 <url-pattern>/general</url-pattern>
</servlet-mapping>
```

另外，本例中为了举例说明动态部署 Servlet 使用了监听器(Listener)，为了能够让容器加载并启动监听器，我们在 ApplicationListener 类上使用了@WebListener 注解。关于监听器我们会在后续章节中详细讲解，此处仅做简单应用，各位读者暂时不必在此耗费太多时间和精力。

3. 访问 servlet

采用动态方式部署 Servlet 程序，需要重新启动 Tomcat。当 Tomcat 加载当前 Web 应用时，通过调用 ApplicationListener 实例的 contextInitialized 方法完成动态部署。

随后在浏览器的地址栏中直接输入以下 URL 即可访问该 servlet 程序：

访问结果如图 3-16 所示。

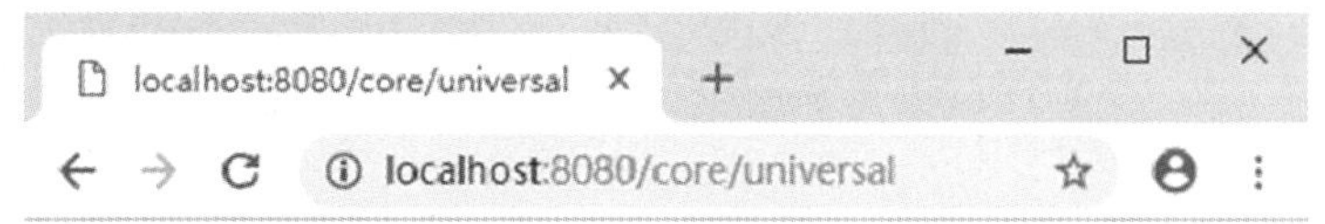

图 3-16　访问 GeneralServlet 程序

此时，访问 GeneralServlet 时 Console 中的输出信息如图 3-17 所示。

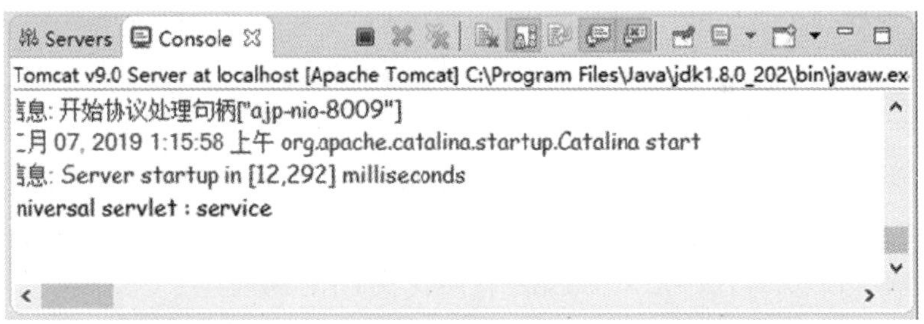

图 3-17　访问 GeneralServlet 时 Console 中的输出信息

3.3　理解请求/响应过程

在掌握了 Servlet 的开发方式后，接下来我们来研究一下从请求到响应的整个过程。为了能够更好地理解容器对请求和响应的处理过程，我们从一个简单的实例说起。

3.3.1　使用 Servlet 响应客户端请求

1．创建表单

通常，在 Web 页面上通过 HTML 表单收集用户输入的数据。因此我们在 core 工程的 WebContent 目录中创建一个 sign-in.html 页面，并在该页面上提供一个用来收集登录信息的表单，如示例代码 3-9 所示。

示例代码 3-9：

```
<!DOCTYPE html>
<html>
 <head>
     <meta charset="UTF-8">
     <title>登录</title>
     <!-- 定义样式 -->
     <style type="text/css">
          /*解决 form 内部元素浮动引起的父元素高度塌陷问题*/
          form { overflow: hidden ; height: auto ; }
          /*使用标签选择器设置所有 input 的样式*/
          input {
              height: 30px ;
              line-height: 30px ;
              border-radius : 3px ;
              border: 1px solid #dedede ;
              outline: none ;
          }
           /*使用属性选择器设置文本框和密码框的样式*/
          input[type=text] , input[type=password]  { padding-left:
5px ;  }
```

```
        </style>
    </head>
    <body>
        <!-- 创建表单 -->
        <form action="/core/signin.do" method="POST" >
            <input type="text" name="username" placeholder="请输入用户名">
            <input type="password" name="password" placeholder="请输入密码">
            <input type="submit" value="登录">
        </form>
    </body>
</html>
```

以上页面在浏览器中的访问路径是 http://localhost:8080/core/sign-in.html，显示效果如图 3-18 所示。

图 3-18　登录表单

2. 使用 Servlet 接收数据

创建表单后，接下来我们将创建一个 SignInServlet，它专门用来收集登录表单中的数据。

为了简化代码，我们不计较客户端发起的是 GET 还是 POST 请求，因此本次开发的 SignInServlet 类继承 javax.servlet.http.HttpServlet 类，并重写以下方法：

```
protected void service (HttpServletRequest request , HttpServletResponse response)
```

SignInServlet 类的实现过程如示例代码 3-10 所示。

示例代码 3-10：

```
package org.malajava.servlet ;

import java.io.*;
import javax.servlet.*;
import javax.servlet.annotation.*;
import javax.servlet.http.*;

@WebServlet ("/signin.do")
public class SignInServlet extends HttpServlet {
 private static final long serialVersionUID = -7227582941400907364L;
 @Override
 protected void service(HttpServletRequest request,
```

```
HttpServletResponse response)
            throws ServletException, IOException {
        /* *** 设置请求和响应的编码 *** */
        request.setCharacterEncoding("UTF-8");
        response.setCharacterEncoding("UTF-8");

        /* *** 通过请求对象（request） 接收来自页面的数据 *** */
        // 注意，参数中的"username"必须跟页面上的 input 标签的 name 属性值保持一致
        String username = request.getParameter("username");
        String password = request.getParameter("password");

        /* *** 获取输出流之前，先设置 MIME 类型 *** */
        response.setContentType("text/html;charset=UTF-8");

        // 从响应对象中获得可以向客户端发送文本数据的字符输出流
        PrintWriter w = response.getWriter() ;

        // 仅对用户名和密码做简单判断，以便于向客户端输出不同的响应信息
        // 实际开发中会读取数据库中的用户名和密码进行比较
        if ("ecut".equals(username) && "ecut2018".equals(password)) {
            w.println("<h1 align='center'>");
            w.println("欢迎" + username );
            w.println("<h1>");
        } else {
            w.println("<h1 align='center'>用户名或密码错误</h1>");
        }
    }

}
```

注意，在 signin.html 页面的表单上，action 属性的值是“/core/signin.do”，其中“/core”是指当前 Web 应用的名称，之后的“/signin.do”才是与相应 url-pattern 进行匹配的部分，因此 SignInServlet 类中使用了@WebServlet（"/signin.do")

开发完成 SignInServlet 后，即可在 Eclipse 中启动 Apache Tomcat，在浏览器中访问 signin.html 页面，并在表单中输入信息后，单击“登录”按钮即可将表单中的数据提交给 SignInServlet，而 SignServlet 类中接收到数据后的显示结果如图 3-19 所示。

图 3-19　当用户名和密码都正确时的响应结果

这里，我们要注意的是通过 javax.servlet.http.HttpServletRequest 类型的对象即可获取来自 Web 客户端的数据。收集来自 Web 客户端数据有很多方法，关于这些方法的详细讲解，请参看第 4 章的内容。

3.3.2 容器对请求的处理过程

在完成了接收用户输入的数据后，我们来研究一下从请求到响应的整个流程。

当用户在 signin.html 页面中输入用户名和密码并单击“登录”按钮后，浏览器会向 "http://localhost:8080/core/signin.do"发起请求，并将用户输入的用户名和密码一并发送过去。

容器接收到来自客户端的请求后，容器会先根据 URL 中的“/core”确定用户访问的是哪个 Web 应用，然后根据“/signin.do”确定访问的是哪个 servlet 。

1. 创建请求对象和响应对象

容器在确定访问哪个 servlet 后，在确保该 servlet 实例已经完成初始化的前提下调用该 servlet 实例的 service 方法来处理客户端的请求。

而被调用的 service 方法需要接收两个参数，即 request 和 resposne ，因此必须在容器中调用 service 方法之前就将这两个参数对应的对象创建好。

因此，在从接收到请求到容器调用 servlet 实例的 service 方法之前，完成了以下操作：

（1）解析 HTTP 请求（parse HTTP request）

容器解析 HTTP 请求，并根据客户请求的 URL 来确定用户访问的是哪个 Web 应用，确定用户访问哪个 servlet 。

（2）创建请求对象（create an instance of HttpServletRequest）

容器解析 HTTP 请求后会创建一个表示该请求的 HttpServletRequest 对象，该对象中包含了 HTTP 请求中的所有数据。

（3）创建响应对象（create an instance of HttpServletResponse）

容器通过解析 HTTP 请求可以确定需要向哪个用户做出回应，随后容器会创建一个 HttpServletResponse 对象，该对象用来收纳向用户回应的信息。

2. 获取请求数据并报头响应数据

随后，容器会调用 servlet 实例的 service 方法，在该方法内部，完成以下操作:

（1）从请求中获取数据（get request information）

通过由参数传入的 HttpServletRequest 对象，可以获取 HTTP 请求中所包含的所有数据，这些数据包括请求方式、URI、请求协议、请求报头、请求正文等，关于它们的详细讲解请参看本书第 4 章的相关内容。

在前面的举例中，主要通过 getParameter 方法来获取表单中的数据：

```
String username = request.getParameter ("username") ;
String password = request.getParameter ("password") ;
```

（2）向响应对象中输出数据（output response information）

通过由参数传入的 HttpServletRespone 对象，可以输出需要向客户端发送的数据，这些信息包括响应状态代码、响应状态描述信息、响应报头、响应正文等，关于它们的详细讲解请参看本书第 5 章的相关内容。

在前面的举例中，通过 setContentType 方法设置发送到客户端的响应内容的类型：

```
response.setContentType ("text/html;charset=UTF-8") ;
```

它等同于 setHeader（"content-type" , "text/html;charset=UTF-8"），用于预先“告知”浏览器本次发送的内容的类型和字符编码方式。

另外，在 SignInServlet 的 service 方法中通过响应对象获取了一个字符输出流：

```
PrintWriter w = response.getWriter() ;
```

确切地说，这个输出流并不是直接向客户端直接输出数据，而是将数据输出到由容器管理的、与当前 response 对象对应的内存当中，比如 SignInServlet 中的输出：

```
w.println ("<h1 align='center'>") ;
w.println ("欢迎" + username ) ;
w.println ("<h1>") ;
```

这些输出语句所输出的数据，全部都输出到当前 response 对象对应的内存中，等到 service 方法中的代码全部执行结束后，再由容器将这些数据发送给客户端。

3. 向客户端返回响应数据

当 servlet 实例的 service 方法执行结束后，容器会将 HttpServletResponse 对象中所包含的所有数据封装成 HTTP 响应（encapsulation HTTP response），并由容器向发起请求的客户端发送 HTTP 响应（send HTTP response）。

至此，我们了解了容器从接收客户端请求到向客户端发送响应的完整过程。从客户端发起 HTTP 请求至接收到 HTTP 响应的过程如图 3-20 所示。

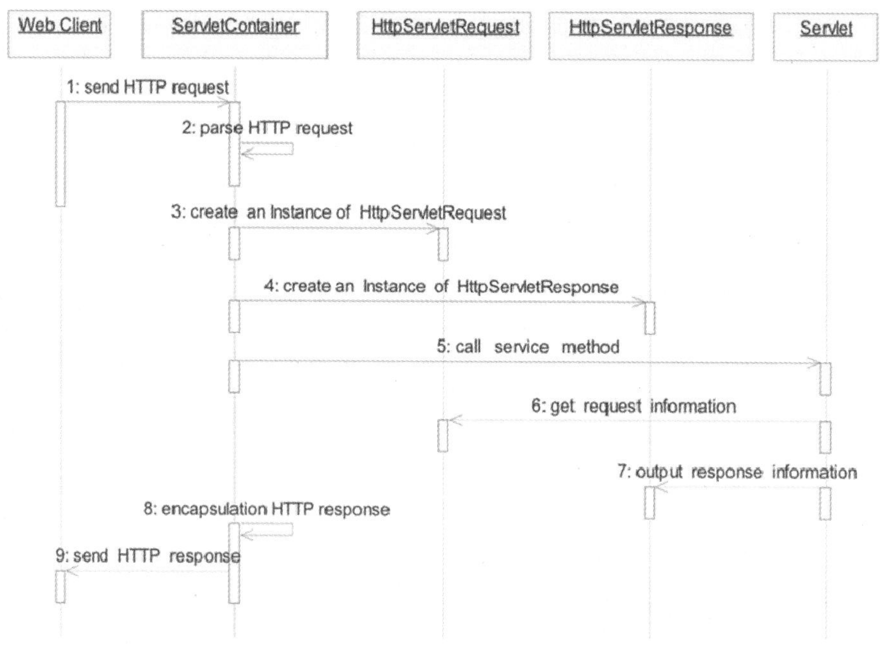

图 3-20 Web 容器对 HTTP 请求的处理过程

在图 3-20 中，Web 客户端（比如浏览器）是请求的发起者，也是响应的接收者。从 Web 客户端发起请求到 Web 客户端接收到响应数据，中间经历了太多的、复杂的步骤，也涉及太多的协议。这里，我们避开了这些琐碎的过程和协议，只关注能够帮助我们理解 Servlet 运行机制的九个核心步骤即可。

3.4 Servlet 生命周期

在掌握 Servlet 的开发步骤并理解请求/响应过程后，我们还需要进一步了解 Servlet 的生命周期。正如人的生老病死一样，Servlet 也有其生命周期，所谓 Servlet 生命周期，就是一个 Servlet 类从加载到卸载的全部过程。

为了更直观地理解 Servlet 的生命周期，我们先从容器对 Servlet 的两种处理方式说起。

3.4.1 容器对 Servlet 的两种处理方式

1. “懒惰”的处理方式

依然是在 servlet 工程中，创建 PassiveServlet 类，该类实现 javax.servlet.Servlet 接口中的所有方法，并在该类中增加一段 static 修饰的代码块及 public 修饰的无参构造方法，详细代码如示例代码 3-11 所示。

示例代码 3-11：

```
package org.malajava.servlet;

import java.io.*;

import javax.servlet.*;
import javax.servlet.annotation.*;

@WebServlet ("/passive.do")
public class PassiveServlet implements Servlet {

    private ServletConfig config ;

  static {  //静态代码块会在类加载的初始化阶段执行
       System.out.println ("容器加载 PassiveServlet 类") ;
  }

  public PassiveServlet() {  // 构造方法会在实例化时执行
       System.out.println ("容器创建 PassiveServlet 实例") ;
  }

  @Override
  public void init(ServletConfig config) throws ServletException {
```

```
        System.out.println("容器正在初始化 PassiveServlet 实例");
        this.config = config ; // 将容器传入的 config 对象赋值给当前对象的 config 属性
    }

    @Override
    public void service(ServletRequest request, ServletResponse response)
            throws ServletException, IOException {
        System.out.println("容器调用 service 向客户端提供服务");

        request.setCharacterEncoding("UTF-8");
        response.setCharacterEncoding("UTF-8");
        response.setContentType("text/html;charset=UTF-8");
        PrintWriter w = response.getWriter();
        w.println("<h1 align='center'>Hello , I am PassiveServlet.</h1>");

    }

    @Override
    public void destroy() {
        System.out.println("容器准备销毁 PassiveServlet 实例");
    }

    @Override
    public ServletConfig getServletConfig() {
        return this.config ;  // 这里，返回由容器通过 init 方法传入的 ServletConfig 对象
    }

    @Override
    public String getServletInfo() {
        return this.getClass().getName();// 这里，返回当前类的全限定类名
    }

}
```

在 PassiveServlet 类中，通过@WebServlet（"/passive.do"）向容器注册该 Servlet，并指定了访问该 Servlet 的 url-pattern 为"/passive.do"。

随后，在 Eclipse 中启动 Apache Tomcat，并在浏览器中输入：

http://localhost:8080/core/passive.do

即可访问 PassiveServlet，如图 3-21 所示：

当 PassiveServlet 被首次访问时，在 Eclipse 的 Console 中可以看到以下输出信息，如图 3-22 所示。

Hello , I am PassiveServlet.

图 3-21　访问 PassiveServlet

```
Servers  Console
Tomcat v9.0 Server at localhost [Apache Tomcat] C:\Program Files\Java\jdk1.8.0_161\bin\javaw.exe (2018年5月19日 下午1:26:34)
五月 19, 2018 1:26:49 下午 org.apache.coyote.AbstractProtocol start
INFO: Starting ProtocolHandler ["http-nio-8080"]
五月 19, 2018 1:26:49 下午 org.apache.coyote.AbstractProtocol start
INFO: Starting ProtocolHandler ["ajp-nio-8009"]
五月 19, 2018 1:26:49 下午 org.apache.catalina.startup.Catalina start
INFO: Server startup in 12416 ms
容器加载 PassiveServlet 类
容器创建 PassiveServlet 实例
容器正在初始化 PassiveServlet 实例
容器调用 service 向客户端提供服务
```

图 3-22　PassiveServlet 的生命周期

通过以上操作以及 PassiveServlet 在 Console 中的输出，我们可以知道容器对 PassiveServlet 的处理方式是"懒惰"的，只有在有客户端请求 PassiveServlet 时，容器才加载 PassiveServlet 类，随后创建 PassiveServlet 类的实例并调用该实例的 init 方法完成初始化操作，最后再通过 service 方法向客户端做出响应。

而当 PassiveServlet 被首次访问后，如果再次访问 PassiveServlet，我们会看到只有 service 方法执行，这说明加载 PassiveServlet 类、创建 PassiveServlet 实例、对 PassiveServlet 实例进行初始化仅发生在 PassiveServlet 被首次访问的时候。之后都是仅执行 service 方法处理请求并向客户端响应。

当我们修改了 PassiveServlet 类的代码并保存后，Eclipse 会重新编译该类生成新的 PassiveServlet.class 文件，这将导致 Tomcat 重新启用该 Web 应用（也包括重新加载 PassiveServlet 类）。在重新加载之前，Tomcat 会先销毁原来的 PassiveServlet 实例，此时会调用 PassiveServlet 实例的 destory 方法，如图 3-23 所示。

```
Servers  Console
Tomcat v9.0 Server at localhost [Apache Tomcat] C:\Program Files\Java\jdk1.8.0_161\bin\javaw.exe (2018年5月19日 下午1:34:53)
五月 19, 2018 1:35:37 下午 org.apache.catalina.core.StandardContext reload
INFO: Reloading Context with name [/servlet] has started
容器准备销毁PassiveServlet 实例
五月 19, 2018 1:35:41 下午 org.apache.jasper.servlet.TldScanner scanJars
INFO: At least one JAR was scanned for TLDs yet contained no TLDs. Enable debug
五月 19, 2018 1:35:41 下午 org.apache.catalina.core.StandardContext reload
INFO: Reloading Context with name [/servlet] is completed
```

图 3-23　容器销毁 PassiveServlet 实例

原来的 PassiveServlet 实例被销毁后，PassiveServlet 重新进入第一次访问之前的状态，继续“懒惰”地等待客户端请求。

至此，我们知道了在默认情况下 Servlet 的生命周期：

a）当某个 Servlet 首次被访问时，容器完成以下操作：

- 加载相应的 Servlet 类
- 创建相应的 Servlet 实例
- 调用已创建的 Servlet 实例的 init 方法完成初始化操作

b）无论是第一次被访问还是后续访问，都通过 service 方法来响应客户端请求

- service 方法必须是在 init 方法正确执行完成后才能执行

c）等到容器认为不再需要某个 Servlet 实例时，容器会调用该实例的 destory 方法

- 调用 destory 方法的主要目的是为了释放由该 Servlet 实例所占用的资源
- 调用 destory 的时机可能是容器重新加载或卸载当前 Web 应用时

d）卸载相应的 Servlet 类

- 当某个类不再被使用时 JVM 将卸载这个类并回收相应的内存
- 卸载某个类在本例中无法通过代码来体现（需要结合类的生命周期来理解）

2. “积极”的处理方式

如果期望某个 Servlet 在容器加载当前 Web 应用时就完成初始化操作，可以在该 Servlet 类的@WebServlet 注解中显式指定 loadOnStartup 属性来实现。

接下来，我们在 servlet 工程中，创建 PreparedServlet 类，并为其标注：

```
@WebServlet (urlPatterns = "/prepared.do" , loadOnStartup = 1)
```

PreparedServlet 类的详细代码如示例代码 3-12 所示。

示例代码 3-12：

```
package org.malajava.servlet;

import java.io.*;
import javax.servlet.*;
import javax.servlet.annotation.*;

@WebServlet (urlPatterns = "/prepared.do" , loadOnStartup = 1)
public class PreparedServlet implements Servlet {

 private ServletConfig config ;

 static {
     System.out.println ("容器加载 PreparedServlet 类") ;
 }

 public PreparedServlet() {
     System.out.println ("容器创建 PreparedServlet 实例") ;
 }

 @Override
 public void init(ServletConfig config) throws ServletException {
```

```
        System.out.println ("容器正在初始化 PreparedServlet 实例") ;
        this.config = config ;
    }

    @Override
    public void service(ServletRequest request, ServletResponse response)
            throws ServletException, IOException {
        System.out.println ("容器调用 service 向客户端提供服务") ;
        request.setCharacterEncoding ("UTF-8") ;
        response.setCharacterEncoding ("UTF-8") ;
        response.setContentType ("text/html;charset=UTF-8") ;
        PrintWriter w = response.getWriter();
        w.println ("<h1 align='center'>Hello , I am PreparedServlet.</h1>") ;
    }

    @Override
    public void destroy() {
        System.out.println ("容器准备销毁 PreparedServlet 实例") ;
    }

    @Override
    public ServletConfig getServletConfig() {
        return this.config ;
    }

    @Override
    public String getServletInfo() {
        return this.getClass().getName();
    }

}
```

当重新启动 Tomcat 时，可以在 Eclipse 的 Console 中看到如图 3-24 所示的输出信息：

```
Servers  Console
Tomcat v9.0 Server at localhost [Apache Tomcat] C:\Program Files\Java\jdk1.8.0_161\bin\javaw.exe (2018年5月19日 下午1:39:43)
INFO: At least one JAR was scanned for TLDs yet contained no TLDs. Enable
五月 19, 2018 1:39:55 下午 org.apache.jasper.servlet.TldScanner scanJars
INFO: At least one JAR was scanned for TLDs yet contained no TLDs. Enable
容器加载 PreparedServlet 类
容器创建 PreparedServlet 实例
容器正在初始化 PreparedServlet 实例
五月 19, 2018 1:39:55 下午 org.apache.coyote.AbstractProtocol start
INFO: Starting ProtocolHandler ["http-nio-8080"]
五月 19, 2018 1:39:55 下午 org.apache.coyote.AbstractProtocol start
INFO: Starting ProtocolHandler ["ajp-nio-8009"]
五月 19, 2018 1:39:55 下午 org.apache.catalina.startup.Catalina start
INFO: Server startup in 10293 ms
```

图 3-24　容器加载 Web 应用时对 PreparedServlet 实例执行初始化

在图 3-24 中，我们可以看到当 Tomcat 启动时，容器(Tomcat)就会加载 PreparedServlet 类、创建 PreparedServlet 实例并完成对该实例的初始化操作。

容器启动后，即可在浏览器中输入：

http://localhost:8080/core/prepared.do

即可访问 PreparedServlet，如图 3-25 所示。

Hello , I am PreparedServlet.

图 3-25　在浏览器中访问 PreparedServlet

容器在接收到客户端请求后只需要调用 service 方法即可，此时在 Eclipse 的 Console 中看到如图 3-26 所示的输出信息。

```
Servers  Console
Tomcat v9.0 Server at localhost [Apache Tomcat] C:\Program Files\Java\jdk1.8.0_161\bin\javaw.exe (2018年5月19日 下午1:39:43)
INFO: At least one JAR was scanned for TLDs yet contained no TLDs. Enable
五月 19, 2018 1:39:55 下午 org.apache.jasper.servlet.TldScanner scanJars
INFO: At least one JAR was scanned for TLDs yet contained no TLDs. Enable
容器加载 PreparedServlet 类
容器创建 PreparedServlet 实例
容器正在初始化 PreparedServlet 实例
五月 19, 2018 1:39:55 下午 org.apache.coyote.AbstractProtocol start
INFO: Starting ProtocolHandler ["http-nio-8080"]
五月 19, 2018 1:39:55 下午 org.apache.coyote.AbstractProtocol start
INFO: Starting ProtocolHandler ["ajp-nio-8009"]
五月 19, 2018 1:39:55 下午 org.apache.catalina.startup.Catalina start
INFO: Server startup in 10293 ms
容器调用 service 向客户端提供服务
```

图 3-26　访问 PreparedServlet 时服务端的输出（最后一行）

由此可见，容器对 PreparedServlet 的处理方式是“积极”的(与 PassiveServlet 相比)，而这种“积极”性是由于在@WebServlet 注解中指定了 loadOnStartup = 1 的缘故。那么 loadOnStartup 属性到底都有哪些作用呢？

loadOnStartup 的主要作用是：

- 告知容器在加载当前 Web 应用时就加载该类并完成实例化、初始化操作。
- 同时 loadOnStartup 属性的取值越小，容器越优先加载该 Servlet。

简单来说，当 loadOnStartup 属性的取值为非负数时，容器会在加载当前 Web 应用时就初始化该 Servlet。而当存在多个 Servlet 都需要在容器加载当前 Web 应用时完成初始化操作时，loadOnStartup 的取值较小的 Servlet 会优先被加载并初始化。

值得注意的是，当 loadOnStartup = 0 时，尽管某些容器是支持的，但我们依然建议 loadOnStartup 的取值从 1 开始，以避免不支持 loadOnStartup = 0 的容器不初始化当前的 Servlet。

loadOnStartup 属性的默认取值是-1，表示容器加载当前 Web 应用时并不初始化该

Servlet，而是等到首次访问该 Servlet 时才完成初始化操作。(PassiveServlet 正是如此)

另外，在 PreparedServlet 类中标注：

```
@WebServlet (urlPatterns = "/prepared.do" , loadOnStartup = 1)
```

等同于在 web.xml 中使用以下配置：

```
<servlet>
<servlet-name>org.malajava.servlet.PreparedServlet</servlet-name>
<servlet-class>org.malajava.servlet.PreparedServlet</servlet-class>
 <load-on-startup>1</load-on-startup>
</servlet>

<servlet-mapping>
<servlet-name>org.malajava.servlet.PreparedServlet</servlet-name>
 <url-pattern>/prepared.do</url-pattern>
</servlet-mapping>
```

至此，我们知道了 PreparedServlet 的生命周期：

a）当容器加载当前 Web 应用时，容器完成以下操作：

- 加载 PreparedServlet 类
- 创建 PreparedServlet 实例
- 调用 PreparedServlet 实例的 init 方法完成初始化操作

b）客户端访问该 Servlet 时，容器调用其 service 方法来响应客户端请求

- 因为已经完成初始化操作，所以容器只需要调用 service 方法即可

c）等到容器认为不再需要 PreparedServlet 实例时，会调用该实例的 destory 方法

- 调用 destory 方法的主要目的是为了释放由该 Servlet 实例所占用的资源
- 调用 destory 的时机可能是容器重新加载或卸载当前 Web 应用时

d）卸载相应的 Servlet 类

- 当某个类不再被使用时 JVM 将卸载这个类并回收相应的内存
- 卸载某个类在本例中无法通过代码来体现（需要结合类的生命周期来理解）

3.4.2 总结 Servlet 生命周期

通过 3.4.1 小节中的两个实例，我们可以确定容器中任意一个 Servlet 的生命周期。

（1）加载类

不论是之前的 PassiveServlet 还是 PreparedServlet 中，容器都会加载 Servlet 类，只有先加载 Servlet 类后才能执行后续的实例化、初始化操作。

只不过容器会根据 loadOnStartup 的设置来确定什么时候加载 Servlet 类并完成实例化、初始化等操作。当 loadOnStartup 的取值为非负数时，容器会在加载该 Web 应用时就加载相应的 Servlet 类。

容器从加载某个 Web 应用到卸载该 Web 应用这段时间内，该 Web 应用内的一个 Servlet 类只加载一次。

（2）实例化

容器在加载 Servlet 类后会创建该 Servlet 类的实例。

（3）初始化

容器创建 Servlet 实例后，随即调用该 Servlet 实例的 init 方法完成初始化操作。通过 init 方法，容器可以向该 Servlet 实例传递数据。

（4）提供服务

当客户端通过指定的 URL 向容器发起请求时，容器会根据接收到的请求，确定访问哪个 Web 应用的哪个 Servlet，然后由容器调用该 Servlet 实例的 service 方法向客户端提供服务。

（5）销毁实例

当容器卸载某个 Web 应用时，会先销毁该 Web 应用中所有的 Servlet 实例。销毁 Servlet 实例时会调用 Servlet 实例的 destory 方法。

（6）卸载类

当容器卸载某个 Web 应用时，会销毁其中所有的 Servlet 实例，在 Servlet 实例被销毁后，相应的 Servlet 类将不再被引用，此时容器会卸载这些 Servlet 类。

容器从加载某个 Web 应用到卸载该 Web 应用这段时间内，该 Web 应用内的一个 Servlet 类只卸载一次。

至此，我们彻底清楚了 Servlet 的生命周期。

3.5 ServletConfig

在上一节，我们已经知道 Servlet 的生命周期包括加载 Servlet 类、创建 Servlet 实例、执行 init 方法、执行 service 方法、销毁 Servlet 实例、卸载 Servlet 类等步骤，其中在初始化阶段，容器会通过 init 方法的 ServletConfig 参数向 Servlet 传递数据。

在 javax.servlet.Servlet 接口中 init 方法定义如下：

```
public void init (ServletConfig config) throws ServletException
```

3.5.1 ServletConfig 接口

在 Servlet 规范中定义了 javax.servlet.ServletConfig 接口，容器通过该类型的对象向 Servlet 实例传递数据。在 ServletConfig 接口中定义了如下方法：

```
public String getServletName();
```

用于获取 Servlet 的名称，该方法返回的 Servlet 名称与 web.xml 中<servlet-name>标记的内容或@WebServlet 注解的 name 属性值相同。

```
public ServletContext getServletContext();
```

该方法用于获取 ServletContext 对象。ServletContext 对象通常被称作 servlet 上下文对象，在 servlet 程序运行阶段，可以通过 ServletCotnext 对象来访问当前 Web 应用内部的相关资源。

```
public String getInitParameter(String name);
```

根据指定初始化参数名称获取该初始化参数的值。

```
public Enumeration<String> getInitParameterNames();
```

获取容器向当前 Servlet 实例传递的所有初始化参数的名称。

容器在调用 Servlet 实例的 init 方法之前，会先创建一个 ServletConfig 类型的对象，该对象内部包含了容器需要向 Servlet 传递的数据，故而可以在 Servlet 实例的 init 方法内通过 ServletConfig 对象获取由容器传递的数据。

3.5.2 Servlet 初始化参数

容器通过 ServletConfig 对象向 Servlet 实例传递的数据中，主要是用户指定的初始化参数，这些初始化参数可以通过 web.xml 和注解两种方式来指定。

为了更好地说明初始化参数的配置方法和使用方法，我们首先创建一个 Servlet 类，该类直接实现 javax.servlet.Servlet 接口。

```
package org.malajava.servlet;
// 为节约篇幅，这里省略了 import 语句
public class ConfigurationServlet implements Servlet {
    // 为节约篇幅，这里省略了所有方法的实现过程(详细代码在后续内容中附上)
}
```

1. 在 web.xml 中指定 Servlet 初始化参数

在 web.xml 中为 ConfigurationServlet 配置初始化参数，如示例代码 3-13 所示。

示例代码 3-13：

```
<servlet>
 <servlet-name>ConfigurationServlet</servlet-name>
<servlet-class>org.malajava.servlet.ConfigurationServlet</servlet-class>
 <init-param>
     <param-name>charsetName</param-name>
     <param-value>UTF-8</param-value>
 </init-param>
</servlet>

<servlet-mapping>
 <servlet-name>ConfigurationServlet</servlet-name>
 <url-pattern>/config.do</url-pattern>
</servlet-mapping>
```

以上配置中，通过<servlet>标记的<servlet-name>指定了 Servlet 的名称，并在子标记<init-param>中指定了初始化参数，其中通过<param-name>标记指定初始化参数的名称，通过<param-value>标记指定初始化参数的取值。

容器启动时将读取 web.xml 中关于 ConfigurationServlet 的配置，等到容器对 ConfigurationServlet 实例进行初始化时，容器会根据这些配置信息为 ConfigurationServlet 创建 ServletConfig 对象，随后容器通过 init 方法的参数将该对象传递给 Servlet 实例。

关于 ServletConfig 对象的使用方法，请参见示例代码 3-14。

示例代码 3-14：

```
package org.malajava.servlet;

import java.io.*;
import java.nio.charset.Charset;
import java.util.Enumeration;
import javax.servlet.*;

public class ConfigurationServlet implements Servlet {

    private String charsetName ; // 用于存储字符编码名称
    private ServletConfig config ; // 用于保存 ServletConfig 对象的引用

    @Override
    public void init (ServletConfig config) throws ServletException {
        this.config = config ; // 将参数传入的对象的引用赋值给 config 字段以便于后续使用
        // 从 config 对象中获取名称为 charsetName 的参数值
        charsetName = config.getInitParameter ("charsetName") ;
        // 当未指定初始化参数时 getInitParameter 返回 null ，此时使用 UTF-8
        charsetName = charsetName == null ? "UTF-8" : charsetName ;
        // 当用户指定的字符编码名称不是 JVM 所支持的编码时，使用 UTF-8
        charsetName = Charset.isSupported (charsetName) ? charsetName : "UTF-8";
    }

    @Override
    public void service(ServletRequest req, ServletResponse resp)
            throws ServletException, IOException {
        req.setCharacterEncoding (charsetName) ; // 设置请求正文的字符编码
        resp.setCharacterEncoding (charsetName) ; // 设置响应正文的字符编码
        resp.setContentType ("text/html;charset=" + charsetName) ; // 设置报头
        PrintWriter w = resp.getWriter();// 获取字符输出流
        w.println ("<h3>Servlet 名称: " + config.getServletName() + "</h3>");
        // 获得 config 对象中所有初始化参数的名称
        Enumeration<String> paramNames = config.getInitParameterNames();
        while (paramNames.hasMoreElements()) {
            String name = paramNames.nextElement();
            String value = config.getInitParameter (name) ;
            w.println ("<h4>初始化参数名称 =" + name + " , 参数值 =" + value + "</h4>");
```

```
        }
    }

    @Override
    public void destroy() {
    }

    @Override
    public String getServletInfo() {
        return config.getServletName() ; // 返回 Servlet 名称
    }

    @Override
    public ServletConfig getServletConfig() {
        return this.config ; // 返回 ServletConfig 对象
    }

}
```

在以上代码中，ConfigurationServlet 通过 init 方法接收由容器传入的 ServletConfig 对象，并在其中获取 web.xml 中指定的初始化参数。另外，为了能够在 init 方法之外使用 ServletConfig 对象，我们在 ConfigurationServlet 类中声明了一个 ServletConfig 类型的字段用以存储由容器传入的 ServletConfig 对象。

容器启动后，在浏览器中输入：

```
http://localhost:8080/core/config.do
```

即可访问 ConfigurationServlet，其结果如图 3-27 所示。

图 3-27　访问 ConfigurationServlet

2. 在@WebServlet 注解中指定 Servlet 初始化参数

在前面的举例中，我们通过 web.xml 为 ConfigurationServlet 指定了初始化参数，除了在 web.xml 为 Servlet 配置初始化参数，还可以通过@WebServlet 注解来配置初始化参数。

在@WebServlet 中提供了 initParams 属性用于指定 Servlet 初始化参数，它是一个@WebInitParam 数组，可以接收一个或多个初始化参数。

这些初始化参数通过@WebInitParam 来声明，其使用形式为：

@WebInitParam（name = "参数名称" , value = "参数值"）

在前面的举例中，为了彻底理解 ServletConfig 在 Servlet 中的使用方法，我们选择了让 ConfigurationServlet 类直接实现 Servlet 接口。

这里，为了简化 Servlet 开发，在新创建的 InitParamServlet 类中，我们选择继承

GenericServlet类并重写其无参数的init方法、实现其service方法，同时使用注解方式部署该Servlet并在@WebServlet中指定初始化参数。同时，我们完全参考ConfigurationServlet类的实现过程来实现InitParamServlet类，其完整实现过程如示例代码3-15所示。

示例代码3-15：

```
package org.malajava.servlet;

import java.io.*;
import java.nio.charset.Charset;
import java.util.Enumeration;

import javax.servlet.*;
import javax.servlet.annotation.WebInitParam;
import javax.servlet.annotation.WebServlet;

@WebServlet (value = "/init.do" ,
        initParams = @WebInitParam (name = "charsetName" , value = "UTF-8") )
public class InitParamServlet extends GenericServlet {

    private String charsetName ;

    @Override
    public void init() throws ServletException {
        charsetName = this.getInitParameter ("charsetName") ;
        charsetName = charsetName == null ? "UTF-8" : charsetName ;
        charsetName = Charset.isSupported (charsetName) ? charsetName : "UTF-8";
    }

    @Override
    public void service (ServletRequest req , ServletResponse resp)
            throws ServletException, IOException {
        req.setCharacterEncoding (charsetName) ;
        resp.setCharacterEncoding (charsetName) ;
        resp.setContentType ("text/html;charset=" + charsetName) ;

        PrintWriter w = resp.getWriter();
        w.println ("<h3>");
        w.println ("Servlet名称: " + this.getServletName()) ;
        w.println ("</h3>");

        Enumeration<String> paramNames = this.getInitParameterNames();
        while (paramNames.hasMoreElements()) {
            String name = paramNames.nextElement();
            String value = this.getInitParameter (name) ;
            w.println ("<h4>name = " + name + " , value = " + value +
```

```
"</h4>");
        }

    }

}
```

重新启动容器后，在浏览器中输入：

http://localhost:8080/core/init.do

即可访问 InitParamServlet，访问效果如图 3-28 所示。

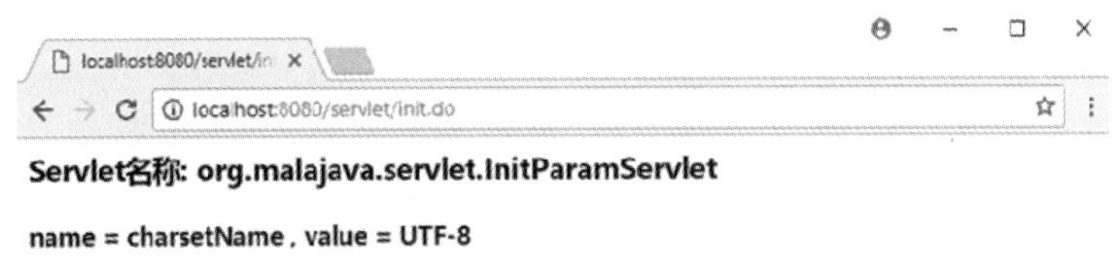

图 3-28 访问 InitParamServlet

注意，使用@WebServlet 注解方式部署 Servlet 时，如果没有显式指定其 name 属性的值，则默认的 Servlet 名称是当前 Servlet 类的全限定类名(如图 3-28 所示)。

如前所述，在 InitParamServlet 类中，我们之所以选择继承 GenericServlet 类是为了简化 Servlet 开发，因为 GenericServlet 类同时实现了 Servlet 接口和 ServletConfig 接口，因此在 InitParamServlet 内部可以直接访问这两个接口中提供的方法，比如直接通过当前 Servlet 实例来获取初始化参数，可以使用 this.getInitParameter("charsetName")。

同时为了能够在初始化时就获取初始化参数，我们重写 GenericServlet 类的 init()方法。之所以重写 GenericServlet 类的 init()方法而不是重写 init(ServletConfig)方法，究其原因，是因为：

GenericServlet 类实现了 Servlet 接口的 init(ServletConfig) 方法，其实现过程如下：

```
public void init (ServletConfig config) throws ServletException {
 this.config = config;
 this.init();
}
```

注意，在 GenericServlet 重写后的 init(ServletConfig)方法中，调用了本类的 init()方法，而 GenericServlet 新增的 init()方法实现如下：

```
public void init() throws ServletException {
 // NOOP by default (默认无操作)
}
```

并且在 Servlet 官方提供的帮助文档中对于该方法的描述是：

```
    A convenience method which can be overridden so that there's no need to
call super.init(config).
```

由此可见，在 Servlet 规范中，建议我们继承 GenericServlet 或 HttpServlet 后，如果期望通过 Servlet 接口提供的 init(ServletConfig)方法执行初始化操作，可以重写由 GenericServlet 类提供的这个无参数的 init()方法。

所以，在 InitParamServlet 类中我们选择了重写 GenericServlet 类的 init()方法。

3.6 思维梳理

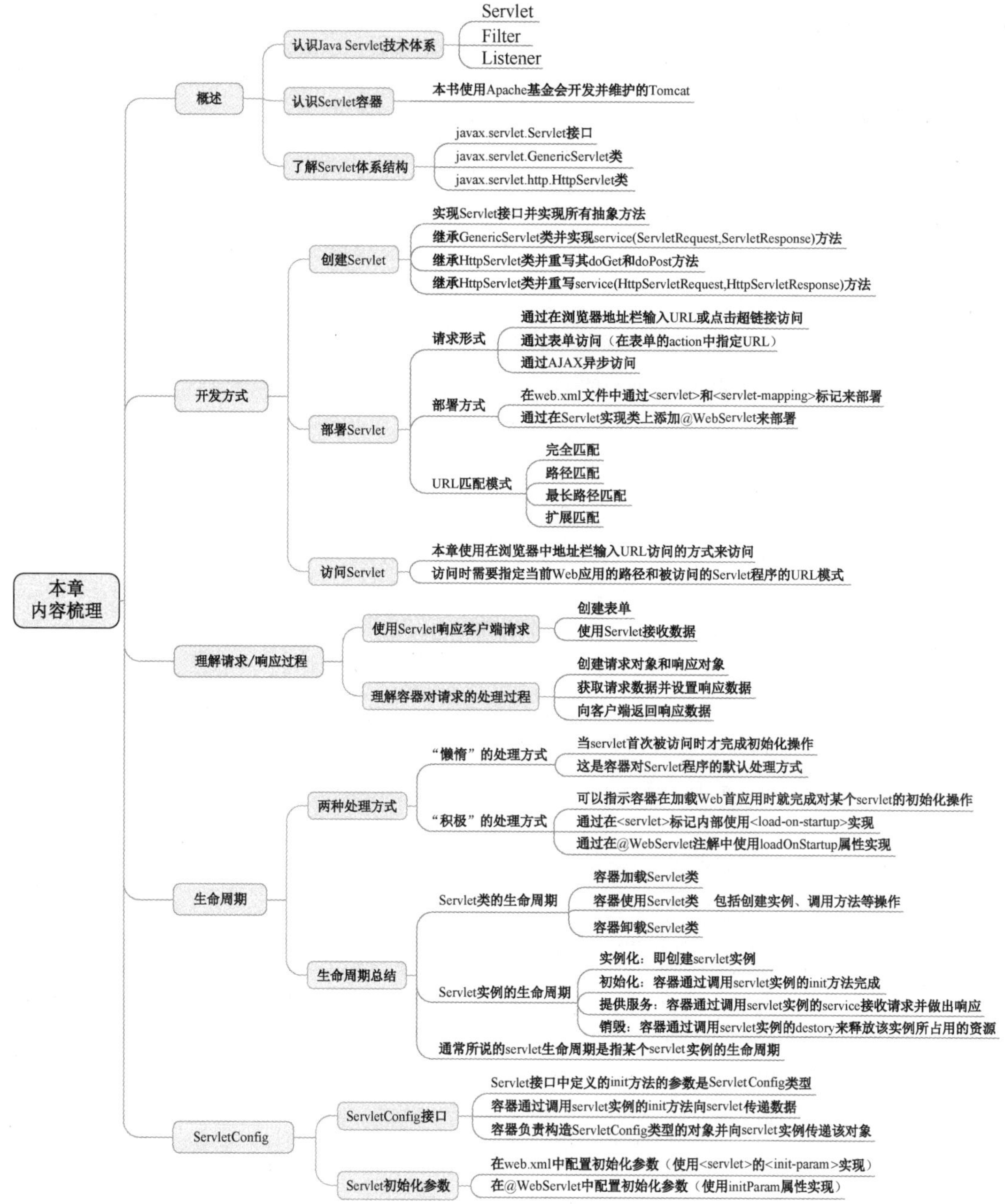

3.7 习题

（1）简述 Java Servlet 技术体系。

（2）简述 Servlet 体系结构。

（3）简述 Servlet 的开发方式。

（4）简述 Servlet 的部署方式并说明它们的区别。

（5）简述 URL 匹配模式以及它们之间的区别。

（6）绘图描述请求/响应的过程。

（7）简述 Servlet 的生命周期。

（8）简述 ServletConfig 的作用和使用方法。

（9）同一个 Servlet 实现类上是否可以使用多个@WebServlet 注解？为什么？

第4章

处理 Servlet 请求

4.1　HTTP 请求

在“超文本传输协议”一节中，我们已经了解了 HTTP 协议的作用，并初步了解了 HTTP 请求的构成，即：

```
请求行　(通用信息|请求头|实体头)　CRLF　[实体]
```

通常，一个 HTTP 请求由请求行（起始行）、请求头（首部）、空行、请求体（实体）等四部分组成，图 4-1 中展示了这四个部分的组成结构。

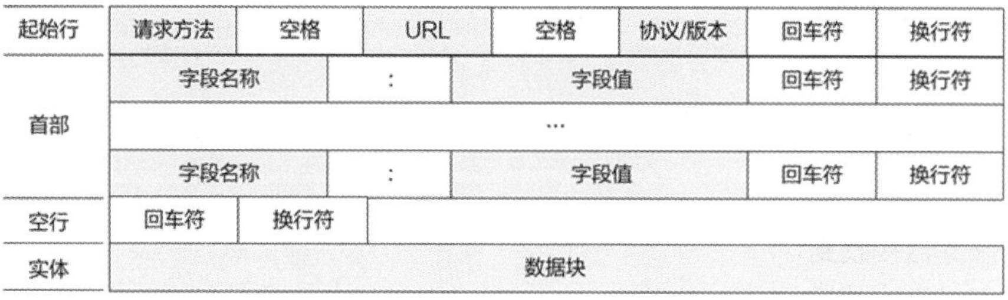

起始行	请求方法	空格	URL	空格	协议/版本	回车符	换行符
首部	字段名称	:	字段值			回车符	换行符
	…						
	字段名称	:	字段值			回车符	换行符
空行	回车符	换行符					
实体	数据块						

图 4-1　HTTP 请求报文的结构

本节内容将详细讲解 HTTP 请求的各个组成部分。

4.1.1　请求行

HTTP 请求报文的起始行是一个 HTTP 请求报文中的第一行，因此也被称作请求行（Request Line），其主要作用是用来说明请求方式、将要访问的资源，以及所使用的协议，其一般形式为：

```
Method  Request-URL      Protocol
```

比如：

```
GET    /servlet/config.do   HTTP/1.1
```

其中：

✧ GET 表示客户端发送请求时所采用的请求方式

✧ /servlet/config.do 是客户端所访问的资源路径

✧ HTTP/1.1 表示本次请求是基于 HTTP 协议发送的

根据 HTTP 标准，HTTP 请求可以采用多种不同的请求方式，但同一个 HTTP 请求只能采用一种请求方式。

1. 请求方式

请求方式即请求方法，也称动作，用来表明对特定资源的操作方式。

在 HTTP 1.0 中定义了三种请求方式：GET、POST、HEAD，而 HTTP 1.1 中则新增了五种请求方式： OPTIONS、PUT、DELETE、TRACE、CONNECT。

通常可以使用以下 8 种不同的请求方式表明对特定资源的不同操作方式。

（1）GET

GET 动作用于获取资源。当采用 GET 方式请求指定资源时，被访问的资源经服务器解析后立即返回响应内容。

通常以 GET 方式请求特定资源时，请求中不应该包含请求体，所有需要向被请求资源传递的数据都应该通过 URL 向服务器传递。比如：

```
http://localhost:8080/goods/list? type=6&status=valid
```

其中？之后的 type=6&status=valid 就是向 http://localhost:8080/goods/list 发送的数据，这部分通常被称作 QueryString (中文称作查询字符串)。

在 QueryString 中，参数名称和参数值之间使用等号连接，比如 type=6。多个参数之间使用&符号连接，比如：

```
type=6&status=valid
```

另外，需要特别注意 QueryString 并不属于请求体。

（2）POST

POST 动作用于提交数据。当采用 POST 方式向指定位置提交数据时，数据被包含在请求体中。服务器接收到这些数据后可能会建立新的资源、也可能会更新已有的资源。

同时 POST 方式的请求体可以包含非常多的数据，而且格式不限，因此 POST 方式用途较为广泛，几乎所有的提交操作都可以使用 POST 方式来完成。

虽然用 GET 方式也可以提交数据，但一般不用 GET 方式而是用 POST 方式。在 HTTP 协议中，建议 GET 方式只用来获取数据，而 POST 方式则用来提交数据（而不是获取数据）。

（3）PUT

PUT 动作用于向指定位置提交数据，当采用 PUT 方式向指定位置提交数据时，数据被包含在请求体中，服务器接收到这些数据后直接在当前位置（即提交数据时指定的位置）创建新的资源。

PUT 方式和 POST 方式极为相似，都可以向服务器提交数据，但 PUT 方式通常指定了资源的存放位置（即提交数据时指定的位置），而 POST 方式所提交的数据由服务器决定存放位置（可能是新增数据，也可能是更新数据）。

在 HTTP 规范中，建议 PUT 方式只用来创建新的资源。

（4）DELETE

DELETE 动作用于删除特定位置的资源。

采用 DELETE 方式访问特定位置的资源时，服务器接收到请求后会删除当前位置对应的资源。

（5）HEAD

HEAD 动作用于获取响应头，采用 HEAD 方式请求指定资源时，被访问的资源经服务器解析后立即返回响应，但返回的响应中仅包含状态行和响应头，不包含响应体。

HEAD 动作通常用于完成测试 URI 的有效性、获取资源更新时间等操作。

（6）TRACE

TRACE 动作用于回显服务器收到的请求，主要用于测试或诊断。

（7）OPTIONS

OPTIONS 动作用于查询服务器针对特定资源所支持的 HTTP 请求方式，即询问客户端可以以哪些方式来请求相应的资源，同时使用 OPTIONS 方式也可以用来测试服务器的性能。

（8）CONNECT

CONNECT 动作要求在与代理服务器通信时建立隧道，实现用隧道协议进行 TCP 通信。主要使用 SSL（安全套接层）和 TLS（传输层安全）协议把通信内容加密后经网络隧道传输。

尽管 HTTP 协议中定义了以上 8 种不同的动作(请求方式) 来表明对特定资源的操作方式，但遗憾的是，在主流浏览器中并不能完全支持这 8 种动作(请求方式)，因此我们在 Web 开发中所使用的请求方式仍然以 GET 和 POST 为主。

4.1.2　请求头

HTTP 请求中的首部，通常被称作请求头（Request Header）或请求报头，它是指在 HTTP 请求报文中的起始行(请求行)到空行之间的内容，其主要作用是用来说明服务器使用的附加信息。

1．请求头的组成部分

请求头可以由多个不同的部分组成，每个部分被称作一个字段，每个字段都由名称和取值两部分组成：

```
字段名称 ： 字段值
```

比如：

```
Accept: image/gif.image/jpeg,*/*
Accept-Language: zh-cn
Connection: Keep-Alive
Host: localhost
User-Agent: Mozila/4.0(compatible;MSIE5.01;Window NT5.0)
Accept-Encoding: gzip,deflate
```

2. 常用请求头字段

HTTP 请求头中可能包含多个字段，每个字段都有不同的作用，而同一个字段的取值不相同时，其含义也是不相同的。以下介绍常用的 HTTP 请求头字段的作用。

（1）Host

Host 用于声明当前请求所访问的服务器

在 Host 请求报头中不仅包含了当前请求所访问的服务器地址，也包含了被访问的服务器程序对应的端口号。比如 Host : localhost:8080 。

（2）Content-Type

Content-Type 用于声明当前请求所提交内容的 MIME 类型

通常在使用 POST 方式发起请求时才会考虑设置 Content-Type 请求报头。

Content-Type 请求报头不仅用来声明当前请求所提交内容的类型，也决定客户端程序对当前请求所提交内容的编码方式。

Content-Type 请求报头的取值可以是以下类型：

- ✧ application/x-www-form-urlencoded
- ✧ multipart/form-data
- ✧ text/plain

（3）Content-Length

Content-Length 用于声明当前请求所提交内容的长度。

（4）Accept

Accept 用于声明客户端程序能够处理的 MIME 类型。

对于能够以多种格式返回某种资源的服务器程序，可以通过检查 Accept 请求报头来确定应该使用哪种格式。

比如 HelloServlet 返回的内容可以是纯文本格式，也可以是 HTML 文档格式，当请求报头中的 accept 报头为 text/html 时则表示客户端期望返回的 MIME 类型为 text/html，则 HelloServlet 应该向该客户端返回 HTML 文档格式。

（5）Accept-Encoding

Accept-Encoding 用于声明客户端程序所支持的数据解码方式。

通常使用 Accept-Encoding 请求报头指定客户端可以支持的数据解码方式。

服务器可以通过检查 Accept-Encoding 请求报头，来确定将数据发送到客户端之前，使用何种编码方式对数据进行压缩，以节约带宽。而 Accept-Encoding 请求报头所设置的就是客户端所能够支持的压缩格式。

比如当 Accept-Encoding 请求报头的取值为 gzip 时，就表示客户端支持以 gzip 方式进行解压，因此服务器在发送数据给客户端之前可以使用 gzip 方式对数据进行压缩。

（6）Accept-Language

Accept-Language 用于声明客户端程序所支持的语言。

当被请求的服务器提供多语言支持时，可以通过设置 Accept-Language 请求报头来声明期望服务器返回的语言类型，比如 Accept-Language : zh-CN 表示期望服务器返回简体中文。

（7）Connection

当浏览器与服务器通信时对于长连接如何进行处理。

（8）Cookie

Cookie 报头用于向服务器回传 Cookie 数据。

（9）Referer

Referer 用于向服务器回传当前页面的来源（通常是一个网址），用来反映从哪里跳转到了当前页面。

（10）Pragma

no-cache(兼容 http1.0, 在 http/1.1 协议中，它的含义和 cache- control:no-cache 相同)。

（11）upgrade-insecure-request:1

如果在 https 的页面中需要加载 http 的资源，那么浏览器就会报错或者提示。为了促进用户升级协议，同时不需要网站开发者劳师动众地把整个网站的 http 资源改成 https 资源。chrome 增加一个 Upgrade-Insecure-Requests:1 头，告诉服务器，浏览器可以处理 https 协议，然后服务器返回 Content-Security-Policy: upgrade-insecure-requests 响应头，或者通过 meta 响应头设置，告诉浏览器，对于页面的 http 资源，请求时可以自动升级到 https。比如在 https 的网站上有一张图片 URL 是 http://localhost/1.jpg，浏览器请求时会把 URL 变成 https://localhost/1.jpg，所以这里首先需要服务器端有相对应的资源。但是有一种情况例外，那就是 https 网站中 a 标签对应的外站资源不会被升级，比如 a 网站有一张 b 网站的链接，那么这个链接对应的 URL 不会升级。

（12）User-Agent

客户端信息（操作系统、浏览器及版本、浏览器渲染引擎等）。

4.1.3 请求体

请求体（Request Body），也被称作请求正文或实体，它位于 HTTP 请求的最后一部分，与请求头之间使用空行进行分隔：

```
method  request-url  protocol
headers

entity-body
```

请求体中的数据可以是字符数据，也可以是字节数据。

通常，我们采用 GET 方式访问指定资源时，并不会在 HTTP 请求中包含请求体，此时如果需要向被访问资源传递数据，一律通过 QueryString 方式实现，通常可以通过单击超链接或以 GET 方式提交表单来实现。

1. 字符数据

采用 POST 方式向指定位置提交数据时，被提交的数据包含在 HTTP 请求的请求体中，而当请求报头中 content-type 字段的取值为 application/x-www-form-urlencoded 时，在请求体中所包含的是字符数据，其形式为：

```
name1=value&name2=value2
```

当 content-type 取值为 text/plain 时，在请求体中所包含的也是字符数据，其形式为：

```
name1=value
name2=value2
```

此时，请求体中的每一行对应一条数据，每条数据的名称和取值使用等号连接。

2. 字节数据

采用 POST 方式向指定位置提交数据时，当请求报头中 content-type 字段的取值为 multipart/form-data 时，在请求体中所包含的是字节数据，此时如果将这些字节数据转换为文本格式，则其形式为：

```
01  ------WebKitFormBoundary2E4jNhSZJ5vcXQhv
02  Content-Disposition: form-data; name="表单控件名称"
03
04  数据
05  ------WebKitFormBoundary2E4jNhSZJ5vcXQhv
06  Content-Disposition: form-data; name="表单控件名称"; filename="文件名称"
07  Content-Type: text/plain
08
09  数据
10  ------WebKitFormBoundary2E4jNhSZJ5vcXQhv--
```

在以上格式中可以发现，当请求报头中 content-type 字段的取值为 multipart/form-data 时，请求体中的数据被划分成若干个不同的部分，比如第 2 行到第 4 行是一部分数据，而第 6 行到第 9 行则表示另外一部分数据，它们之间使用特殊的符号(比如第 5 行的内容)为分隔符。而每一部分数据中，又通过空行（第 3 行和第 8 行）分割为两个部分，即请求头和数据两部分。

理论上，使用 POST 方式向指定位置提交数据时，所提交数据量并无限制。但实际上，绝大多数服务器都可以设置 POST 请求所提交数据的体积，同时我们自己开发的应用程序也可以控制 POST 方式所提交数据的体积，这需要根据具体情况来确定，不能一概而论。

4.2 ServletRequest

在 3.3.2 一节中我们已经知道，容器在接收到 Web 客户端的 HTTP 请求后会先解析该请求，并创建与之相对应的请求对象和响应对象，这里所创建的请求对象即 ServletRequest 类型的对象。本小节将详细讲解 ServletRequest 的作用和相关方法。

ServletRequest 接口

容器在解析 HTTP 请求后，将 HTTP 请求中的数据映射到新创建的 ServletRequest 对象中，再将该对象传递给相应 Servlet 实例的 service 方法。因此 ServletRequest 对象中包含了 Web 客户端向 Servlet 程序发送的数据。

javax.servlet.ServletRequest 是 Servlet 规范中定义的一个接口，容器通过该类型的对象向 Servlet 程序传递请求数据，该接口中定义了大量的用来获取请求数据的方法，通过这些方法可以获取请求行、请求头、请求体中的数据，同时其中也定义了向请求对象中设置数据的方法。

1．常用方法

（1）获取协议

```
public String getProtocol() ;
```

该方法用于获取请求协议，比如 HTTP 协议。

（2）获取请求头

```
public String getContentType();
```

该方法用于从请求头中获取名称为 content-type 的字段值。

```
public int getContentLength();
```

该方法用于从请求头中获取名称为 content-length 的字段值。

```
public long getContentLengthLong();
```

该方法是 Servet 3.1 中新增的用于获取 content-length 字段取值的方法。

（3）获取请求参数

```
public String getParameter (String name)
```

该方法用于从请求对象中获取指定参数名称(name)对应的单个参数值。

```
public Enumeration<String> getParameterNames()
```

该方法用于获取请求对象中所有的请求参数名称。

```
public String[ ] getParameterValues(String name)
```

该方法用于从请求对象中获取指定参数名称对应的多个值的方法，当页面上通过同一个名称传递多个取值时，可以使用该方法来获取这些取值(比如页面上的 checkbox)。

```
public Map<String, String[ ]> getParameterMap()
```

该方法用于获取所有请求参数及其取值，其返回类型是 Map，其中 key 为参数名称，value 为参数值。因为同一个参数名称可能对应多个取值，所以这里的 value 是 String 数组类型。

（4）读取请求体数据

```
public BufferedReader getReader()
```

该方法返回一个可以读取请求体中所包含内容的字符输入流。当请求报头中 content-type 字段的取值为 application/x-www-form-urlencoded 或 text/plain 时，可以通过该方法来读取请求体中所包含的字符数据。

```
public ServletInputStream    getInputStream()
```

该方法返回一个可以读取请求体中所包含内容的字节输入流。当请求报头中 content-type 字段的取值为 multipart/form-data 时，可以通过该方法来读取请求体中所包含的字节数据。

（5）字符编码

```
    public void setCharacterEncoding (String e)  throws
UnsupportedEncodingException
```

该方法用于设置请求体中使用的字符编码的名称。

当需要使用特定字符编码方案来读取请求体中的数据时，必须首先调用该方法来设置目标字符编码方案，之后才可以通过 getParameter 或 getReader 等方法来读取请求体中的数据。否则，若先通过 getParameter 或 getReader 等方法来读取请求体中的数据而不是先设置字符编码方案，则该设置将无效。

```
public String getCharacterEncoding()
```

该方法用于获取请求体中使用的字符编码方案的名称。

如果对于从未指定过处理请求体数据时所使用的字符编码方案，则返回 null，此时容器会采用当前默认的字符编码方案来处理请求体中的数据。

（6）属性操作

```
public void setAttribute (String attributeName, Object attributeValue)
```

该方法用于将指定对象关联到当前请求对象的指定属性上，其中 attributeName 表示属性名称，attributeValue 表示属性值。

```
public Object getAttribute (String attributeName)
```

该方法用于从请求对象中获取指定名称的属性的属性值。

```
public Enumeration<String> getAttributeNames()
```

用于从请求对象中获取所有的属性名称。

```
public void removeAttribute (String attributeName)
```

该方法用于从请求对象中删除指定的属性。

（7）其他

```
public ServletContext getServletContext();
```

该方法是 Servlet 3.0 中为 ServletRequest 新增加的方法，用于获取 ServletContext 对象(中文称作 Servlet 上下文对象)。

通常通过 ServletContext 对象可以访问整个 Web 应用内部的资源，因此在很多场合中，都可以将 ServletContext 对象当作整个 Web 应用对应的对象来对待，以至于在 JSP 内置对象中，更是将 ServletContext 对象命名为 application 。

2. HttpServletRequest 接口

javax.servlet.http.HttpServletRequest 接口继承了 ServletRequest 接口，它是针对 HTTP 协议提供的一个接口，容器通过该类型的对象向 HttpServlet 传递 HTTP 请求数据，其中提供了大量的获取 HTTP 请求数据的方法。

（1）从请求行获取数据的方法

```
public StringBuffer getRequestURL();
```

用于获取完整的请求路径，包括协议、主机名、端口、资源路径等。

```
public String getRequestURI();
```

用于获取当前请求所访问的资源路径(不包含协议、主机名、端口等)。

```
public String getMethod();
```

用于获取本次请求所采用的请求方式，比如 GET、POST 等。

```
public String getContextPath();
```

用于获取当前 Web 应用对应的路径，比如 core 工程对应的/core。

```
public String getQueryString();
```

当客户端采用 GET 方式请求指定资源时，如果同时向服务器发送了数据，则这些数据被编码到 request-URL 中，该方法用于获取 request-URL 中的 queryString 部分。

（2）从请求头获取数据的方法

```
public Cookie[ ] getCookies();
```

用于从请求头中获取所有的 cookie。

```
public long getDateHeader (String name);
```

用于从请求头中获取指定名称的、用来表示日期和时间的字段取值。

```
public String getHeader (String name);
```

用于从请求头中获取指定名称的字段的单个取值。

```
public Enumeration<String> getHeaders (String name);
```

用于从请求头中获取指定名称的字段的所有取值。

```
public Enumeration<String> getHeaderNames();
```

用于获取请求头中所有的字段名称。

```
public int getIntHeader (String name);
```

以整数形式返回请求头中指定名称的字段的单个取值。

（3）从请求体获取数据的方法

```
public Part getPart(String name) throws IOException ,
ServletException
```

当处理文件上传操作时，使用 getPart 方法可以获得表单中单个<input type="file">对应的 Java 对象，它是一个 Part 类型的对象，其中封装了所上传的文件的内容、名称、类型等信息。

```
public Collection<Part> getParts() throws IOException ,
ServletException
```

当处理文件上传操作时，使用该方法可以获取文件上传表单中所有的<input type="file">对应的 Part 对象对应的 Collection 集合。

4.3 获取请求数据

在上一节，我们已经知道，通过 ServletRequest 或 HttpServletRequest 可以从请求中获取请求数据。在本节中我们将通过不同的案例来获取请求中的数据。

4.3.1 解析请求

我们已经知道 HTTP 请求由请求行、请求头、空行、请求体等四部分组成。容器在接收到来自客户端的 HTTP 请求后，会先解析该 HTTP 请求，并将其中所包含的数据封装到 ServletRequest 对象中。

1. 创建 HTML 页面

为了能够在访问 ParseRequestServlet 时查看不同的请求方式产生的请求数据，我们还需要在 req 工程的 WebContent 目录下创建一个 parse.html 页面，其内容如示例代码 4-1 所示。

示例代码 4-1：

```
<!DOCTYPE html>
<html>
 <head>
```

```
        <meta charset="UTF-8">
        <title>访问 ParseRequestServlet</title>
    </head>
    <body>

        <h3>访问 ParseRequestServlet</h3>

        <a href="/req/parse/request">单击超链接访问 ParseRequestServlet</a>

        <hr>

        <h5>以 GET 方式将表单提交给 ParseRequestServlet </h5>
        <form action="/req/parse/request" method="get">
            <input type="text" name="username" placeholder="输入用户名">
            <input type="password" name="password" placeholder="输入密码">
            <input type="submit" value="提交">
        </form>

        <hr>

        <h5>以 POST 方式将表单提交给 ParseRequestServlet </h5>
        <form action="/req/parse/request" method="post">
            <input type="text" name="username" placeholder="输入用户名">
            <input type="password" name="password" placeholder="输入密码">
            <input type="submit" value="提交">
        </form>

    </body>
</html>
```

2. 开发 Servlet 程序

首先，在 Eclipse 工作空间中创建一个名称为 req 的动态 Web 工程，随后在 req 工程的 src 目录下创建 ParseRequestServlet 类，其内容如示例代码 4-2 所示。

示例代码 4-2：

```
package org.malajava.servlet;

import java.io.BufferedReader;
import java.io.IOException;
import java.io.PrintWriter;
import java.util.Enumeration;

```

```
import javax.servlet.ServletException;
import javax.servlet.annotation.WebServlet;
import javax.servlet.http.HttpServlet;
import javax.servlet.http.HttpServletRequest;
import javax.servlet.http.HttpServletResponse;

@WebServlet("/parse/request")
public class ParseRequestServlet extends HttpServlet {

 private static final long serialVersionUID = 4275194727530458199L;

 @Override
 protected void service(HttpServletRequest request, HttpServletResponse response)
         throws ServletException, IOException {

     String method = request.getMethod(); // 请求方法
     StringBuffer buffer = request.getRequestURL(); // 被请求资源的路径
     String queryString = request.getQueryString(); // 获取QueryString
     if (queryString != null) { // 如果 QueryString 不为 null
         buffer.append ("? ");
         buffer.append (queryString); // 将 QueryString 追加到request-URL 尾部
     }
     String url = buffer.toString();
     String protocol = request.getProtocol(); // 协议

     System.out.println ("- - - 请求行 - - - - - - - - - - - - - - - - - - - - - - - - -");
     System.out.println ( method + "\t" + url + "\t" + protocol);

     System.out.println("- - - 请求头 - - - - - - - - - - - - - - - - - - - - - - - - -");
     // 获得所有请求报头名称
     Enumeration<String> headerNames = request.getHeaderNames();
     while (headerNames.hasMoreElements()) {
         String name = headerNames.nextElement(); // 获取请求头的名称
         String value = request.getHeader (name); // 根据请求头的名称获取其取值
         System.out.println (name + " : " + value); // 在控制台输出报头名称和取值
     }

     System.out.println("- - - 请求体 - - - - - - - - - - - - - - - - - - - - - - - - -");
     BufferedReader br = request.getReader(); // 获取读取请求正文数据
```

```
的字符输入流
        String s = null;
        while ( (s = br.readLine() ) != null) { // 每次从请求正文中读取一
行数据
            System.out.println (s) ; // 在控制台输出读取到的数据
        }

        response.setContentType("text/html;charset=UTF-8");
        PrintWriter w = response.getWriter();

        w.println("<h3
style='text-align:center;'>ParseRequestServlet</h3>");

    }

}
```

在 ParseRequestServlet 类的 service 方法中，我们完成了三项操作：

➢ 获取 HTTP 请求行中的数据

```
String method = request.getMethod(); // 请求方法
StringBuffer buffer = request.getRequestURL(); // 被请求资源的路径
String queryString = request.getQueryString(); // 获取 QueryString
if (queryString != null) { // 如果 QueryString 不为 null
 buffer.append ("? ") ;
 buffer.append (queryString) ; // 将 QueryString 追加到 request-URL 尾部
}
String url = buffer.toString();
String protocol = request.getProtocol(); // 协议
```

我们知道容器在接收到 Web 客户端的 HTTP 请求后，会解析 HTTP 请求并将其中的数据封装到 HttpServletRequest 对象中。当客户端发起请求时使用的 URL 为如下形式时：

```
http://localhost:8080/req/parse/request? username=ecut&password=hello
```

容器将该 URL 中问号之前的部分和问号之后的部分分开处理，问号之前的内容可以通过 HttpServletRequest 对象的 getRequestURL()方法来获取，问号之后的内容可以通过 HttpServletRequest 对象的 getQueryString()方法来获取。这里为了还原 HTTP 请求中的 request-URL 的形式，将它们重新合并到一个字符串中。

➢ 获取 HTTP 请求头中的数据

```
// 获得所有请求报头名称
Enumeration<String> headerNames = request.getHeaderNames();
while (headerNames.hasMoreElements()) {
 String name = headerNames.nextElement(); // 获取请求头的名称
 String value = request.getHeader (name) ; // 根据请求头的名称获取其取
值
 System.out.println (name + " : " + value) ; // 在控制台输出报头名称和
取值
}
```

这里，我们通过 HttpServletRequest 对象的 getHeaderNames()方法获取当前请求中所有的请求报头的名称，并通过处理 Enumeration 对象来获取单一的报头名称，随后根据报头名称从 HttpServletRequest 对象中获取相应的取值。

这里需要注意 java.util.Enumeration 类型，它是一个相当古老的接口，在 JDK 1.2 之前被广泛使用，从 JDK 1.2 开始被 java.util.Iterator 所取代，在 Java 9 中甚至为其增加了 asIterator()方法，用于将该类型的实例转换为 Iterator 对象。在 Enumeration 接口中主要有两个方法：

```
boolean hasMoreElements() ;
```

该方法用于判断是否有更多的元素需要被处理，如果有就返回 true，否则就返回 false。其作用与 Iterator 对象的 hasNext()方法相同。

```
e.nextElement() ;
```

该方法用于从 Enumeration 对象中获取下一个元素，其作用与 Iterator 对象的 next()方法相同。

➢ 获取 HTTP 请求体中的数据

```
BufferedReader br = request.getReader(); // 获取读取请求正文数据的字符输入流
String s = null;
while ((s = br.readLine()) != null) { // 每次从请求正文中读取一行数据
 System.out.println(s); // 在控制台输出读取到的数据
}
```

为了能够获取 HTTP 请求体中的数据，这里我们使用 HttpServletRequest 对象的 getReader()方法获取了一个字符输入流。因为该流是一个缓冲流，所以后续的处理中，每次从该流中读取一行数据并同时向控制台打印该行数据。

值得注意的是，本例中仅研究在请求体中包含字符数据的 HTTP 请求，对于字节数据的处理，读者可以自行查阅相关资料。

3. 访问 Servlet

以上准备工作完成后，最后再将 req 工程部署到容器中，然后启动容器，并在浏览器地址栏中输入以下 URL 来访问 parse.html 页面：

```
http://localhost:8080/req/parse.html
```

在浏览器中访问 parse.html 页面，其浏览效果如图 4-2 所示。

图 4-2 在浏览器中访问 parse.html 页面

在图 4-2 中我们可以看到有三种不同的方式来访问 ParseRequestServlet，即：

✧ 通过单击超链接访问 ParseRequestServlet
✧ 通过 GET 方式将表单提交给 ParseRequestServlet
✧ 通过 POST 方式将表单提交给 ParseRequestServlet

接下来我们将依次使用以上三种不同的方式来访问 ParseRequestServlet。

（1）单击超链接

在如图 4-2 所示页面(parse.html)中，直接单击“单击超链接访问 ParseRequestServlet”即可访问 ParseRequestServlet，此时浏览器中的显示结果如图 4-3 所示。

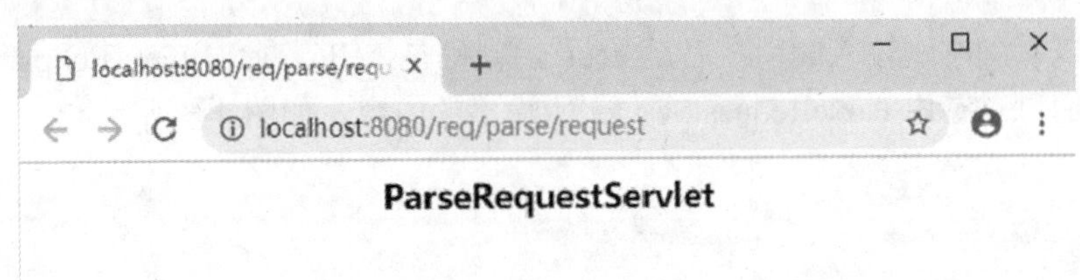

图 4-3　单击超链接访问 ParseRequestServlet 后的结果

此时在 Eclipse 的 Console 区域中，我们可以看到 ParseRequestServlet 所输出的内容，如图 4-4 所示。

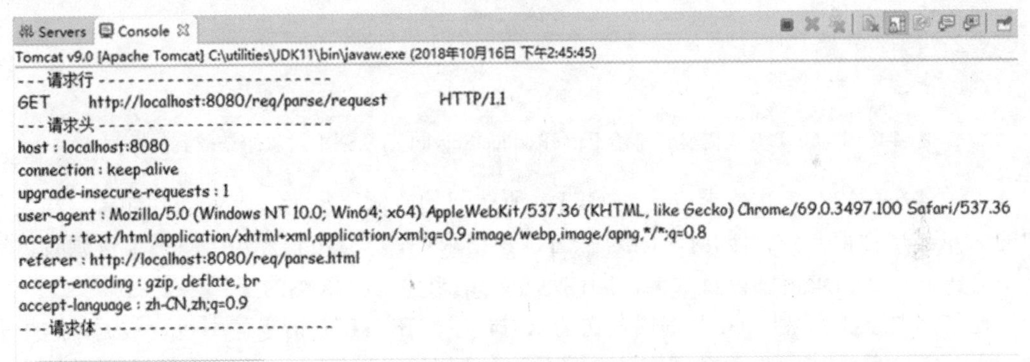

图 4-4　单击超链接访问 ParseRequestServlet 后从请求对象中获取到的数据

这里需要注意，通过单击页面上的超链接或者在浏览器地址栏中直接输入 URL 访问一个 Servlet 时所采用的请求方式均为 GET 方式，此时并未向被请求的 Servlet 发送任何正文数据，因此在图 4-4 中所看到的请求正文部分为空白。

另外，在 URL 中可以使用 name=value 的形式向 Servlet 发送数据，比如

```
<a href="/req/parse/request? username=ecut">使用超链接传递数据</a>
```

关于请求参数的传递和处理，我们将在 4.3.2 节(获取请求参数)中讲解。

（2）以 GET 方式提交表单

在如图 4-2 所示页面(parse.html)中，在“以 GET 方式将表单提交给 ParseRequestServlet”下方的表单中，分别输入用户名和密码后，单击“提交”按钮将表单提交给 ParseRequestServlet，此时在浏览器中的显示结果如图 4-5 所示。

图 4-5　以 GET 方式提交表单给 ParseRequestServlet 后的结果

因为当前表单采用 GET 方式提交，因此在浏览器的地址栏中可以看到本次提交的数据：

```
username=ecut&password=hello
```

由此可以看到刚刚输入的用户名是 ecut ，密码是 hello。此时，在 Eclipse 的 Console 区域中，我们可以看由 ParseRequestServlet 所输出的内容，如图 4-6 所示。

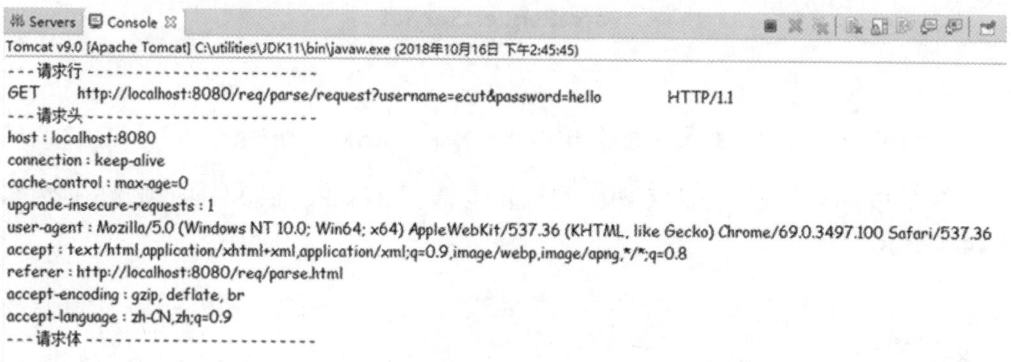

图 4-6　以 GET 方式提交表单给 ParseRequestServlet 后从请求对象中获取到的数据

由图 4-6 可知，本次请求方式为 GET，所访问的资源路径为/req/parse/request (与表单中的 action 属性值一致)。同时，因为在 HTTP 请求中，以 GET 方式访问某个资源时，通常不会在 HTTP 请求体中设置数据，因此这里的请求体部分依然为空。

通常，大家认为采用 GET 方式发送请求时，不能在 HTTP 请求体中包含数据。这里明确一下，GET 请求中可以包含请求体，只是这种处理方式极其罕见，本书中也不做研究。学有余力且有兴趣的同学可以自行查阅这方面的资料。

（3）以 POST 方式提交表单

在图 4-2 所示页面(parse.html)中，在“以 POST 方式将表单提交给 ParseRequestServlet”下方的表单中，分别输入用户名和密码后，单击“提交”按钮将表单提交给 ParseRequestServlet，此时浏览器中的显示结果如图 4-7 所示。

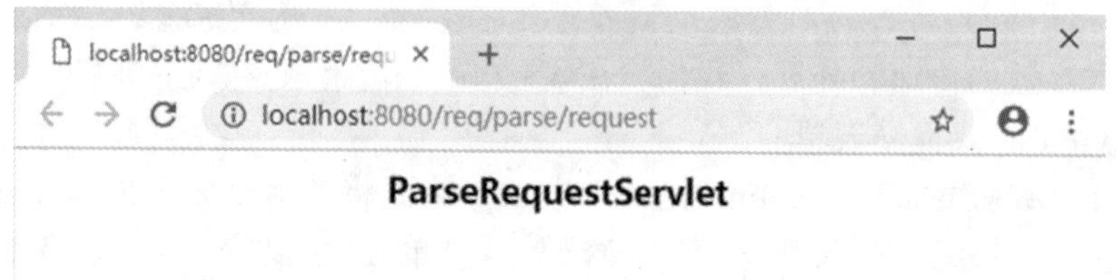

图 4-7　以 POST 方式提交表单给 ParseRequestServlet 后的结果

因为当前表单采用 POST 方式提交，因此在浏览器的地址栏中并不会显示表单所提交的数据。此时，在 Eclipse 的 Console 区域中，我们可以看由 ParseRequestServlet 所输出的内容，如图 4-8 所示。

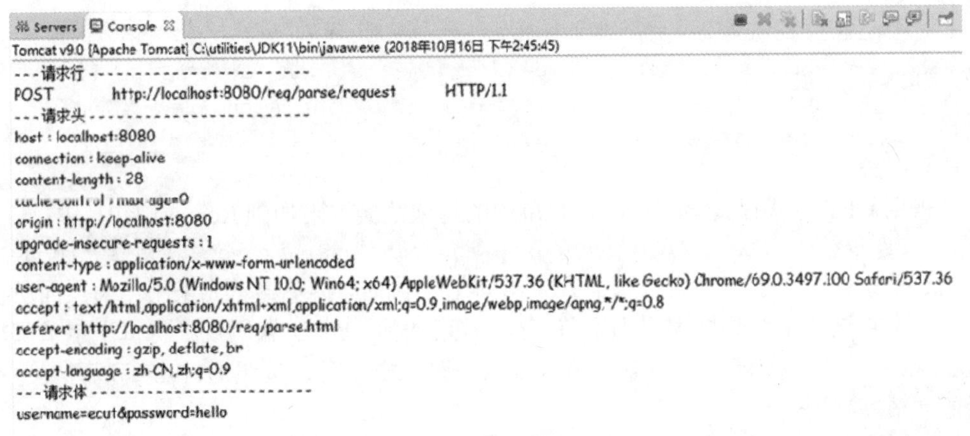

图 4-8　以 POST 方式提交表单给 ParseRequestServlet 后从请求对象中获取到的数据

由图 4-8 可知，本次请求方式为 POST，请求的资源路径为/req/parse/request。同时，在 HTTP 请求中，以 POST 方式提交表单时，表单中的数据被设置到 HTTP 请求体中，因此在请求体部分，可以看到用户名和密码分别为 ecut 和 hello。

另外要注意，使用 POST 方式提交表单时，默认采用的 content-type 为 application/x-www-urlencoded，这表示浏览器在发送数据之前会先将表单中的数据按照 application/x-www-urlencoded 方式进行编码，随后再将这些数据添加到 HTTP 请求体中。

4.3.2　获取请求参数

了解从请求对象中获取请求数据后，接下来，我们着重来讲解从请求对象中获取请求参数。本节将从数据提交方式开始讲起，逐步讲解请求参数的获取方法。

1. 数据提交方式

通过上一节中对请求的解析，我们可以知道，在 HTTP 请求中，我们可以采用三种形式向服务器发送数据，即：

（1）通过超链接

当单击超链接时，如果需要向被访问的资源发送数据，则可以在被请求的 URL 中以 QueryString 形式来实现，比如：

```
<a href="/req/parse/request? username=ecut">使用超链接传递数据</a>
```

为方便描述，我们将被请求的 URL 称作 Request-URL。

当存在多个数据需要发送时，可以在 QueryString 中使用&将它们连接起来，比如：

```
<a href="/req/parse/request? username=ecut&password=hello">使用超链接传递数据</a>
```

QueryString 是属于 Request-URL 的一个组成部分，不属于请求正文。

（2）通过 GET 方式提交表单

以 GET 方式提交表单时，浏览器在发送数据之前会先将表单中的数据按照 application/x-www-urlencoded 方式进行编码，随后将编码后的数据附加到 Request-URL 中，比如对于以下表单来说：

```
<form action="/req/parse/request" method="get">
    <input type="text" name="username" placeholder="输入用户名">
    <input type="password" name="password" placeholder="输入密码">
    <input type="submit" value="提交">
</form>
```

当采用 GET 方式提交该表单时，表单中的各项数据被附加到 Request-URL 中：

```
http://localhost:8080/req/parse/request? username=ecut&password=hello
```

当表单中包含的字符数据不属于 ASC II 编码范围时，浏览器首先采用当前页面所使用的编码方案将这些字符数据编码为字节序列，随后根据 URL 编码规则将每个字节都转换为%XX 形式，比如在 username 输入框中输入“张三丰”时，按照 UTF-8 编码方案进行编码后的字节序列为：

```
-27, -68, -96, -28, -72, -119, -28, -72, -80
```

根据 URL 编码规则，将每个字节转换后的形式为：

```
%E5%BC%A0%E4%B8%89%E4%B8%B0
```

这里的 URL 编码，也称作百分号编码(Percent-encoding)，是一种特定上下文的统一资源定位符 (URL)的编码机制，本书中并不研究这种实现机制，有兴趣的同学可以通过网络查询这部分内容。

通常，通过 GET 方式提交表单时，在 HTTP 请求体中并不包含任何数据。

（3）通过 POST 方式提交表单

以 POST 方式提交表单时，表单中的数据首先被编码后再设置到 HTTP 请求体中，比如对于以下表单来说：

```
<form action="/req/parse/request" method="post">
    <input type="text" name="username" placeholder="输入用户名">
    <input type="password" name="password" placeholder="输入密码">
    <input type="submit" value="提交">
</form>
```

当请求报头中 content-type 字段的取值为 application/x-www-form-urlencoded 时，表单数据在请求体中以以下形式存在：

```
username=ecut&password=hello
```

而当 content-type 取值为 text/plain 时，表单数据在请求体中以以下形式存在：

```
name1=value1
name2=value2
```

当表单中包含的字符数据不属于 ASC II 编码范围时，浏览器首先采用当前页面所使用的编码方案将这些字符数据编码为字节序列，随后根据 URL 编码规则将这些字节序列进行编码，最后将这些数据添加到请求体中。

2．获取请求参数

通过总结常见的三种数据提交方式可以发现，在向服务器发送字符数据时，总是存在

name=value 形式的字符串，在 HTTP 请求中它们可能存在于 QueryString 中，也可能存在于请求体中。通常，我们把这部分数据称作请求参数，其中的 name 表示请求参数的名称，value 表示请求参数的取值，请求参数的名称和取值之间使用等号连接。

假设以 POST 方式提交表单后，在请求体中可能包含以下形式的字符串数据：

```
gid=1001&type=2&status=enable
```

我们称其中的 gid、type、status 为请求参数的名称，而 1001、2、enable 分别是 gid、type、status 这三个请求参数的参数值。

在接收到 HTTP 请求后，容器会将这些包含在 QueryString 中或包含在请求体中的数据解析出来，并封装到与当前 HTTP 请求对应的 HttpServletRequest 对象中。而后，在 Servlet 程序中即可通过 HttpServletRequest 对象的 getParameter 等方法来获取这些请求参数的值。

比如获取名称是 gid 的单个参数值可以使用：

```
String groupId = request.getParameter("gid");
```

其中，gid 为请求参数中的参数名称，它必须与 gid=1001 中的 gid 完全相同，而变量 groupId 则用来存储请求参数 gid 的取值。

对于来自表单的多选框选择的数据，比如爱好，如果用户选择了多项，则在 HTTP 的 QueryString 或请求体中可能是以下形式：

```
hobby=soccer&hobby=basketball&hobby=tennis
```

此时，同一个参数名称对应多个取值，倘若通过 request.getParameter（"hobby"）方式来获取请求参数 hobby 的取值，则只能获取到第一个 hobby 的取值(即此时的 soccer)。为了能够获取本次请求中 hobby 参数的所有取值，可以通过 getParameterValues 方法来获取：

```
String[ ] hobbyList = request.getParameterValues("hobby");
```

此时，请求参数 hobby 的多个取值被存放到一个数组中，其中的数据依次为：

```
soccer , basketball , tennis
```

接下来，我们将通过一个简单的注册案例，来讲解请求参数的获取方法。

3. 创建注册页面

在 req 工程的 WebContent 目录下，创建一个名称为 sign-up.html 的页面，其中内容如示例代码 4-3 所示。

示例代码 4-3：

```
<!DOCTYPE html>
<html>
 <head>
     <meta charset="UTF-8">
     <title>User Registration</title>
 </head>
 <body>

     <h3>用户注册</h3>

     <hr>

     <h5>以 post 方式将表单提交给 SignUpServlet</h5>
```

```
    <form action="/req/parse/registration" method="post">
        <table border="1" align="center" width="500">

            <tr>
                <td><label for="username">用户名</label></td>
                <td><input type="text" name="username" id="username"></td>
            </tr>

            <tr>
                <td><label for="password">密码</label></td>
                <td><input type="password" name="password" id="password" ></td>
            </tr>

            <tr>
                <td><label for="email">Email</label></td>
                <td><input type="email" name="email" id="email"></td>
            </tr>

            <tr>
                <td><label for="name">姓名</label></td>
                <td><input type="text" name="name" id="name"></td>
            </tr>

            <tr>
                <td><label for="tel">手机号</label></td>
                <td><input type="text" name="tel" id="tel"></td>
            </tr>

            <tr>
                <td><label>性别</label></td>
                <td>
                    <input type="radio" name="gender" value="male">男
                    <input type="radio" name="gender" value="female"> 女
                </td>
            </tr>

            <tr>
                <td><label for="birthday">出生日期</label></td>
                <td><input type="date" name="birthday" id="birthday"></td>
            </tr>

```

```
                <tr>
                    <td colspan="2" align="center">
                    <input type="submit" value="注册"></td>
                </tr>
            </table>
        </form>

        <hr>

    </body>
</html>
```

4．处理注册请求

在 req 工程中创建名称为 SignUpServlet 类，该类继承 HttpServlet 并重写其 service 方法，其详细实现过程如示例代码 4-4 所示。

示例代码 4-4：

```
package org.malajava.servlet;

import java.io.IOException;
import javax.servlet.ServletException;
import javax.servlet.annotation.WebServlet;
import javax.servlet.http.HttpServlet;
import javax.servlet.http.HttpServletRequest;
import javax.servlet.http.HttpServletResponse;

@WebServlet("/parse/request")
public class SignUpServlet extends HttpServlet {

 private static final long serialVersionUID = 4275194727530458199L;

 @Override
 protected void service(HttpServletRequest request,
HttpServletResponse response)
            throws ServletException, IOException {

        String method = request.getMethod(); // 获取请求方法

        if (method.equals(METHOD_POST) { // 如果请求方法为post
            string username = request.getParameterValues ("username");
              string email     = request.getParameterValues ("email");
              string name     = request.getParameterValues ("name");
              string telephone = request.getParameterValues ("tel");
              string gender    = request.getParameterValues ("gender");
              string birth     = request.getParameterValues
("birthday");

```

```
        System.out.println("- - - 请求头 - - - - - - - - - - - - - - - - - - - - - - - - -");

       // 获得所有请求报头名称
       Enumeration<String> headerNames = request.getHeaderNames();
       while (headerNames.hasMoreElements()) {
          String name = headerNames.nextElement(); // 获取请求头的名称
          String value = request.getHeader (name) ; // 根据请求头的名称获取其取值
          System.out.println (name + " : " + value) ; // 在控制台输出报头名称和取值
       }

       System.out.println("- - - 请求体 - - - - - - - - - - - - - - - - - - - - - - - - -");
       System.out.println(username) ;
       System.out.println(email);
       System.out.println(name) ;
       System.out.println(telephone) ;
       System.out.println(gender) ;
        System.out.println(birth) ;

    }

}
```

示例代码 4-4 中使用了 getParameterValues 方法获得指定参数的值。

4.4 文件上传

在上节中，我们已经知道如何获取 HTTP 请求行、请求报头、请求体中的数据。在获取请求体数据时，仅获取并简单处理了请求体中的字符数据，并没有处理请求体中的字节数据。本节将从处理请求体中的字节数据讲起，进而实现基于 Servlet 技术的文件上传操作。

4.4.1 获取字节数据

在前面的内容中，我们已经知道，当采用 POST 方式提交数据时，如果请求报头中 content-type 字段的取值为 multipart/form-data，则 HTTP 请求体中包含字节数据，并且这些字节数据被分割成若干部分。本节将通过一个简单的案例来讲解向服务器发送字节数据的方法和服务器端对这些数据的处理方法。

1．可以提交字节数据的表单

当浏览器以 POST 方式发起请求时，可以通过请求体向服务器提交数据，此时请求报头中 content-type 字段的取值可以有两种情况：

- multipart/form-data
- application/x-www-form-urlencoded

在 HTML 页面中，我们可以通过设置 form 标记的 enctype 属性来指定 content-type 字段的值，比如：

```
<form  action="/req/binary"  method="post"
      enctype="application/x-www-form-urlencoded ">
</form>
```

当一个表单未显式指定 enctype 属性的取值时，其默认值为 application/x-www-form-urlencoded。当需要通过 POST 方式向服务器提交字节数据时，enctype 属性的取值必须为 multipart/form-data ：

```
<form  action="/req/binary"  method="post"
enctype="multipart/form-data">
</form>
```

此时，不论表单中是否包含 <input type="file" > 这样的组件，表单内所包含的所有内容都将添加到 HTTP 请求体中。

接下来，在 req 工程的 WebContent 目录下，创建一个名称为 binary.html 的页面，其内容如示例代码 4-5 所示。

示例代码 4-5：

```
<!DOCTYPE html>

<html lang="en">
    <head>
        <meta charset="UTF-8">
        <title>提交字节数据</title>
        <style type="text/css">
            .wrapper {
                display: block ;
                width: 80% ;
                margin: 30px auto ;
                border: 1px solid #dedede ;
                padding: 10px ;
            }
        </style>
    </head>
    <body>

       <div class="wrapper">
            <h5>用表单提交字节数据</h5>
            <form action="/req/binary/servlet"
                     method="post"   enctype="multipart/form-data">
```

```
                姓名：<input type="text" name="name"> <br>
                性别：<input type="radio" name="gender" value="male">男
                    <input type="radio" name="gender" value="female">女<br>
                介绍：<textarea name="introduce"></textarea>  <br>
                文件：<input type="file" name="upfile"> <br>
                <input type="submit" value="提交">
            </form>
        </div>

    </body>
</html>
```

注意，在示例代码 4-5 的表单中，不仅包含 <input type="file" > 组件，还包含了其他通常用于提交字符数据的表单组件。

2．获取用户提交的字节数据

在 ServletRequest 的常用方法中，有一个可以返回字节输入流的方法：

```
public ServletInputStream getInputStream()
```

通过该方法返回的字节输入流即可获取由客户端所提交的字节数据。

这里，我们通过 BinaryServlet 来获取通过 binary.html 页面所提交的字节数据，并通过将这些数据转换为字符形式更直观地了解这些数据的组成，如示例代码 4-6 所示。

示例代码 4-6：

```
package org.malajava.servlet;

import java.io.*;

import javax.servlet.*;
import javax.servlet.annotation.*;
import javax.servlet.http.*;

@WebServlet("/binary/servlet")
public class BinaryServlet extends HttpServlet {

 private static final long serialVersionUID = 1885517496450914452L;

 @Override
    protected void doGet(HttpServletRequest request , HttpServletResponse response)
            throws ServletException, IOException {
        throw  new IllegalStateException("不支持 GET 方式");
    }

    @Override
    protected void doPost(HttpServletRequest request ,
```

```
HttpServletResponse response)
            throws ServletException, IOException {
        request.setCharacterEncoding("UTF-8");
        response.setCharacterEncoding("UTF-8");

        // 从请求对象中获取可以读取请求体数据的字节输入流
        InputStream in = request.getInputStream();

        // 使用平台默认编码方案将字节输入流转换为字符输入流
        InputStreamReader reader = new InputStreamReader (in) ;

        // 创建用于从指定字符输入流中读取数据的字符缓冲流
        BufferedReader br = new BufferedReader (reader) ;

        String s = null ;
        while ( (s = br.readLine())  != null)  {
          System.out.println (s) ;
        }

    }

}
```

随后，我们在磁盘上的任意位置创建一个文本文件，比如 hello.txt，其中内容越少越好，比如仅包含以下一行文本：

```
hello , servlet .
```

一切准备就绪后，即可启动容器，并在浏览器中访问 binary.html 页面：

```
http://localhost:8080/req/binary.html
```

在浏览器所打开的 binary 页面中，为各组件输入数值或选择数值，并在文件选择组件(<input type="file">)中选择一个体积较小的文件，其操作界面如图 4-9 所示。

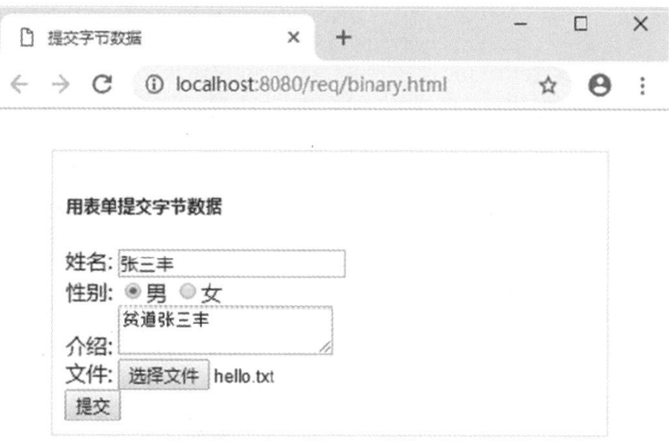

图 4-9　访问 binary 页面

随后单击“提交”按钮提交表单，此时，在 Eclipse 的 Console 区域中可以看到由

BinaryServlet 所输出的“数据”：

```
------WebKitFormBoundaryVV1WKar91He4yANA
Content-Disposition: form-data; name="name"

张三丰
------WebKitFormBoundaryVV1WKar91He4yANA
Content-Disposition: form-data; name="gender"

male
------WebKitFormBoundaryVV1WKar91He4yANA
Content-Disposition: form-data; name="introduce"

贫道张三丰
------WebKitFormBoundaryVV1WKar91He4yANA
Content-Disposition: form-data; name="upfile"; filename="hello.txt"
Content-Type: text/plain

hello , servlet .
------WebKitFormBoundaryVV1WKar91He4yANA--
```

注意，为了能够更直观地看到这些数据，我们将原本的字节数据转换为字符数据并在控制台中予以输出，实际应用时，并不会这么处理。

另外，请不要在 <input type="file" name="upfile"> 中选择非文本文件。

如果选择了非文本文件，比如选择的是一个图片文件，则在 BinaryServlet 中将该图片对应的字节数据转换为字符数据后将全部变为乱码。对于用户上传的图片等文件应该以字节方式处理，本就不应该转换为字符数据，这里仅仅是为了通过文本格式查看采用 multipart/form-data 请求中所包含的数据。

4.4.2 解析数据

尽管我们可以通过 ServletRequest 实例的 getInputStream 方法来读取客户端所提交的所有数据，但请求体中的数据被划分成若干部分，因此只有读取这些数据并按照其内部格式拆分成不同的部分后才能获取用户所提交的原始数据。

通常，我们可以借助第三方的组件来解析这些数据，最后获得由用户所提交的原始数据。在 Servlet 3.0 之前，常用的第三方组件有：

✧ COS

COS 是由 Jason Hunter 开发的用来解析 HTTP 请求中的 multipart/form-data 格式的数据，其官方网址为:http://www.servlets.com/cos/

该组件基于 Servlet 2.4 和 Java 5 开发，曾经在开发时比较常用，甚至在早期的 Apache Struts 2 框架中都内置了对该组件的支持。

✧ commons-fileupload

commons-fileupload 是一个由 Apache 基金会负责管理的开源文件上传组件，借助于该组件，我们也可以解析 HTTP 请求中的 multipart/form-data 格式的数据。

commons-fileupload 的官方网址为：

http://commons.apache.org/proper/commons-fileupload/

commons-fileupload 组件着重于处理文件上传操作。

采用第三方组件来解析请求数据的具体案例，本书中一律不予研究，有兴趣的同学可以通过网络查询这些案例。

从 Servlet 3.0 开始，容器内部已经可以解析这些数据并予以封装，因此我们可以借助 Servlet 3.0 提供的方法来获取这部分数据：

```
public Part getPart(String name) throws IOException , ServletException
public Collection<Part> getParts() throws IOException , ServletException
```

另外，必须为指定的 Servlet 程序提供 multipart config 才可以通过以上方法获取请求体中的数据。

1. multipart config

在 Servlet 3.0 体系中，提供了两种方法来为 Servlet 程序提供 multipart config ：

（1）在 web.xml 中使用 <multipart-config> 标签配置

对于示例代码 4-6 中的 BinaryServlet 来说，我们通过 web.xml 实现部署：

```
<servlet>
 <servlet-name>binaryServlet</servlet-name>
<servlet-class>org.malajava.servlet.BinaryServlet</servlet-class>
</servlet>

<servlet-mapping>
 <servlet-name>binaryServlet</servlet-name>
 <url-pattern>/binary</url-pattern>
</servlet-mapping>
```

此时，可以在 <servlet> 标签中为 binaryServlet 提供 multipart config ：

```
01   <servlet>
02    <servlet-name>binaryServlet</servlet-name>
03 <servlet-class>org.malajava.servlet.BinaryServlet</servlet-class>
04      <multipart-config></multipart-config>
05   </servlet>
```

在第 4 行代码中，通过<multipart-config>标签为 binaryServlet 指定了 multipart-config。此时的 binaryServlet 即可通过 getPart 和 getParts 方法来获取请求体中的字节数据。在<multipart-config>标签内部，还可以指定以下子标签：

✧ <location>

标签<location>用于指定文件的存放目录，该标签内指定的内容必须是字符串类型。

✧ <max-request-size>

标签<max-request-size>用于指定 multipart/form-data 请求所提交数据的最大值，该标签内所指定的内容必须是数值类型。max-request-size 默认值为-1L，表示不限制 multipart/form-data 请求所提交的数据量。

✧ <max-file-size>

标签<max-file-size>用于指定 multipart/form-data 请求中所包含的文件大小，该标签内所指定的内容必须是数值类型。max-file-size 默认值为-1L，表示不限制文件大小。

✧ <file-size-threshold>

标签<file-size-threshold>内所指定的内容必须是数值类型，当上传的文件体积大于该数值时，文件内容先写入缓存文件中。file-size-threshold 的默认值为 0，表示被上传的文件首先写入缓存文件中，当调用 Part 对象的 write 方法时，再将缓存文件中的内容输出到<location>标签指定的目录中。通常，缓存文件所在的位置由容器来设定。

（2）在指定 Servlet 类上标注 @MultipartConfig 注解

除了在 web.xml 中为 servlet 指定 multipart config，还可以通过在相应 Servlet 类上添加@MultipartConfig 注解的方式指定，比如对于示例代码 4-6 中的 BinaryServlet 来说，可以标注为以下形式：

```
01  @WebServlet ("/binary/servlet")
02  @MultipartConfig (location = "D:/upload")
03  public class BinaryServlet extends HttpServlet {
04     // 这里省略 BinaryServlet 类中的所有代码
05  }
```

在以上代码第 2 行，通过@MultipartConfig 注解为 BinaryServlet 指定了 multipart config，同时在@MultipartConfig 注解中还可以指定以下属性：

✧ location

该属性与<location>标签的作用相同。

✧ maxRequestSize

该属性与<max-request-size>标签的作用相同。

✧ maxFileSize

该属性与<max-file-size>标签的作用相同。

✧ fileSizeThreshold

该属性与<file-size-threshold>标签的作用相同。

不论是通过 web.xml 还是通过注解方式，只要为 Servlet 程序配置了 multipart config，则在相应的 Servlet 程序中就可以通过 HttpServletRequest 对象的 getPart 方法来获取 multipart/form-data 请求中所包含的各部分数据。

multipart/form-data 请求中所包含的每部分数据都会对应一个 Part 对象，通过该对象即可获取相应部分的数据以及与该部分数据有关的其他信息。

2. Part

Servlet 3.0 体系中提供了 javax.servlet.http.Part 接口用来表示 multipart/form-data 请求中所包含的每部分数据所对应的对象，比如示例代码 4-6 输出结果中的以下内容：

```
Content-Disposition: form-data; name="upfile"; filename="hello.txt"
Content-Type: text/plain

hello , servlet .
```

其中的 14 行和 15 行属于请求头数据，16 行是一个空行，空行之后即为该部分所包含的正式数据。为了方便描述，我们称这部分数据为正文数据。因为在通过 binary.html 提交数据时选择的是一个文本文件，因此，第 17 行即为该文件中所包含的内容（属于该部分的正文数据）。

在示例代码 4-6 的输出结果中，为了能够更直观地查看 multipart/form-data 请求中所包含数据，所以才将这部分数据转换为文本数据。当为 Servlet 程序配置了 multipart config 后，即可通过以下形式来获取该部分数据对应的 Part 对象：

```
Part part = request.getPart("upfile");
```

随后即可通过 Part 对象来获取该部分所包含的所有数据。

Servlet 3.1 中为 Part 接口定义了以下方法用于获取这些数据：

```
public Collection<String> getHeaderNames()
```

用于从该部分数据所包含的请求头中获取所有字段的名称组成的集合。

```
public String getHeader(String name)
```

用于从该部分数据所包含的请求头中获取指定字段名称对应的单个取值。

```
public Collection<String> getHeaders(String name)
```

用于从该部分数据所包含的请求头中获取指定字段名称对应的所有取值。

```
public String getName()
```

用于获取该部分数据对应的表单组件的名称。比如<input type="text" name="name">组件对应的名称为 name，而<input type="file" name="upfile">对应的名称则为 upfile。该名称与请求头中 content-disposition 字段取值中的 name="name"部分对应。

```
public String getSubmittedFileName()
```

该方法为 Servlet 3.1 新增方法，用于获取用户所上传文件的原始名称，与请求头中 content-disposition 字段取值中的 filename="hello.txt"部分对应。

```
public long getSize()
```

用于获取该部分数据中正文数据的大小，对于文件上传操作来说，就是获取用户所上传文件的大小。

```
public String getContentType()
```

用于获取该部分数据中正文数据的 MIME 类型，与请求头中的 content-type 字段对应。

```
public void write(String fileName) throws IOException
```

用于将该部分数据中的正文数据写入指定文件中，对于文件上传操作来说，就是将文件内容写入指定文件中。

```
public void delete() throws IOException
```

用于删除该部分数据对应的缓存文件。

```
public InputStream getInputStream() throws IOException
```

该方法用于返回一个字节输入流，通过该流可以读取该部分数据中的正文数据。

了解 Part 接口中各个方法的作用后，即可获取并处理 multipart/form-data 请求中所包含的各部分数据，在随后的两个小节中，将分别通过两个案例来讲解文件上传操作。

但是需要注意的是，使用 Part 对象不仅可以处理表单中<input type="file" >组件对应的数据，也可以处理<input type="text">等组件中的数据，前提是表单的 enctype 属性取值为 multipart/form-data。

4.4.3 单文件上传

首先，创建一个可以供用户选择的文件并提交的 single.html 页面，如示例代码 4-8 所示。

示例代码 4-8：

```
<!DOCTYPE html>

<html lang="en">
    <head>
        <meta charset="UTF-8">
        <title>单文件上传</title>
        <style type="text/css">
            .wrapper {
                display: block ;
                width: 80% ;
                margin: 30px auto ;
                border: 1px solid #dedede ;
                padding: 10px ;
            }
        </style>
    </head>
    <body>

        <div class="wrapper">
            <h5>单文件上传</h5>
            <form action="/req/upload/single"
                method="post"  enctype="multipart/form-data" >
                <input type="file" name="upfile">
                <input type="submit" value="上传">
            </form>
        </div>

    </body>
</html>
```

随后，创建一个用于接收用户所提交文件的 Servlet 类，如示例代码 4-9 所示。

示例代码 4-9：

```
package org.malajava.servlet;

import javax.servlet.*;
import javax.servlet.annotation.*;
import javax.servlet.http.*;
import java.io.*;

@WebServlet ("/upload/single")
@MultipartConfig (location = "D:/upload")
public class UploadSingleServlet extends HttpServlet {
```

```

    private static final long serialVersionUID = 5889143041235937485L;

    @Override
    protected void doGet(HttpServletRequest request , HttpServletResponse response)
            throws ServletException, IOException {
        throw new IllegalStateException("不支持 GET 方式上传文件");
    }

    @Override
    protected void doPost(HttpServletRequest request , HttpServletResponse response)
        throws ServletException, IOException {
        request.setCharacterEncoding("UTF-8");
        response.setCharacterEncoding("UTF-8");

        response.setContentType("text/html;charset=UTF-8");
        PrintWriter w = response.getWriter();

        Part part = request.getPart("upfile");

        if(part != null) {
            // Servlet 3.1 开始可以直接获取用户所上传文件的原始名称
            String filename = part.getSubmittedFileName();
            // 如果文件名称不为 null 并且不是空串
            if(filename != null && !filename.trim().isEmpty()) { // 注意 感叹号
                part.write(filename); // 将文件内容保存到约定位置
                w.println("<h1 style='text-align:center;'>");
                w.println("文件[ " + filename + " ]上传成功");
                w.println("</h1>");
                return;
            }
        }
        w.println("<h5 align='center'>上传失败</h5>");
    }

}
```

最后，重新启动服务器并在浏览器中访问 single.html 页面，并在该页面上选择需要上传的文件后单击上传。当文件提交到 Servlet 后，首先获取封装了该文件内容的 Part 对象，最后通过 Part 对象将文件内容写入 location 对应的目录下。

4.4.4 多文件上传

所谓多文件上传，就是在页面上一次选择多个文件并提交给 Servlet 程序。

这里首先创建一个可以选择多个文件的 multipart.html 页面，如示例代码 4-10 所示。

示例代码 4-10：

```
<!DOCTYPE html>

<html lang="en">
  <head>
      <meta charset="UTF-8">
      <title>多文件上传</title>
      <style type="text/css">
          .wrapper {
              display: block ;
              width: 80% ;
              margin: 30px auto ;
              border: 1px solid #dedede ;
              padding: 10px ;
          }
      </style>
  </head>
  <body>

     <div class="wrapper">
       <h5>多文件上传</h5>
       <form action="/req/upload/multipart"
             method="post"  enctype="multipart/form-data">
           <input type="file" name="upfile"> <br>
           <input type="file" name="upfile"> <br>
           <input type="file" name="upfile"> <br>
           <input type="submit" value="上传">
       </form>
     </div>

  </body>
</html>
```

随后，创建一个用于接收用户所提交文件的 Servlet 类，如示例代码 4-11 所示。

示例代码 4-11：

```
package org.malajava.servlet;

import java.io.*;
import java.util.*;

import javax.servlet.*;
import javax.servlet.annotation.*;
import javax.servlet.http.*;

@WebServlet ("/upload/multipart")
@MultipartConfig (location = "D:/upload")
```

```
public class UploadMultipartServlet extends HttpServlet{

 private static final long serialVersionUID = 1635772321809534023L;

 @Override
    protected void doGet(HttpServletRequest request , HttpServletResponse response)
            throws ServletException, IOException {
        throw new IllegalStateException("不支持 GET 方式上传文件") ;
    }

    @Override
    protected void doPost(HttpServletRequest request , HttpServletResponse response)
            throws ServletException, IOException {
        request.setCharacterEncoding("UTF-8");
        response.setCharacterEncoding("UTF-8");

        response.setContentType("text/html;charset=UTF-8");
        PrintWriter w = response.getWriter();

        Collection<Part> parts = request.getParts();

        if (parts != null && parts.size() > 0) {

            for (Part p : parts) {
                String filename = p.getSubmittedFileName();
                if(filename != null && ! filename.trim().isEmpty()) { //注意 感叹号
                    p.write (filename) ;
                }
            }

            w.println ("<h3>上传成功</h3>") ;
            return;
        }

        w.println ("<h3>上传失败</h3>") ;

    }

}
```

最后，重新启动服务器并在浏览器中访问 multipart.html 页面，在该页面上选择需要上传的文件后单击“上传”按钮，当文件提交到 Servlet 后，首先通过 HttpServletRequest 对象的 getParts 方法返回所有封装了各文件内容的 Part 对象组成的 Collection 集合，随后迭代该集合并将每个 Part 所封装的文件内容写入 location 对应的目录下。

4.5 思维梳理

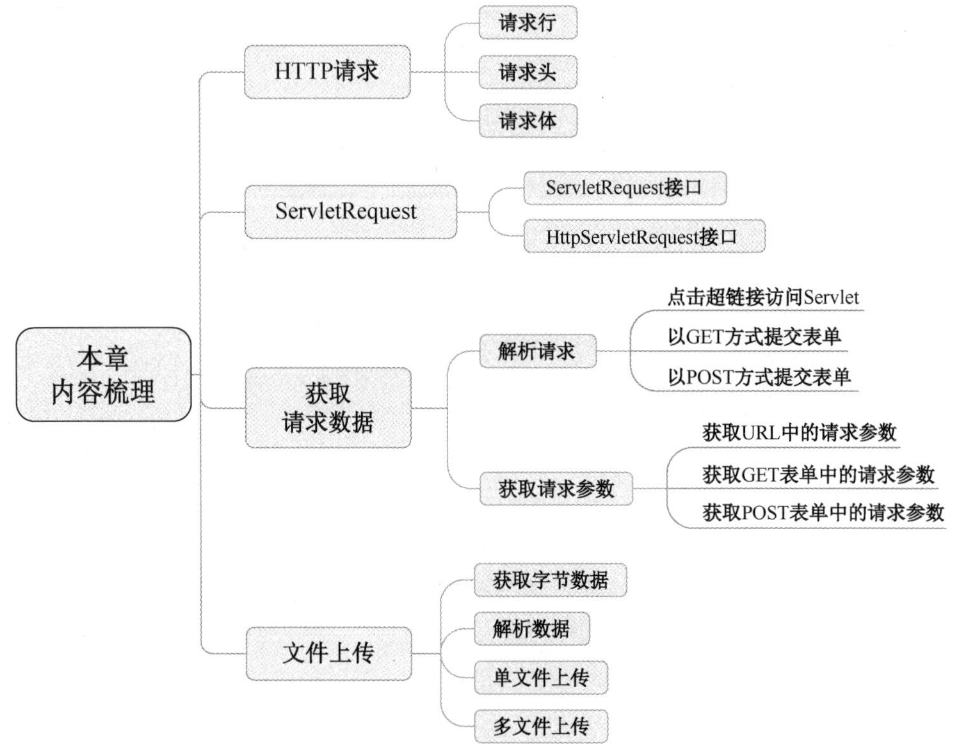

4.6 习题

（1）一个 HTTP 请求由哪几部分组成？

（2）HTTP 请求头的作用是什么？

（3）从请求报头中获取的数据与请求参数有什么联系？有什么区别？

（4）通过 URL 中的 queryString 传递参数与通过表单传递参数有何区别？

（5）采用 GET 方式提交表单与采用 POST 方式提交表单有何异同？

（6）尝试解释表单中 enctype 属性的作用。

（7）采用 GET 方式提交表单时，浏览器是否会采用 application/x-www-form-urlencoded 表单数据进行编码？

（8）简述 javax.servlet.Part 接口的作用。

（9）简述 multipart config 的配置方式和作用。

Servlet 响应

5.1 HTTP 响应

在超文本传输协议一节中，我们了解 HTTP 响应的构成，即：

```
状态行 （通用信息头|响应头|实体头） CRLF [实体]
```

通常，一个 HTTP 响应由状态行(起始行)、响应头(首部)、空行、响应体(实体)等四部分组成，图 5-1 中展示了这四个部分的组成结构。

起始行	协议/版本	空格	状态码	空格	原因短语	回车符	换行符
首部	字段名称	:	字段值			回车符	换行符
	…						
	字段名称	:	字段值			回车符	换行符
空行	回车符	换行符					
实体	数据块						

图 5-1 HTTP 响应报文的结构

本节内容将详细讲解 HTTP 响应的各个组成部分。

状态行

HTTP 响应报文的状态行是一个 HTTP 响应报文中的第一行，因此也被称作响应行（Response Line），其主要作用是用来说明响应协议、响应状态代码、原因短语，其一般形式为：

```
protocol  status-code  reason-phrase
```

比如：

```
HTTP/1.1  200  OK
```

其中：

- ✧ HTTP/1.1 表示本次响应是基于 HTTP 协议发送的
- ✧ 200 表示本次响应的状态代码
- ✧ OK 表示本次响应的原因短语(相当于本次响应的简单描述)

根据 HTTP 标准，HTTP 响应可以采用不同的状态代码和原因短语，但同一个 HTTP 请求只能采用一种状态代码和原因短语。

1. 状态代码

响应的状态代码反映服务器对请求的响应结果，客户端根据不同的状态代码做出不同的处理。在 HTTP 协议中定义了不同的数字来表示不同的响应状态：

```
100 ~ 199
```

表示请求已接收，继续处理。

```
200 ~ 299
```

表示请求已被成功接收、理解、接受。

```
300 ~ 399
```

重定向，要完成请求必须进行更进一步的操作。

```
400 ~ 499
```

表示客户端错误，请求有语法错误或请求无法实现。

```
500 ~ 599
```

表示服务器端错误，服务器未能实现合法的请求。

2. 常用状态码

常用状态码如下：

```
200 OK
```

客户端请求成功。

```
302 Found
```

客户端得到服务端 302 状态码后向服务端发出新的请求。

```
400 Bad Request
```

客户端请求有语法错误，不能被服务器所理解。

```
401 Unauthorized
```

请求未经授权。

```
403 Forbidden
```

服务器收到请求，但是拒绝提供服务。

```
404 Not Found
```

请求资源不存在，比如客户端输入的 URL 在服务器上不存在。

```
405 Method Not Allowed
```

请求行中指定的请求方法不能被用于请求相应的资源。

```
500 Internal Server Error
```

服务器发生不可预期的错误。

```
503 Server Unavailable
```

服务器不能处理客户端的请求，一段时间后可能恢复正常。

5.2 设置响应

Servlet 规范中定义了 ServletResponse 接口来表示响应类型，容器通过该类型的对象向客户端发送响应数据，因此所有需要向客户端发送的数据都要首先设置到 ServletResponse 对象中，再由 Servlet 容器将 ServletResponse 响应对象封装为 HTTP 响应并发送给相应的客户端。

实际应用中，使用较多的是 HttpServletResponse 接口，它是 ServletResponse 的子接口。本节将讲解如何通过 HttpServletResponse 类型的对象来向客户端发送数据。

5.2.1 设置状态

HttpServletResponse 接口中定义了以下方法来设置状态行中的数据：

```
public void setStatus (int statusCode)
public void sendError (int statusCode)  throws IOException
public void sendError (int statusCode , String reasonPhrase)  throws IOException
```

在 Servlet 3.0 规范中新增了以下方法用于获取状态代码：

```
public int getStatus() ;
```

接下来，我们通过两个实例来验证状态代码对响应的影响。

首先，创建一个名称为 resp 的动态 Web 工程，并在其 src 目录中创建 NormalStatusServlet 类，如示例代码 5-1 所示。

示例代码 5-1：NormalStatusServlet

```
package org.malajava.servlet;

import java.io.*;

import javax.servlet.*;
import javax.servlet.annotation.*;
import javax.servlet.http.*;

@WebServlet ("/normal/status")
public class NormalStatusServlet extends HttpServlet {

 @Override
 protected void service(HttpServletRequest request, HttpServletResponse response)
          throws ServletException, IOException {

     PrintWriter writer = response.getWriter();
     writer.println ("<h1 style='text-align : center ; '>") ;
     writer.println ("Normal Status : " + response.getStatus()) ;
     writer.println ("</h1>") ;

```

```
    }

}
```

随后将 resp 工程部署到 Tomcat 服务器中并启动服务器，通过浏览器访问以下地址：

```
http://localhost:8080/resp/normal/status
```

在浏览器窗口中可以查看到如图 5-2 所示的信息。

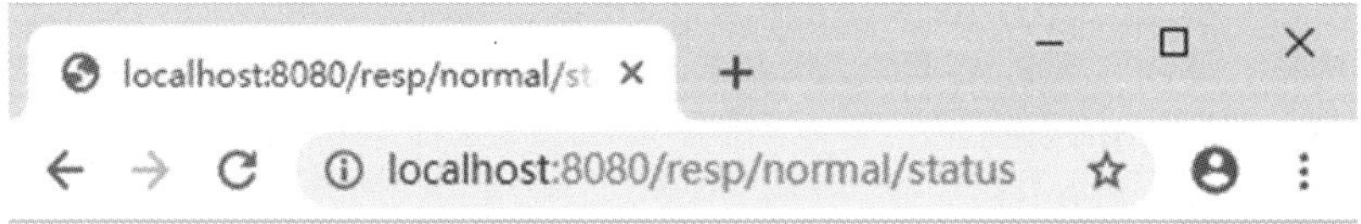

Normal Status : 200

图 5-2　在浏览器中访问 NormalStatusServlet 程序

随后，在 resp 工程的 src 目录下创建 ErrorStatusServlet 类，如示例代码 5-2 所示。

示例代码 5-2：ErrorStatusServlet

```
package org.malajava.servlet;

import java.io.*;

import javax.servlet.*;
import javax.servlet.annotation.*;
import javax.servlet.http.*;

@WebServlet ("/error/status")
public class ErrorStatusServlet extends HttpServlet {

 private static final long serialVersionUID = 1761262302649230152L;

 @Override
 protected void service(HttpServletRequest request,
HttpServletResponse response)
            throws ServletException, IOException {
        // 设置请求和响应的字符编码
        request.setCharacterEncoding ("UTF-8") ;
        response.setCharacterEncoding ("UTF-8") ;

        // 设置状态代码和原因短语
        response.sendError (404  , "禁止入内") ;

        // 获得输出流并输出字符数据
        PrintWriter writer = response.getWriter();
        writer.println ("<h1 style='text-align : center ; '>") ;
```

```
27          writer.println ("Error Status" ) ;
28          writer.println ("</h1>") ;
29
30          // 在控制台输出状态代码
31          System.out.println (response.getStatus()) ;
32
33      }
34
35  }
```

随后重新启动 Tomcat 服务器，并在浏览器中访问以下地址：

http://localhost:8080/resp/error/status

在浏览器窗口中可以查看到如图 5-3 所示的信息。

图 5-3 在浏览器中访问 NormalStatusServlet 程序

因为在 ErrorStatusServlet 类的第 22 行设置了响应状态代码和原因短语，因此，当访问“/resp/error/status”时，在浏览器窗口中才能看到 “HTTP Status 404–未找到”信息，同时能查看到在 sendError 方法中设置的消息：“禁止入内”。

而当 ErrorStatusServlet 类中不存在第 22 行的代码时（可以注释该行代码并重启服务器再访问），浏览器窗口中可以查看到如图 5-4 所示的信息。

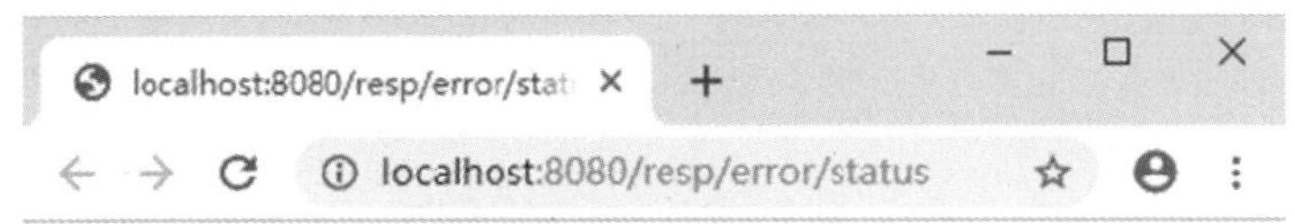

图 5-4 再次访问 ErrorStatusServlet 程序

在这里需要提醒部分读者，不要以为类名或 URL 中包含 error 单词就认为一定是错误的，浏览器最终显示什么消息取决于状态代码。

因为在 ErrorStatusServlet 类中第 22 行中存在以下代码：

```
response.sendError (404 , "禁止入内") ;
```

通过该行代码设置了响应状态代码和原因短语，因此当存在该行代码时，通过浏览器访问“/resp/error/status”时显示如图 5-3 所示的消息；而当不存在该行代码时，通过浏览器访问“/resp/error/status”时显示如图 5-4 所示的消息。

5.2.2 设置响应头

由 ServletResponse 接口中定义的用来设置响应报头的方法如下：

```
public void setContentType (String mimeType)
public void setContentLength (int length)
public void setContentLengthLong (long length)
```

其中，setContentLengthLong 方法是 Servlet 3.1 中新增的方法。

另外，在 HttpServletResponse 接口中定义了以下用来设置响应报头的方法：

```
public void setHeader (String name , String value)
public void addHeader (String name , String value)
public void setIntHeader (String name , int value)
public void addIntHeader (String name , int value)
public void setDateHeader (String name , long date)
public void addDateHeader (String name , long date)
public void addCookie (Cookie cookie)
```

从 Servlet 3.0 开始，HttpServletResponse 接口中新增了以下方法用来获取响应报头：

```
public Collection<String> getHeaderNames()
public String getHeader (String name)
public Collection<String> getHeaders (String name)
public boolean containsHeader (String name)
```

接下来，在 resp 工程的 src 目录下创建 ContentServlet 类，并在该类的 service 方法中，根据接收到的请求参数来设置响应头中 content-type 字段的值，其详细实现过程如示例代码 5-3 所示。

示例代码 5-3：

```
package org.malajava.servlet;
import java.io.IOException;
import java.io.PrintWriter;
import javax.servlet.ServletException;
import javax.servlet.annotation.WebServlet;
import javax.servlet.http.HttpServlet;
import javax.servlet.http.HttpServletRequest;
import javax.servlet.http.HttpServletResponse;
@WebServlet ("/content")
public class ContentServlet extends HttpServlet {
```

```
    private static final long serialVersionUID = 9239775557416267 48L;

    @Override
    protected void service(HttpServletRequest request, HttpServletResponse response)
            throws ServletException, IOException {

        // 设置请求和响应的字符编码
        request.setCharacterEncoding("UTF-8");
        response.setCharacterEncoding("UTF-8");

        // 获取请求参数
        String type = request.getParameter("type");

        if("text".equalsIgnoreCase(type)) {
            // 当 type 取值为 text 时，设置 content-type 字段为 text/plain
            response.setHeader("content-type" , "text/plain;charset=UTF-8");
        } else if( "html".equalsIgnoreCase(type)) {
            // 使用 setContentType 方法设置 content-type 字段的值
            response.setContentType("text/html;charset=UTF-8");
        }

        // 在设置 content-type 字段后获取字符输出流
        PrintWriter writer = response.getWriter();
        writer.println("<h1 style='text-align : center ; '>");
        writer.println("Hello , ContentServlet ." );
        writer.println("</h1>");

    }

}
```

随后，重新启动 Tomcat 服务器，并在浏览器地址栏中输入以下地址：

http://localhost:8080/resp/content？type=text

此时，在浏览器窗口中可以查看到如图 5-5 所示的信息。

图 5-5　当请求参数为 text 时 ContentServlet 的访问结果

然后在浏览器的地址栏中输入以下地址：

```
http://localhost:8080/resp/content? type=html
```

此时，在浏览器窗口中可以查看到如图 5-6 所示的信息。

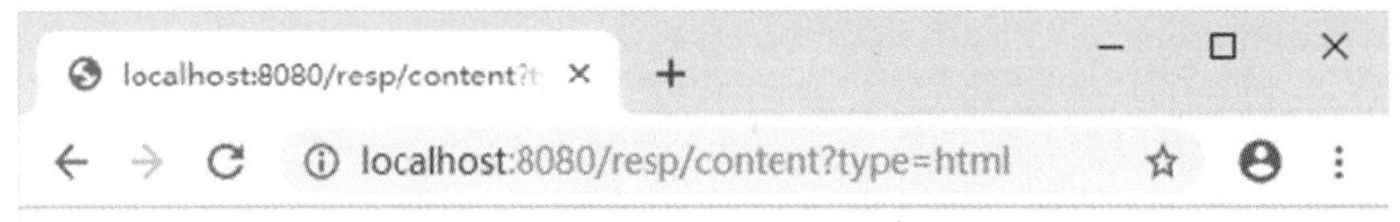

图 5-6　当请求参数为 html 时 ContentServlet 的访问结果

由该例可见，当响应头中 content-type 字段的取值不同时，浏览器对接收到的响应数据的处理方式也不相同。因此，当服务器期望客户端有什么行为时，可以通过设置响应头来向客户端（即浏览器）下达“命令”。

在示例代码 5-3 中，分别采用了两种方法来设置请求头中 content-type 字段的值：

```
response.setHeader（"content-type" , "text/plain;charset=UTF-8"）;
response.setContentType（"text/html;charset=UTF-8"）;
```

实际上，不论是 HTTP 响应头还是 HTTP 请求头，其中都包含名称为 content-type 的字段，该字段用来设置 HTTP 响应或 HTTP 请求中所包含数据的 MIME 类型。

所谓 MIME，即 Multipurpose Internet Mail Extensions，中文译作多用途互联网邮件扩展类型，它是用于描述消息内容类型的互联网标准。MIME 消息能包含文本、图像、音频、视频，以及其他应用程序专用的数据。对于包含在 HTTP 响应中的不同 MIME 类型的消息，浏览器的处理方式也不相同，这点在示例代码 5-3 中已经得到验证。

更多的 MIME 类型请参见附录 B（常用 MIME 类型）。

5.3　设置响应体

5.3.1　发送字符数据

在 5.2 节开始，我们已经知道容器通过 ServletResponse 对象向客户端发送响应数据，因此如果需要向客户端发送字符数据，必须首先将数据输出到 ServletResponse 对象中。

ServletResponse 接口中提供了用来获取字符输出流的方法：

```
public PrintWriter getWriter() throws IOException
```

通过该方法到字符输出流后，即可通过它向 ServletResponse 对象中输出字符数据。

在向 ServletResponse 对象中输出字符数据之前，还需要设置这些数据字符编码方案，因此 ServletResponse 接口中声明了以下方法：

```
public void setCharacterEncoding（String charset）
```

该方法用于显式设置向 ServletResponse 对象中所输出数据的字符编码方案。

在开发 Servlet 程序时，除了可以通过 setCharacterEncoding 方法来显式设置字符编码方案，还可以通过以下方法来隐式设置：

```
public void setLocale（Locale  locale）
```

该方法通过设置 Locale 对象的方式来设置响应对象中字符数据的字符编码方案。不同的 Locale 对象表示不同的国家或地区，而 Java 语言中为不同国家或地区提供了默认的字符编码方案，因此通过 setLocale 方法可以实现隐式设置字符编码方案。

在以上两种设置字符编码方案的方法中，显式设置优先于隐式设置，即当二者同时存在时，显式设置的字符编码方案会覆盖隐式设置的字符编码方案。在开发 Servlet 程序时，我们强烈建议采用 setCharacterEncoding 方法显式指定字符编码方案。

另外，所有向 ServletResponse 对象中输出的数据最终都会由容器封装成 HTTP 响应并发送给 Web 客户端程序（即浏览器），因此在向 ServletResponse 对象中输出前，理应设置这些数据的 MIME 类型，我们可以采用 setContentType 等方法来实现。

接下来，我们通过向客户端发送 HTML 文档的案例来说明这些方法的用法。

首先在 resp 工程中创建 ShowTimeServlet 类，其实现过程如示例代码 5-4 所示。

示例代码 5-4：

```
package org.malajava.servlet;

import java.io.*;
import java.time.LocalDateTime;
import java.time.format.DateTimeFormatter;

import javax.servlet.*;
import javax.servlet.annotation.*;
import javax.servlet.http.*;

@WebServlet ("/show/time")
public class ShowTimeServlet  extends HttpServlet {

 private static final long serialVersionUID = 1799515729868793359L;

 @Override
 protected void service(HttpServletRequest request,
HttpServletResponse response)
            throws ServletException, IOException {

        // 设置向 response 对象中输出的字符数据的字符编码方案
        response.setCharacterEncoding ("UTF-8") ;
        // 设置将来向 HTTP 客户端发送响应时响应数据的 MIME 类型
        response.setContentType ("text/html;charset=UTF-8") ;

        // 获得用于向 response 对象中输出数据的字符输出流
        PrintWriter w = response.getWriter();

        // 使用 JDK 1.8 提供的 LocalDateTime 获得当前时间
        LocalDateTime datetime = LocalDateTime.now();
        // 指定日期时间的模式
        String pattern = "G yyyy 年 MM 月 dd 日 E HH 点 mm 分 ss 秒 SSS 毫秒" ;
        // 创建日期时间解析/格式化器
```

```
        DateTimeFormatter formatter = DateTimeFormatter.ofPattern(pattern);
        // 使用 DateTimeFormatter 实例对日期时间进行格式化
        String str = formatter.format(datetime);

        w.println("<H3 style='text-align : center ;'>");
        w.println(str);
        w.println("<H3>");

    }

}
```

在示例代码5-4中使用了JDK 1.8 开始提供的LocalDateTime类来获取当前日期时间对应的Java对象，并通过DateTimeFormatter实例对日期时间进行格式化，最后再将格式化后的字符串输出到ServletResponse对象中。

创建好ShowTimeServlet类之后，重新启动Tomcat服务器，并在浏览器中输入以下地址来访问Servlet程序：

http://localhost:8080/resp/show/time

此时，在浏览器窗口中可以查看到如图5-7所示的信息。

图5-7　通过访问Servlet程序输出当前时间

最后要注意的是，不论是setContentType方法，还是setCharacterEncoding方法都必须在getWriter方法执行之前执行，否则这些设置将是无效的。

5.3.2　发送字节数据

ServletResponse 接口中除了提供用于获取字符输出流的方法，还提供了用于获取字节输出流的方法：

```
public ServletOutputStream getOutputStream() throws IOException
```

通过该方法返回的字节输出流可以向ServletResponse对象中输出字节数据。

与向ServletResponse对象中输出字符数据相同，在向ServletResponse对象中输出字节数据前，应该首先设置MIME类型。

1. 显示图片

接下来，我们通过读取磁盘上的图片并向ServletResponse对象输出图片中的字节数据来讲解该方法的应用，在resp工程中创建ShowImageServlet类，其实现过程如示例代码5-5所示。

示例代码 5-5：ShowImageServlet

```
01  package org.malajava.servlet;
02
03  import java.io.*;
04
05  import javax.servlet.*;
06  import javax.servlet.annotation.*;
07  import javax.servlet.http.*;
08
09  @WebServlet ("/show/image")
10  public class ShowImageServlet  extends HttpServlet {
11
12   private static final long serialVersionUID = 1799515729868793359L;
13
14   @Override
15   protected void service(HttpServletRequest request, HttpServletResponse response)
16           throws ServletException, IOException {
17
18       File fod = new File ("D:/map.jpg") ;
19       if (fod.exists() && fod.isFile()) {
20           InputStream in = new FileInputStream (fod) ;
21
22           // 设置将来向 HTTP 客户端发送响应时响应数据的 MIME 类型
23           response.setContentType ("image/jpeg") ;
24           OutputStream out = response.getOutputStream();
25           // 声明用来缓存从字节输入流中所读取到的有效字节的数组
26           final byte[] bytes = new byte[ 1024 ];
27           int n ; // 用来统计从字节输入流中读取到的有效字节数的变量
28
29           // 从字节输入流中读取字节到数组中并统计实际读取到的字节数
30           while ( (n = in.read (bytes) ) != -1) {
31               // 将读取到的有效字节写入字节输出流中
32               out.write (bytes , 0 , n) ;
33           }
34
35           // 关闭流
36           out.close();
37           in.close();
38
39       }
40
41   }
42  }
```

在 ShowImageServlet 中，第 20 行创建了用于读取 D:/map.jpg 图片的字节输入流，第 24 行用于获取字节输出流，在第 30 行到第 33 行则将读取到的字节数据通过字节输出流依次输出到 ServletResponse 对象中。等到所有操作完成后，再由容器将这些数据封装到 HTTP 响应中发送给 Web 客户端（通常是浏览器）。

因此，重启 Tomcat 服务器后，即可在浏览器中通过以下地址查看图片：

http://localhost:8080/resp/show/image

此时，在浏览器窗口中可以查看到如图 5-8 所示的信息。

图 5-8　通过访问 Servlet 程序来显示图片

在 ShowImageServlet 程序中，通过 ServletResponse 对象向 Web 客户端发送的是 jpg 格式的图片，因此将响应头中 content-type 字段的值设置为 image/jpeg，客户端（浏览器）接收到响应后，随即在浏览器窗口中以图片形式显示这些字节数据。

2. 下载图片

在示例代码 5-5 的 ShowImageServlet 中，我们实现了在线显示图片的功能。如果要实现图片下载功能，可以通过设置响应头中的 content-disposition 字段来“命令”浏览器将接收到的响应数据保存到本地磁盘中，而不是在浏览器中直接以图片形式显示。

响应头中 content-disposition 字段的默认值为 inline，表示浏览器在接收到响应数据后直接解析这些数据并在浏览器窗口中显示。如果期望浏览器保存这些数据而不是在浏览器窗口中显示这些数据，可以将 content-disposition 字段的值设置为 attachment，同时可以通过 filename 参数来设置被保存的文件名称：

```
    response.setHeader ("content-disposition" , "attachment;filename=" +
name) ;
```

这里的 name 用于指定由浏览器保存到客户端磁盘中的文件名称。

以下通过 DownloadImageServlet 类来演示图片下载功能，其详细实现过程如示例代码 5-6 所示。

示例代码 5-6：

```
package org.malajava.servlet;

```

```
import java.io.*;

import javax.servlet.*;
import javax.servlet.annotation.*;
import javax.servlet.http.*;

@WebServlet("/download/image")
public class DownloadImageServlet  extends HttpServlet {

  private static final long serialVersionUID = 1799515729868793359L;

 @Override
  protected void service(HttpServletRequest request,
HttpServletResponse response)
         throws ServletException, IOException {

 File fod = new File("D:/map.jpg");
 if(fod.exists() && fod.isFile()) {
     // 获取服务器上的原始文件名称
     String name = fod.getName() ;
     // 获取用于读取文件中数据的字节输入流
     InputStream in = new FileInputStream(fod);

     // 设置将来向 HTTP 客户端发送响应时响应数据的 MIME 类型
     response.setContentType("image/jpeg");
     response.setHeader("content-disposition" ,
"attachment;filename=" + name);
     OutputStream out = response.getOutputStream();

     // 声明用来缓存从字节输入流中所读取到的有效字节的数组
     final byte[] bytes = new byte[ 1024 ];
     int n ; // 用来统计从字节输入流中读取到的有效字节数的变量

     // 从字节输入流中读取字节到数组中并统计实际读取到的字节数
     while((n = in.read(bytes)) != -1) {
         // 将读取到的有效字节写入字节输出流中
         out.write(bytes , 0 , n);
     }

     // 关闭流
     out.close();
     in.close();

  }

   }

```

```
}
```

随后重新启动 Tomcat 并在浏览器中访问以下地址：

http://localhost:8080/resp/download/image

此时，在浏览器中不是直接显示图片内容，而是保存图片到本地磁盘中，如图 5-9 所示。

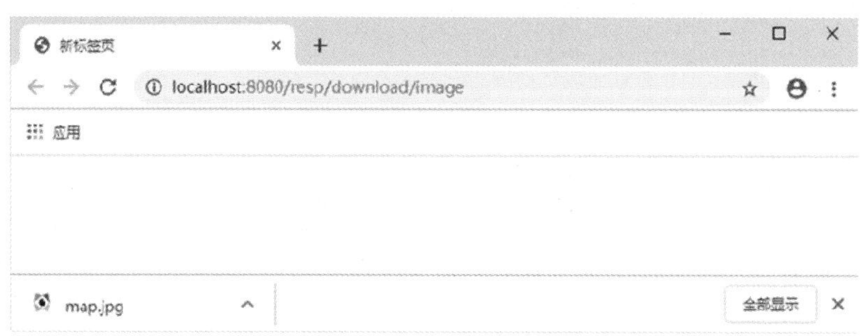

图 5-9　浏览器保存图片到本地磁盘中

在示例代码 5-6 中，向客户端发送的文件名称是纯英文字符组成的，如果其中含有中文字符，则需要将这些中文字符予以编码后再发送给客户端，可以通过以下代码来实现：

```
01   String name = fod.getName() ;
02   name = URLEncoder.encode (name , "UTF-8") ;
03   response.setHeader ("content-disposition" , "attachment;filename=" + name) ;
```

其中第 2 行代码，通过 java.net.URLEncoder 类的 encode 方法将文件名称（name）按照指定的字符编码方案（UTF-8）进行编码。

浏览器接收到响应后，会先将这些被编码过的中文字符对应的字符串进行解码，然后再以此为文件名称将响应数据保存到本地磁盘中，从而解决文件名称中的中文字符乱码问题。

另外，在较早期的 JSP 著作中，将 DownloadImageServlet 中的操作视为复制文件，这是严重错误的，原因就在于仅局限在本地机器进行操作，忽略了在网络环境下，可以通过浏览器访问远程主机。有条件的读者，可以在同一个局域网环境下，用另一台机器上的浏览器通过 IP 地址来访问自己机器上的 Servlet 程序，如果能正常访问则可以查看到从另外一个机器上下载下来的图片。

5.3.3　生成验证码图片

在 Web 开发中，经常会用到图片验证码，比如用户登录、用户注册、修改密码等操作中均可能使用到验证码，合理地使用验证码可以有效地区别人类操作和机器操作。

验证码(CAPTCHA)的全称为“Completely Automated Public Turing test to tell Computers and Humans Apart”，翻译成中文就是“全自动区分计算机和人类的图灵测试”，是一种用于区分用户是计算机还是人的公共全自动程序。

验证码可能以图片、手机短信、手机语音、视频等形式存在，本节主要讲解图片验证码的生成方式以及向 Web 客户端的发送方式。

1. 创建图片

尽管 Java 语言中提供了操作图片的支持，但绝大多数人对这部分是比较陌生的。这一小节中我们将简单介绍操作图片的基础知识，并以此为基础封装一个用于产生验证码图片的工具类。但对于 Java 语言中读写图片的知识，我们不做深入讲解，有兴趣的同学可以自行研究。

首先创建一个 GraphicHelper 类，其基本结构如下：

```
package org.malajava.support;
public final class GraphicHelper {
}
```

接下来我们将分步骤在其中添加用于产生验证码图片的代码。

（1）读取字典文件

首先在 GraphicHelper 类中声明一个静态字段：

```
private static final String DICTIONARY;
```

该字段中存储的字符用来随机产生汉字验证码。

随后在 GraphicHelper 类中声明 readDictionary 方法，用来读取类路径根目录下指定文件中的内容：

```
private static StringBuffer readDictionary(String filename) {
 // 获取一个输入流，用于从类路径的根目录中读取指定名称的文件
 InputStream input = GraphicHelper.class.getResourceAsStream("/" + filename);
 // 使用当前默认字符编码方案将字节输入流包装成字符输入流
 InputStreamReader reader = new InputStreamReader(input);
 // 将字符输入流包装成字符缓冲输入流
 BufferedReader br = new BufferedReader(reader);
 // 创建字符串缓冲区用于缓存文件中的字符
 StringBuffer buffer = new StringBuffer();
 String s = null ;
 try {
     // 从字符流中逐行读取字符数据
     while ( (s = br.readLine()) != null) {
         // 判断当前行是否为空白行
         if (!(s = s.trim()).isEmpty()) {
             buffer.append(s); //若当前行不为空白行，则将其添加到字符缓冲区
         }
     }
     br.close(); // 关闭字符缓冲流
     reader.close(); // 关闭字符转换流
     input.close(); // 关闭字节输入流
 } catch (IOException e) {
     e.printStackTrace();
 }
 return buffer ;
```

```
}
```

而当指定的文件中不存在任何内容时，则需要指定默认的字符串作为字典数据来使用，因此，在 GraphicHelper 类中添加以下静态代码块：

```
01  static {
02   StringBuffer buffer = readDictionary ("dictionary.txt" ) ;
03   if (buffer == null || buffer.length() == 0) {
04       // Unicode 编码所表示的字符串内容为：落霞与孤鹜齐飞
05       buffer.append ("\u843d\u971e\u4e0e\u5b64\u9e5c\u9f50\u98de");
06       // Unicode 编码所表示的字符串内容为：秋水共长天一色
07       buffer.append("\u79cb\u6c34\u5171\u957f\u5929\u4e00\u8272");
08   }
09   DICTIONARY = buffer.toString() ;
10  }
```

这里使用 readDictionary 方法读取类路径根目录下名称为 dictionary.txt 的文本文件中的内容，因此我们在 resp 工程的 src 目录下创建名称为 dictionary.txt 的文件，其中内容可以任意给定，这里给定的内容如下：

豫章故郡洪都新府星分翼轸地接衡庐襟三江而带五湖控蛮荆而引瓯越
物华天宝龙光射牛斗之墟人杰地灵徐孺下陈蕃之榻
雄州雾列俊采星驰台隍枕夷夏之交宾主尽东南之美
都督阎公之雅望棨戟遥临宇文新州之懿范襜帷暂驻
十旬休假胜友如云千里逢迎高朋满座腾蛟起凤孟学士之词宗
紫电青霜王将军之武库家君作宰路出名区童子何知躬逢胜饯
时维九月序属三秋潦水尽而寒潭清烟光凝而暮山紫
俨骖騑于上路访风景于崇阿临帝子之长洲得天人之旧馆
层峦耸翠上出重霄飞阁流丹下临无地
鹤汀凫渚穷岛屿之萦回桂殿兰宫即冈峦之体势
披绣闼俯雕甍山原旷其盈视川泽纡其骇瞩
闾阎扑地钟鸣鼎食之家舸舰弥津青雀黄龙之舳
云销雨霁彩彻区明落霞与孤鹜齐飞秋水共长天一色
渔舟唱晚响穷彭蠡之滨雁阵惊寒声断衡阳之浦
遥襟甫畅逸兴遄飞爽籁发而清风生纤歌凝而白云遏
睢园绿竹气凌彭泽之樽邺水朱华光照临川之笔
四美具二难并穷睇眄于中天极娱游于暇日
天高地迥觉宇宙之无穷兴尽悲来识盈虚之有数
望长安于日下目吴会于云间地势极而南溟深天柱高而北辰远
关山难越谁悲失路之人萍水相逢尽是他乡之客怀帝阍而不见奉宣室以何年

需要注意，所有存在于 src 目录下的文本文件，除了.java 文件，在项目部署后都会被复制到该项目对应的类路径下，因此我们程序中读取的是类路径下的文件而不是 src 目录下的文件。

正如静态代码中第 3 行所判断的，当 dictionary.txt 文件中内容为空时，则使用默认的字符串当作字典来使用（通过第 5 行和第 7 行代码来添加）。

（2）随机产生字符串

为了能够随机产生字符串，首先在 GraphicHelper 类中创建一个随机数产生器：

```
private static final Random RANDOM = new Random() ;
```

为了能够保存随机产生的字符串内容，我们需要在 GraphicHelper 类中声明一个字符串缓冲区：

```
private static final StringBuffer BUFFER = new StringBuffer() ;
```

然后在 GraphicHelper 类中声明一个 exists 方法，该方法用来判断字符串缓冲区中是否包含指定的字符：

```
private static boolean exists (int n , char ch) {
 for (int j = 0 ; j < n ; j++)  {
     char t = BUFFER.charAt (j)  ;
     if (t == ch)  {
         return true ;
     }
 }
 return false ;
}
```

该方法用于判断参数指定的字符 ch 是否存在于字符缓冲区的前 n 个字符中，若字符串缓冲区前 n 个字符中存在指定字符则返回 true，否则返回 false。

然后在 GraphicHelper 类中声明一个 characters 方法：

```
private static final String characters (final int n) {
 // 将缓冲区长度修改为零(为即将缓冲字符数据作准备)
 BUFFER.setLength (0) ;
 for (int i = 0 ; i < n ; i++) {
     char ch = DICTIONARY.charAt (RANDOM.nextInt (DICTIONARY.length()) ) ;
     // 检查本次产生的字符在字符缓冲区的前 i 个字符中是否存在
     if (exists (i , ch) )  {
         i-- ; // 如果缓存区已经存在 ch 字符，则控制循环重新生成字符
     } else {
         // 如果缓存区中不存在字符，则将 ch 字符添加到缓冲区中
         BUFFER.append (ch) ;
     }
 }
 return BUFFER.toString() ;
}
```

其中，参数 n 用于控制验证码字符串中的字符个数。

另外，为了能够产生纯英文字符组成的验证码字符串，这里在 GraphicHelper 类中额外封装了一个 letters 方法：

```
private static final String letters (final int n) {
 BUFFER.setLength (0) ;
 for (int i = 0 ; i < n  ; i++) {
     int s = RANDOM.nextBoolean() ? 'A' : 'a' ;
     int x = RANDOM.nextInt (26) ;
     char ch = (char) (s + x) ;
```

```
        // 检查本次产生的字符在字符缓冲区的前 i 个字符中是否存在
        if (exists (i , ch) ) {
            i-- ; // 若 ch 字符已经存在，则控制循环重新生成字符
        } else {
            // 若缓存区前 i 个字符中不存在 ch 字符，则将其添加到缓冲区中
            BUFFER.append (ch) ;
        }
    }
    return BUFFER.toString() ;
}
```

该方法实现的功能，完全可以借助于 characters 来完成。

（3）绘制字符

为了在图片上绘制字符，我们需要添加绘制字符的方法。

首先在 GraphicHelper 类中添加表示字体颜色的 Color 数组：

```
    private static final Color[]  FONT_COLORS  =
                        { Color.BLUE,Color.MAGENTA,Color.RED,
Color.BLACK,Color.ORANGE  } ;
```

另外，为了旋转验证码图片上的字符，这里额外定义一个 180 度对应的浮点数作为参考，以便于旋转字符时使用：

```
    private static final double DEGREES = Math.PI / 180 ;
```

然后在 GraphicHelper 类中添加 drawCharacters 方法：

```
private static final String drawCharacters (final Graphics graphic ,
                                              final int width ,
                                              final int height) {
    String s = "" ;
    Graphics2D g = (Graphics2D) graphic ;
    // 获取字符个数
    final int n = BUFFER.length();
    // 以"画板"高度的六分之一为图片内边距(每条边)
    final int padding = height / 6 ;
    // 计算每个字符所占的宽度
    final int w = (width - padding * 2) / n ;
    // 计算每个字符所占的高度
    final int h = height - padding * 2 ;
    // 计算单个字符所占宽度的中心位置(水平)
    final int m = w / 2 ;
    // 每个字符所占高度的一半即为中心位置
    final int y = h / 2 ;
    //在 "画板"上绘制字母
    for (int i = 0 ; i < n ; i++) {
        // 获取单个字符
        char temp = BUFFER.charAt (i)  ;
        int index = RANDOM.nextInt (FONT_COLORS.length)  ;
        // 随机选择一个颜色设置为当前字符的颜色
        g.setColor (FONT_COLORS[ index ]) ;
        // 计算即将显示的字符的中心位置(水平)
```

```
        int x = padding + w * (i + 1) - m ;
        // 设置字体旋转角度
         double deg = RANDOM.nextInt() % 30 * DEGREES ;
         // 正向角度旋转绘制的字符
         g.rotate (deg , x ,  y) ;
        // 绘制字符
        g.drawString (temp + "" ,  padding + w * i , h) ;
        // 反向角度旋转绘制的字符
         g.rotate (-deg , x , y) ;
    }
    s = BUFFER.toString() ;
    return s ;
}
```

以上方法中，参数 graphic 用来指定画笔(即绘图工具)，width 和 height 用于设定所绘制图片的宽度和高度。

（4）绘制干扰线

通常，在验证码图片上还存在一些干扰码，用于提高人类和机器的识别率，因此我们还要添加绘制干扰线的方法。

首先在 GraphicHelper 类中添加表示干扰线颜色的 Color 数组：

```
    private static final Color[] INTERFERE_COLORS =
                { Color.LIGHT_GRAY , Color.GRAY , Color.DARK_GRAY ,
Color.PINK  } ;
```

然后在 GraphicHelper 类中添加 drawInterfere 方法：

```
private static final void drawInterfere (final Graphics graphic ,
                                         final int width ,
                                         final int height ,
                                         final int length ,
                                         final int n)  {
 // 在 "画板"上生成干扰线条
 for (int i = 0; i < n ; i++) {
     int index = RANDOM.nextInt (INTERFERE_COLORS.length)  ;
     graphic.setColor (INTERFERE_COLORS[ index ]) ;
     final int x = RANDOM.nextInt(width);
     final int y = RANDOM.nextInt(height);
     final int w = RANDOM.nextInt(length);
     final int h = RANDOM.nextInt(length);
     final int signA = RANDOM.nextBoolean() ? 1 : -1;
     final int signB = RANDOM.nextBoolean() ? 1 : -1;
     graphic.drawLine(x, y, x + w * signA, y + h * signB);
 }
}
```

其中：

参数 graphic 用于指定画笔(即绘图工具)，用于绘制干扰线。

参数 width 和 height 用于指定验证码图片的宽度和高度，用来控制干扰线在验证码图片上的位置。

参数 length 用于指定干扰线在水平方向的宽度和竖直方向的高度，干扰线的最终长度由随机数来确定。

最后一个参数 n 用来控制干扰线的个数，数值越大干扰线越多，机器越难以识别。

（5）创建图片

在前面所有的准备工作完成后，就可以创建验证码图片了。为了能够控制验证码图片上字符的字体，这里在 GraphicHelper 类中定义两个常量：

```
private static final Font ENGLISH_FONT = new Font（"Arial" , Font.PLAIN , 30） ;
private static final Font SINAEAN_FONT = new Font（"宋体" , Font.PLAIN , 30） ;
```

其中的 ENGLISH_FONT 用来设置英文字体，而 SINAEAN_FONT 则用来设置中文字体。

然后，再定义一个表示验证码图片背景颜色的常量：

```
private static final Color BACKGROUND_COLOR = Color.getColor（"F8F8F8"） ;
```

最后，在 GraphicHelper 类中添加一个 create 方法：

```
public static final String create（final int n ,
                               boolean isSinaean ,
                               final int width ,
                               final int height,
                               OutputStream output ,
                               final int interfere） {
 // 创建"画板"
 BufferedImage image = new BufferedImage（width , height , BufferedImage.TYPE_INT_RGB） ;
 // 获取"画笔"
 Graphics graphic = image.getGraphics();
 // 设置"画板"背景色
 graphic.setColor（BACKGROUND_COLOR）;
 // 填充整个"画板"
 graphic.fillRect（0 , 0 , width , height）;
 // 设置字体样式（中文使用 SINAEAN_FONT ，英文使用 ENGLISH_FONT）
 graphic.setFont（isSinaean ? SINAEAN_FONT : ENGLISH_FONT）;
 // 生成图片上所显示的字符对应的字符串
 String code = isSinaean ? characters（n） : letters（n） ;
 // 绘制字符
 drawCharacters（graphic , width , height）;
 // 绘制干扰线
 drawInterfere（graphic , width , height , 30 , interfere）;
 graphic.dispose();
 try{
     // 将 image 中包含的图片数据以 jpeg 格式写入指定的字节输出流中
     ImageIO.write(image,"JPEG",output);
 }catch(IOException e){
     e.printStackTrace();
 }
 return code ;
 }
```

在该方法中：

第一个参数 n 用来控制字符个数。

第二个参数 isSinaean 用来控制是否是中文字符组成的验证码图片，true 表示中文，false 表示英文。

第三个参数 width 和第四个参数 height 用来设置验证码图片的宽度和高度。

第五个参数 ouput 用来设置验证码图片的输出位置。

第六个参数 interfere 用来控制验证码图片上字符的个数。

最后，该方法的返回值用来表示验证码图片上的字符串。

（6）测试

所有准备工作就绪后，在 GraphicHelper 类中添加 main 方法，其中内容如下：

```
01  public static void main(String[] args) throws Exception {
02   OutputStream output = new FileOutputStream ("D:/character.jpg") ;
03   String code = GraphicHelper.create (4 , true , 180 , 50 , output  ,
50);
04   System.out.println ("中文验证码图片上的内容: " + code ) ;
05   output.close();
06
07   output = new FileOutputStream ("D:/letter.jpg") ;
08   code = GraphicHelper.create (6 , false , 180 , 50 , output  , 50);
09   System.out.println ("英文验证码图片上的内容: " + code ) ;
10   output.close();
11  }
```

随后，直接运行 main 方法即可在 D 盘根目录下产生两幅图片，图片上内容与第 4 行和第 9 行输出的内容相同。

2. 创建 Servlet 程序

封装好创建验证码图片的工具类后，即可创建 Servlet 程序来向 Web 客户端发送验证码图片了，接下来在 resp 工程的 src 目录下创建 CaptchaServlet 类，其详细实现过程如示例代码 5-7 所示。

示例代码 5-7：

```
package org.malajava.servlet;

import java.io.*;

import javax.servlet.*;
import javax.servlet.annotation.*;
import javax.servlet.http.*;

import org.malajava.support.GraphicHelper;

@WebServlet ("/captcha/*")
public class CaptchaServlet extends HttpServlet {

 private static final long serialVersionUID = 2579498403107735984L;

```

```
    @Override
    protected void service(HttpServletRequest request, HttpServletResponse response)
            throws ServletException, IOException {
        // 设置 MIME 类型
        response.setContentType ("image/jpeg") ;
        // 获取字节输出流
        OutputStream output = response.getOutputStream();
        // 使用工具类产生图片验证码
        String code = GraphicHelper.create (4 , true , 180 , 50 , output, 50) ;
        // 输出验证码图片上的字符串
        System.out.println ("图片内容: " + code) ;
    }

}

```

随后重新启动 Tomcat 并在浏览器中输入以下地址：

http://localhost:8080/resp/captcha

此时，在浏览器窗口中的显示效果如图 5-10 所示。

图 5-10　通过访问 Servlet 程序来创建验证码图片

至此，我们已经可以通过 Servlet 程序向 Web 客户端输出验证码图片了。

3．使用验证码图片

接下来我们介绍如何在 HTML 页面上使用验证码图片。

（1）在表单中嵌入图片

在 resp 工程的 WebContent 目录下创建 sign-up.html 页面，在表单嵌入验证码图片，其内容如示例代码 5-8 所示。

示例代码 5-8：

```
<!DOCTYPE html>

<html>
 <head>
     <meta charset="UTF-8">
     <title>使用验证码图片</title>

     <style type="text/css">
```

```
09          .wrapper { display : block ;  width : 80% ; margin : auto ; overflow: hidden ; }
10          .form { border-radius: 5px ; box-shadow: 0 0 5px 4px #dedede ; }
11          .form .row { margin: 5px ; border-bottom: 1px solid #dedede ;  }
12          .form .row>* { float : left ; height : 50px ; width : 50% ; text-align:center ; }
13         .form .row input { width : 80% ; line-height : 50px ; border:none; outline: none; }
14          .form .row img { width : 80% ; height : 50px ; border:none; outline: none; }
15         </style>
16    </head>
17    <body>
18
19       <div class="form wrapper">
20       <form action="">
21           <div class="row">
22               <span>
23                   <input type="text" name="code" placeholder="请输入验证码">
24              </span>
25              <span>
26                  <img src="/resp/captcha" alt="验证码" >
27              </span>
28           </div>
29       </form>
30       </div>
31
32    </body>
33   </html>
```

在示例代码 5-8 中，第 26 行通过 img 标签嵌入了验证码图片，在 img 标签的 src 属性中指定了 Servlet 程序对应的 url-pattern，因此当在浏览器中访问该页面时，表单中即可显示由 Servlet 程序产生的验证码图片，如图 5-11 所示。

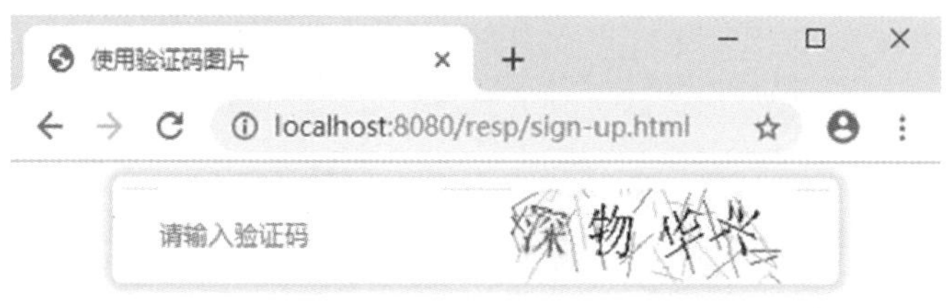

图 5-11　表单中的验证码图片

（2）刷新验证码图片

对于 sign-up.html 页面上的验证码图片来说，每次刷新 sign-up.html 页面即可导致验证码图片被刷新，而实际上，应该是单击验证码图片时就刷新图片，而不是通过刷新整个页面的方式来刷新验证码图片。

为了实现单击验证码图片后的自动刷新功能，我们可以在示例代码 5-8 中的第 31 行插入以下代码：

```
<script type="text/javascript">
    (function(){
      // 使用选择器选择页面上的单个 img 元素
      var image = document.querySelector(".form .row img");
      // 如果已经选中 img 元素
      if(image){

          // 为验证码图片提供鼠标悬停时的提示信息
          image.setAttribute("title" , "单击刷新");

          // 声明单击事件对应的监听器函数
          var listener = function(){
              // 使用当前时间重新组合 URL
              var url = "/resp/captcha/" + Date.now();
              // 为 img 元素重新设置 src 属性的值
              image.setAttribute("src" , url);
          };

          // 为 image 绑定单击事件监听器
          image.addEventListener("click" , listener , false);
      }
    })();
</script>
```

添加以上代码后，即可在浏览器中刷新 sign-up.html 页面，随后即可通过单击验证码图片的方式来刷新图片。

5.4 思维梳理

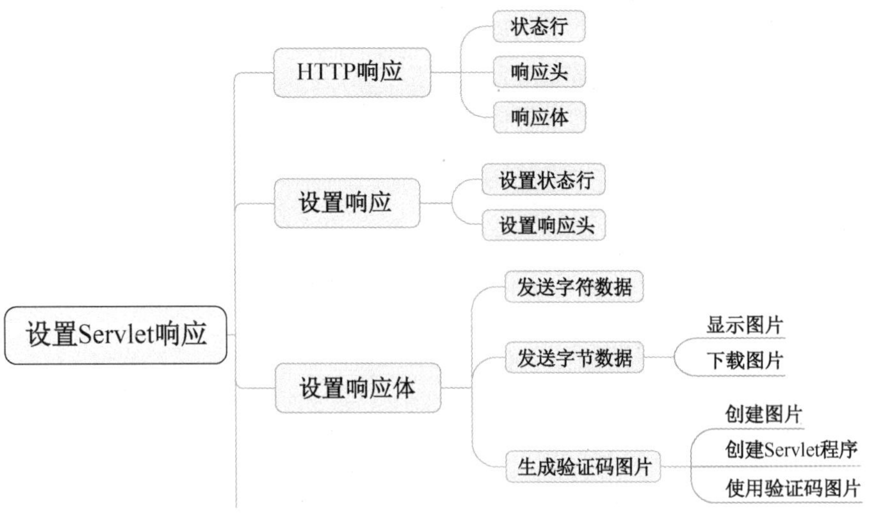

5.5 习题

（1）一个 HTTP 响应由哪些组成部分？

（2）HTTP 响应中的状态代码有何作用？

（3）HTTP 响应头的作用是什么？

（4）在同一个 Servlet 中，如果已经通过 response.getWriter()获得字符输出流，是否仍然可以通过 response.getOutputStream() 获得字节输出流？

（5）响应头中的 content-type 字段与 content-disposition 字段有何联系？

（6）重定向的实现原理是什么？

（7）为什么使用 POST-Redirect-GET 模式？

第 6 章

访问数据库

6.1 数据库基础

6.1.1 管理数据库

本书中所有的数据库均采用 MySQL 来进行管理，读者需要提前具备 MySQL 操作的相关知识。

1. 查看数据库

（1）查看所有数据库

在 MySQL 中查看数据库使用 show 命令来实现，其使用方法为：

```
SHOW DATABASES ;
```

同时，对于 root 用户来说，可以查看到所有用户的所有数据库；而对于其他用户来说，则只能看到该用户拥有操作权限的数据库。

示例: 以 root 用户登录 MySQL 数据库后，查看所有数据库。

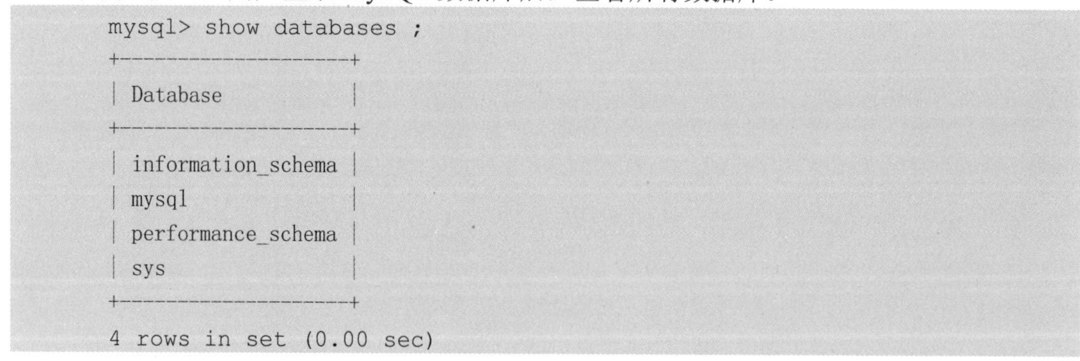

```
mysql> show databases ;
+--------------------+
| Database           |
+--------------------+
| information_schema |
| mysql              |
| performance_schema |
| sys                |
+--------------------+
4 rows in set (0.00 sec)
```

由以上查询结果可以知道，在安装完 MySQL 数据库后，默认提供了 4 个数据库。MySQL 通过这 4 个数据库来管理数据库中的各种对象(比如用户、表、视图、触发器等)，对于这 4 个数据库，我们尽量不要做任何修改。

（2）查看创建数据库时指定的相关信息

在后续使用数据库的过程中，可能需要查看创建数据库时指定的相关信息，可以通过

show create database 命令来查看，其使用形式为：

```
SHOW  CREATE  DATABASE  databaseName ;
```

其中 databaseName 是数据库名称。

比如，查看创建名称为 mysql 的数据库信息：

```
mysql> show create database mysql ;
+----------+------------------------------------------------------------------+
| Database | Create Database                                                  |
+----------+------------------------------------------------------------------+
| mysql    | CREATE DATABASE `mysql` /*!40100 DEFAULT CHARACTER SET latin1 */ |
+----------+------------------------------------------------------------------+
1 row in set (0.00 sec)
```

由以上查询结果可以确定名称为 mysql 的数据库所采用的字符集编码方案为 latin1。

2. 创建数据库

在 MySQL 中创建数据库的语法为：

```
CREATE  DATABASE  databaseName  [ CHARACTER  SET  charsetName ] ;
```

其中：

- CREATE DATABASE 是 MySQL 中用以创建数据库的命令
- databaseName 是新创建的数据库的名称
- CHARACTER SET 用于指定新数据库的字符集编码方案

示例一：创建一个名称为 hello 的数据库。

```
mysql> create database hello ;
Query OK, 1 row affected (0.00 sec)
```

示例二：创建 malajava 数据库并指定其字符集编码方案。

```
mysql> create database malajava character set utf8 ;
Query OK, 1 row affected (0.00 sec)
```

创建数据库后，即可通过 show databases 来查看到新创建的数据库：

```
mysql> show databases ;
+--------------------+
| Database           |
+--------------------+
| hello              |
| information_schema |
| malajava           |
| mysql              |
| performance_schema |
| sys                |
+--------------------+
4 rows in set (0.00 sec)
```

查看创建 hello 数据库时指定的相关信息：

```
mysql> show create database hello ;
+----------+------------------------------------------------------------------+
| Database | Create Database                                                  |
+----------+------------------------------------------------------------------+
```

```
| hello    | CREATE DATABASE `hello` /*!40100 DEFAULT CHARACTER SET latin1 */ |
+----------+------------------------------------------------------------------+
1 row in set (0.00 sec)
```

查看创建 malajava 数据库时指定的相关信息：

```
mysql> show create database malajava ;
+----------+---------------------------------------------------------------------+
| Database | Create Database                                                     |
+----------+---------------------------------------------------------------------+
| malajava | CREATE DATABASE `malajava` /*!40100 DEFAULT CHARACTER SET utf8 */ |
+----------+---------------------------------------------------------------------+
1 row in set (0.00 sec)
```

通过对比 hello 数据库和 malajava 数据库的字符集编码方案可以确定，创建新数据库时，如果没有显式指定数据库的字符集编码方案，则 MySQL 会默认采用 latin1 ，因此在创建数据库时，我们建议显式指定数据库的字符集编码方案。

另外注意，在 MySQL 中使用 UTF-8 编码时，统一使用 UTF-8 的别名，即 UTF8。

3. 选择数据库

（1）选择数据库

选择数据库也被称作连接数据库或打开数据库，使用 USE 命令：

```
USE databaseName ;
```

其中 databaseName 为被选择的数据库名称。比如，选择 malajava 数据库：

```
mysql> use  malajava ;
Database changed
```

只有在选择一个数据库后，才能（在被选择的数据库中）执行创建表、创建视图等操作。

（2）查看当前数据库

查看当前正在操作的数据库（当前已经选择的数据库），使用以下方式：

```
SELECT database() ;
```

示例：

```
mysql> select database() ;
+------------+
| database() |
+------------+
| malajava   |
+------------+
1 row in set (0.00 sec)
```

只有显式使用 use 命令选择一个数据库后，才能使用 select database()查看被选中的数据库，否则 MySQL 会返回 null ：

```
mysql> select database() ;
+------------+
| database() |
+------------+
| NULL       |
+------------+
```

```
1 row in set (0.00 sec)
```

4．删除数据库

当确定某个数据库不再被使用时，可以删除该数据库，删除数据库的语法为：

```
DROP  DATABASE  databaseName ;
```

其中 databaseName 为被删除的数据库名称。比如，删除名称为 hello 的数据库：

```
mysql> drop database hello ;
Query OK, 0 rows affected (0.01 sec);
```

删除数据库后，数据库中的表、视图等数据库对象都将被删除。

6.1.2 管理表

1．查看表

（1）查看当前数据库中的表

选择数据库后，即可查看该数据库中所包含的表，使用以下命令：

```
SHOW  TABLES ;
```

比如，查看当前已经选中的 malajava 数据库中的所有表：

```
mysql> show tables ;
Empty set (0.00 sec)
```

因为 malajava 数据库是新创建的，所以在该数据库中不存在任何表。当数据库中没有表时，MySQL 数据库会提示 Empty set。

另外需要注意，必须先选中一个数据库后才可以查看该数据库中所包含的表，否则 MySQL 会提示：

```
mysql> show tables ;
ERROR 1046 (3D000): No database selected
```

（2）查看表结构

选择数据库后，可以通过 describe 命令查看当前数据库中各个表的表结构：

```
DESCRIBE  tableName ;
```

其中，DESCRIBE 可以缩写为 desc ，比如查看当前数据库中 t_students 表的表结构：

mysql> desc t_students ;

```
+-------+-------------+------+-----+---------+-------+
| Field | Type        | Null | Key | Default | Extra |
+-------+-------------+------+-----+---------+-------+
| id    | int(10)     | NO   | PRI | NULL    |       |
| name  | varchar(20) | YES  |     | NULL    |       |
+-------+-------------+------+-----+---------+-------+
2 rows in set (0.01 sec)
```

2．创建表

（1）使用 create table 创建表

选择数据库之后，可以通过 CREATE TABLE 命令来创建数据库表，其用法如下：

```
CREATE  TABLE  表名（列名 数据类型(宽度) 约束 , ... ） ;
```

比如，在当前数据库中创建 t_students 表：

```
mysql> create table t_students(id int(10) primary key , name varchar(20)) ;
Query OK, 0 rows affected (0.05 sec)
```

在 MySQL 数据库中，定义了大量的数据类型，表 6-1 展示了 MySQL 中常见的数据类型。

表 6-1　MySQL 中常见的数据类型

类型	描述
SMALLINT	小的整数。带符号的整数范围是-32768 到 32767。无符号的整数范围是 0 到 65535
MEDIUMINT	中等大小的整数。带符号的中等大小的整数范围是-8388608 到 8388607。 无符号的中等大小的整数范围是 0 到 16777215
INT/ INTEGER	普通大小的整数。带符号的普通大小的整数范围是-2147483648 到 2147483647。 无符号的普通大小的整数范围是 0 到 4294967295
BIGINT	大整数。带符号的大整数范围是-9223372036854775808 到 9223372036854775807。 无符号的大整数范围是 0 到 18446744073709551615
FLOAT	小(单精度)浮点数。允许的值是-3.402823466E+38 到-1.175494351E-38、0 和 1.175494351E-38 到 3.402823466E+38，这些是理论限制，基于 IEEE 标准。实际的范围根据硬件或操作系统的不同可能稍微小些
DOUBLE	普通大小(双精度)浮点数。 允许的值是 -1.7976931348623157E+308 到 -2.2250738585072014E-308 、 0 和 2.2250738585072014E-308 到 1.7976931348623157E+308。这些是理论限制，基于 IEEE 标准。实际的范围根据硬件或操作系统的不同可能稍微小些
DATE	日期。支持的范围为'1000-01-01'到'9999-12-31'。MySQL 以'YYYY-MM-DD'格式显示 DATE 值，但允许使用字符串或数字为 DATE 列分配值
DATETIME	日期和时间的组合。支持的范围是'1000-01-01 00:00:00'到'9999-12-31 23:59:59'。MySQL 以'YYYY-MM-DD HH:MM:SS'格式显示 DATETIME 值，但允许使用字符串或数字为 DATETIME 列分配值
TIMESTAMP	时间戳。范围是'1970-01-01 00:00:00'到 2037 年
TIME	时间。范围是'-838:59:59'到'838:59:59'。MySQL 以'HH:MM:SS'格式显示 TIME 值，但允许使用字符串或数字为 TIME 列分配值
YEAR	两位或四位格式的年份。默认是四位格式。在四位格式中，允许的值是 1901 到 2155 和 0000。在两位格式中，允许的值是 70 到 69，表示从 1970 年到 2069 年。MySQL 以 YYYY 格式显示 YEAR 值，但允许使用字符串或数字为 YEAR 列分配值
CHAR(M)	固定长度字符串，当保存时在右侧填充空格以达到指定的长度。M 表示列长度。M 的范围是 0 到 255 个字符
VARCHAR(M)	变长字符串。M 表示最大列长度。M 的范围是 0 到 65,535。(VARCHAR 的最大实际长度由最长的行的大小和使用的字符集确定。最大有效长度是 65,535 字节)
BLOB[(M)]	最大长度为 65,535 字节的 BLOB 列，可以给出该类型的可选长度 M。如果给出，则 MySQL 将列创建为最小的但足以容纳 M 字节长的值的 BLOB 类型
TEXT[(M)]	长字符串，最大长度为 65,535 字符的 TEXT 列。 可以给出可选长度 M。则 MySQL 将列创建为最小的但足以容纳 M 字符长的值的 TEXT 类型

（2）查看建表语句

使用 show create table 语句可以查看任意数据库表的建表语句：

```
SHOW  CREATE  TABLE  表名 ;
```

比如，查看 teachers 表的建表语句如下：

```
mysql> show  create  table  teachers ;
+----------+--------------------------------------------------+
| Table    | Create Table                                     |
+----------+--------------------------------------------------+
| teachers | CREATE TABLE `teachers` (
  `id` int(10) NOT NULL,
  `name` varchar(20) DEFAULT NULL
) ENGINE=InnoDB DEFAULT CHARSET=utf8 |
+----------+--------------------------------------------------+
1 row in set (0.00 sec)
```

（3）使用 CTAS 方式创建表

MySQL 数据库中支持使用 CREATE TABLE … AS 方式创建数据库表：

```
CREATE  TABLE 表名 AS 查询语句 ;
```

比如通过查询 t_students 表创建 t_teachers 表

```
mysql> create table t_teachers as select * from t_students ;
Query OK, 0 rows affected (0.05 sec)
Records: 0  Duplicates: 0  Warnings: 0
```

3. 更改表

（1）增加列

在 MySQL 数据库中可以通过以下语句为已经创建的表添加新的列：

```
ALTER  TABLE 表名 ADD  COLUMN（列名 数据类型(宽度) 约束） ;
```

比如，为 t_students 表添加 address 列：

```
mysql> alter table t_students add column (address varchar(50)) ;
Query OK, 0 rows affected (0.04 sec)
Records: 0  Duplicates: 0  Warnings: 0
```

（2）修改列

在 MySQL 数据库中可以通过 ALTER TABLE 语句来修改列的类型和宽度：

```
ALTER  TABLE 表名 MODIFY  COLUMN 列名 类型(列宽) ;
```

比如，修改 t_students 表的 address 列的类型和宽度：

```
mysql> alter table t_students modify column address varchar(100) ;
Query OK, 0 rows affected (0.06 sec)
Records: 0  Duplicates: 0  Warnings: 0
```

同时，通过 ALTER TABLE 语句也可以修改列名：

```
ALTER  TABLE 表名 CHANGE  COLUMN  原列名  新列名  类型(宽度) ;
```

比如，将 t_students 表的 address 列名修改为 hometown ：

```
mysql> alter table t_students change address  hometown varchar(100);
Query OK, 0 rows affected (0.01 sec)
Records: 0  Duplicates: 0  Warnings: 0
```

（3）删除列

通过 ALTER TABLE 语句可以删除表中已经存在的列：

```
ALTER  TABLE 表名 DROP  COLUMN 列名 ;
```

比如，删除 t_students 表中的 hometown 列：

```
mysql> alter table t_students drop column hometown ;
Query OK, 0 rows affected (0.06 sec)
Records: 0  Duplicates: 0  Warnings: 0
```

4. 删除表

删除数据库中的表，可以使用以下语句：

```
DROP  TABLE  tableName ;
```

比如，删除当前数据库中的 t_students 表：

```
mysql> drop table t_students ;
Query OK, 0 rows affected (0.01 sec)
```

5. 截断表

当不再需要使用某张表中的数据时，可以通过以下语句来截断表：

```
TRUNCATE  TABLE  tableName ;
```

比如，截断当前数据库中的 t_teachers 表：

```
mysql> truncate table t_teachers ;
Query OK, 0 rows affected (0.02 sec)
```

截断表后，表中的数据将被全部删除，并且直接导致当前任务被提交。

截断表也是清除一张表中所有数据最高效的方式。

6. 重命名表

MySQL 数据库中，对数据库表进行重命名采用以下语句：

```
RENAME  TABLE 原表名 TO  新表名 ;
```

比如，将当前数据库中的 t_teachers 重命名为 teachers ：

```
mysql> rename table t_teachers to  teachers ;
Query OK, 0 rows affected (0.01 sec)
```

6.1.3 管理数据

对数据表中的数据操作通常有添加（Create）、查询（Retrieve）、修改（Update）、删除（Delete），简称为 CRUD，本小节将着重讲解数据管理。首先在当前数据库中创建 t_students 表：

```
CREATE  TABLE  t_students (
 id  INT(10)  PRIMARY  KEY ,
 name  VARCHAR(50) ,
 gender  VARCHAR(6)
) ;
```

随后，我们针对 t_students 表完成 CRUD 操作。

1. 查询数据

在 SQL 标准中通过以下语句进行数据查询：

```
①    SELECT [ ALL | DISTINCT ] 列名 [ , 列名 , ... ]
②    FROM 表名
③    [ WHERE 条件表达式 ]
④    [ GROUP BY 列名 [ ASC | DESC ] ]
⑤    [ HAVING 条件表达式 ]
⑥    [ ORDER BY 查询结果中的列名 ]
```

其中：

① 以逗号分隔的查询结果集中要显示的列名。

② 查询的表名。

③ 查询条件，可选项，如果省略则查询所有的数据。

④ 分组依据。

⑤ 分组后的筛选条件

⑥ 排序结果集，ASC 是升序，DESC 是降序

比如查询 t_students 表中的所有数据，可以使用以下方式：

```
mysql> select * from t_students ;
Empty set (0.00 sec)
```

因为此时 t_students 表中没有任何数据，因此这里返回结果为 Empty set 。

2. 添加数据

INSERT 语句是数据操纵语言(DML)中的一个，一般而言，使用该语句可以为一张表中插入一条数据。其基本语法如下：

```
INSERT INTO table_name [ (column_name [ , ... ]) ]
VALUES (value [ , ... ]) ;
```

其中：

✧ table_name 指将要插入数据的表的表名

✧ column_name 用于指定需要插入数据的列，如果有多个列则用逗号隔开

✧ value 用于指定向相应的列插入数据

在执行插入操作时，需要注意各个列上的约束，插入的数据必须满足约束条件，否则将退回本次操作，返回错误信息。

对于插入表中的 value，数字类型可以直接书写，日期以及字符类型需要使用引号。

比如，向 t_students 表中插入数据：

```
mysql> insert into t_students (id , name , gender)
    -> values (1 , '张无忌' , '男') ;
Query OK, 1 row affected (0.00 sec)
```

随后即可通过查询语句查询到插入的数据：

```
mysql> select * from t_students ;
+----+--------+--------+
| id | name   | gender |
+----+--------+--------+
|  1 | 张无忌 | 男     |
```

```
+----+--------+--------+
1 row in set (0.00 sec)
```

3. 修改数据

UPDATE 语句同样属于 DML 语句的一个语句，其作用是对表中的某行记录的某些列进行修改或者更新。其语法形式为：

```
UPDATE  table_name
SET  column_name = new_value [ , clumn_name=new_value [ , ... ] ]
[ WHERE  condition_expression ] ;
```

其中：

✧ table_name 用于指定需要更新数据的目标表名称

✧ column_name 用于指定需要更新数据的列名称

✧ new_value 用于指定相应的列更新后的值

✧ condition_expression 用于表示将要更新的数据应该满足的条件表达式

比如将 t_students 表中的 id 为 1 的记录中姓名更改为 "曾阿牛" ，可以使用：

```
mysql> UPDATE  t_students  SET  name = '曾阿牛'  WHERE  id = 1 ;
Query OK, 0 rows affected (0.00 sec)
Rows matched: 0  Changed: 0  Warnings: 0
```

4. 删除数据

DELETE 语句也是 DML 语句中的一员，其作用是删除数据库表中的记录。

删除表和删除数据不是一个概念。删除数据，只是把数据库表中的部分或全部数据删除，表本身以及表中的未被删除的数据依然存在。而删除表则是连数据带表一起删除，表和数据都不存在了。

使用 DELETE 语句删除表中的数据，其语法形式如下：

```
DELETE  FROM  table_name  [  WHERE  condition_expression ] ;
```

在一次删除操作中，可以删除一行数据，也可以删除多行数据，甚至删除整个表中的所有数据。

比如删除 t_students 表中 id 为 1 的记录：

```
DELETE  FROM  t_students  WHERE  id = 1 ;
```

如果在 DELETE 语句之后没有跟任何 where 子句，那么默认将删除所有的数据，以下语句将删除 t_students 表中现有的所有数据：

```
DELETE  FROM  t_students ;
```

数据库中还允许使用以下方式删除表中的所有数据：

```
TRUNCATE  TABLE  t_students ;
```

这种方式是数据库中建议采用的清空一张表中所有数据的最好方法。

与 truncate 语句不同，delete 语句属于 DML 语句，受事务所影响，而 truncate 属于 DDL 会导致当前事务隐式提交。

6.2 JDBC 概述

6.2.1 什么是 JDBC

JDBC 全称是 Java Database Connectivity，它是一种基于 Java 语言的数据库访问技术，是由 Sun 公司于 1996 年制定的一种技术规范。

JDBC 是 Java 程序和数据库之间的一座桥梁。JDBC API 中定义了大量的接口，它们存在于 java.sql 和 javax.sql 包，比如 Connection、Statement、ResultSet 等，各大数据库提供商提供了这些接口的实现类。通过 JDBC 可以实现以下操作：

- ✧ 连接到数据库
- ✧ 向数据库服务器发送需要被执行的 SQL 语句
- ✧ 获得数据库的执行结果

6.2.2 JDBC 运行原理

JDBC API 中提供访问数据库的接口，其具体实现由各数据库厂商提供，Java 程序员并不需要知道数据库厂商具体怎么实现，只需要针对接口进行编程即可，其基本实现原理如图 6-1 所示。

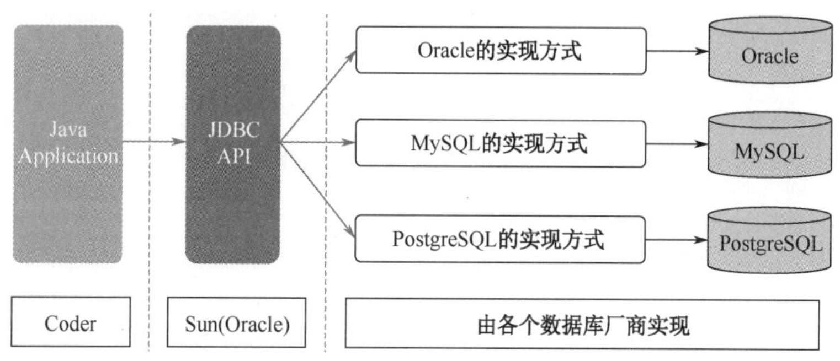

图 6-1 JDBC 的基本实现原理

数据库厂商提供了用于连接数据库的支持，这些支持通常以 jar 包形式出现，通常在各大数据库厂商的官网可以下载这些支持包，比如 MySQL 数据库的下载地址为：

https://dev.mysql.com/downloads/connector/j/

6.2.3 JDBC Driver

数据库厂商对 JDBC API 的实现统称 JDBC 驱动，是 JDBC 应用程序跟数据库之间的转换层，它负责将 JDBC 调用映射成数据库调用，如图 6-2 所示。

所有的 JDBC 驱动必须交给驱动管理器（DriverManager）来管理，通过驱动管理器可以获得数据库连接，并最终完成对数据库的操作。

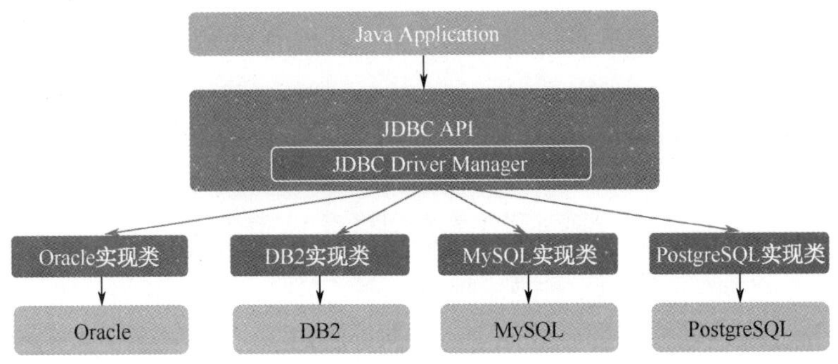

图 6-2　JDBC 驱动

6.3　连接数据库

在创建数据库连接前需要导入数据库驱动包，首先将下载好的数据库驱动包添加到当前工程下的 WBE-INF/lib 目录下，随后就可以按照以下步骤来创建 JDBC 程序：

（1）加载 JDBC 驱动

（2）获得数据库连接

（3）创建可以用来执行 SQL 语句的 Statement 对象

（4）执行 SQL 语句并返回执行结果

（5）处理执行结果

（6）释放资源

在正式创建 JDBC 程序之前，我们首先在 ecut 数据库中创建一张 t_ students 表：

```
CREATE TABLE t_students (
 id INT(5) ,
 name VARCHAR(30) ,
 gender VARCHAR(6) ,
 CONSTRAINT pk_t_students_id PRIMARY KEY (id)
);
```

创建 t_students 表后，即可创建 JDBC 程序了，如示例代码 6-1 所示。

示例代码 6-1：

```
// 指定数据库驱动类
final String driver = "com.mysql.jdbc.Driver" ;
// 数据库连接,其中 student_info 为数据库名
final String url = "jdbc:mysql://localhost:3306/ecut" ;
// 数据库用户名
final String user = "root" ;
// 数据库密码
final String password = "" ;
Connection conn = null ;
Statement st = null;
try {
 //1、加载驱动
```

```
Class.forName (driver) ;
//2、获得数据库连接
conn = DriverManager.getConnection(url, user, password);
//3、创建可以"执行"SQL 语句的 Statement 对象
st = conn.createStatement();
//拼写 SQL 语句，注： SQL 语句最后面不写分号
String SQL = " INSERT  INTO  t_students  " +
            " (id , name , gender)  VALUES (2 , '赵敏', '女') " ;

// 4、执行 SQL 语句
  // executeUpdate 方法是专门用来执行 DDL 和 DML 语句的方法
int count = st.executeUpdate (SQL)  ;
//5、输出执行结果
System.out.println(count);
} catch (ClassNotFoundException e) {
System.err.println ("未找到" + driver + "类") ;
} catch (SQLException e) {
System.out.println ("出错了: " + e.getMessage()) ;
} finally {
//6、释放资源
// 判断 Statement 是否不为空，之后关闭连接对象
if (st != null) {
    try {
        st.close();
    } catch (SQLException e) {
        e.printStackTrace();
    }
}
// 判断连接是否不为空，之后关闭连接对象
if (conn != null) {
    try {
        conn.close();
    } catch (SQLException e) {
        e.printStackTrace();
    }
}

}
```

6.4 执行 SQL 语句

6.4.1 执行数据定义语言（DDL）语句

DDL 语句包括 CREATE（创建）命令、ALTER（修改）命令、DROP（删除）命令等。在 Java 中要执行 DDL 语句需要使用 Statement 中的 executeUpdate()方法，如执行创建表命令，如示例代码 6-2 所示。

示例代码 6-2：

```
//拼写 SQL 语句,
String SQL = "CREATE TABLE t_teacher (, " +
            " id INT PRIMARY KEY AUTO_INCREMENT , " +
            " t_name VARCHAR(100) ,  " +
            " passwords VARCHAR(32)) " ;
//执行 SQL 语句
//执行 DDL 语句时，executeUpdate 返回结果为 0
int count = st.executeUpdate (SQL) ;
System.out.println(count);
```

执行 ALTER（修改）命令、DROP（删除）命令与执行 CREATE（创建）命令一样，将 SQL 语句修改为 ALTER 和 DROP 命令即可。

6.4.2 执行数据操纵语言（DML）

DML 语句包括 INSERT（插入）命令、UPDATE（修改）命令、DELETE（删除）命令等。执行 DML 语句和 DDL 语句一样，使用 Statement 中的 executeUpdate()方法，如示例代码 6-3 所示。

示例代码 6-3：

```
// 拼写 SQL 语句,删除 id 为 1 的数据
String SQL = "DELETE  FROM  t_students  WHERE  id = 1" ;
// 执行 SQL 语句,执行 DML 语句,返回的是受该 SQL 语句影响的记录数目
int count = st.executeUpdate (SQL)  ;
// 获取结果,输出结果为 1
System.out.println(count);
```

6.4.3 执行数据查询语句（DQL）

执行查询语句时使用 Statement 中的 executeQuery()方法。如示例代码 6-4 所示，查询 t_student 表中所有数据，返回 ResultSet 类型的结果集。

示例代码 6-4：

```
//执行 SQL 语句
String SQL = "SELECT  *  FROM  t_students";
ResultSet rs = st.executeQuery(SQL);
//执行查询语句并输出结果集对象(注意这里没有遍历结果集)
System.out.println(rs);
//释放资源
rs.close();
```

6.4.4 PreparedStatement 接口

如果一条 SQL 语句每次都分析语法，编译、执行，显然效率低下，PreparedStatement

接口是 Statement 接口的子接口，也是用来将 SQL 语句发送到数据库中执行并获取返回结果。使用 PreparedStatement 接口可以将编译过的 SQL 语句缓存，当再次执行缓存过的 SQL 语句时，会忽略分析语法和编译的过程，提高了运行效率。在开发中建议使用 PreparedStatement 接口执行 SQL 语句。

例如，向数据库中插入一条数据，并使用占位符“？”，如示例代码 6-5 所示。

示例代码 6-5：

```
//拼写 SQL 语句，使用占位符"? ";
String SQL = "INSERT INTO t_students " +
             " (id , name, gender) VALUES (? , ? , ? )" ;

// 向数据库服务器发送带有参数占位符的 SQL 语句
// 数据库服务器接收到 SQL 语句后，会先分析语法再编译该 SQL 语句
PreparedStatement ps = conn.prepareStatement(SQL);
//设置占位符的值
ps.setString (1 ,  3 ) ;
ps.setString (2 ,  "周芷若" ) ;
ps.setString (3 ,  "女" ) ;

//执行 SQL 语句
int count = ps.executeUpdate(); // 返回受当前 SQL 语句影响的记录数
//获取结果,输出结果
System.out.println(count);
```

6.4.5 ResultSet

ResultSet 包含符合 SQL 语句中条件的所有行，并且它通过一套 get 方法提供了对这些行中数据的访问。

1．遍历结果集（一）

查询 t_students 表中的所有数据，并通过索引来访问结果集中各个列的值，如示例代码 6-6 所示。

示例代码 6-6：

```
String SQL = "SELECT id , name , gender FROM t_student " ;

ResultSet rs = st.executeQuery(SQL);
// 处理结果集
// 结果集对象的 next 方法可以将 "光标" 向下移动一行
while (rs.next()) { //如果新指向的那一行有数据就返回 true
     //此处的 1 表示与 SQL 语句中 select 后面的 id 位置相对应
     int id = rs.getInt(1);
     System.out.print(id+" ");//将结果输出到控制台
     //2 表示 name 在 SQL 语句中的第二个位置
    String name = rs.getString(2);
```

```
        System.out.print (name + " ") ;
        String gender = rs.getString(3);
       System.out.println (gender) ;
  }
```

2. 遍历结果集（二）

查询 t_student 表中的所有数据，并通过列名或列的别名来访问结果集中各个列的值，如示例代码 6-7 所示。

示例代码 6-7：

```
String SQL = "SELECT id , name , gender FROM t_student";

ResultSet rs = st.executeQuery(SQL);
//处理结果集
while (rs.next()) {
  int id = rs.getInt("id");//根据查询语句中的列名获取该列数值
   System.out.print (id + "\t");//将结果输出到控制台
   String name = rs.getString("name");
   System.out.print (name + "\t") ;
   String gender= rs.getString("gender");
   System.out.println (gender) ;
}
```

3. 在查询语句中使用占位符

根据学生学号查询学生所有信息，并在查询条件中使用参数占位符，如示例代码 6-8 所示 。

示例代码 6-8：

```
String SQL = "SELECT * FROM t_students WHERE id = ? ";
PreparedStatement ps = conn.prepareStatement(SQL);
//设置占位符的值
ps.setString (1 , 1) ;
ResultSet rs = ps.executeQuery();
System.out.println("id\t 学号 \t 姓名 \t 性别");
//处理结果集
while(rs.next()) {
    int id = rs.getInt("id");
    System.out.print(id+"\t");
    String name = rs.getString("name");
    System.out.print(name+"\t");
    String gender= rs.getString("gender");
    System.out.println(gender);
}
```

6.5 使用开源组件

6.5.1 简化属性操作

1. 创建 component 工程

创建一个名称为 component 的动态 Web 工程，随后在 src 目录中创建 Customer 类，如示例代码 6-9 所示。

示例代码 6-9：

```
 package org.malajava.entity;
 public class Customer {
private Integer id ;
private String username ;
private String password ;
private String nickname ;
/** 这里省略了各属性的 getter 和 setter ，实际应用中，请自行补全 **/
@Override
public String toString() {
    return "[id=" + id + ", username=" + username
            + ", password=" + password + ", nickname=" + nickname + "]";
 }
}
```

在之前的项目中，对于任意 Java 对象，我们需要通过 setter/getter 方法来访问对象的属性，比如通过请求接收到表单数据后，将这些数据封装到一个 Customer 对象，如示例代码 6-10 所示。

示例代码 6-10：

```
// 从请求中获得所有的请求参数及取值
String username = request.getParameter ("username") ;
String password = request.getParameter ("password") ;
String nickname = request.getParameter ("nickname") ;
// 创建 Customer 对象
Customer c = new Customer();
// 调用 setter 设置各个属性的值
c.setNickname(nickname);
c.setPassword(password);
c.setNickname(nickname);
```

使用 commons-beanutils 组件后，以上操作可以大大简化，如示例代码 6-11 所示。

```
// 从请求中获得所有的请求参数及取值
Map<String,String[]> params = request.getParameterMap();
// 创建 Customer 对象
Customer c = new Customer();
// 使用 BeanUtils 将参数封装到 Customer 对象中
BeanUtils.populate (c , params) ;
```

2．添加 commons-beanutils 组件

这里所使用的BeanUtils类就来自commons-beanutils组件。commons-beanutils是Apache Commons 项目的一个子项目，在 Apache Commons 官网可以下载到最新的 commons-beanutils 组件。另外commons-beanutils依赖于Apache Commons的另外一个组件：commons-logging，我们也可以在 Apache Commons 官网上下载该组件。

下载 commons-beanutils 和 commons-logging 组件后对压缩包进行解压，从解压后的文件夹中复制 commons-beanutils-1.9.3.jar 和 commons-logging-1.1.1.jar 到当前 Web 工程的 WEB-INF/lib 目录中即可。在 WEB-INF/lib 目录中添加两个 jar 文件后的工程结构如图 6-3 所示。

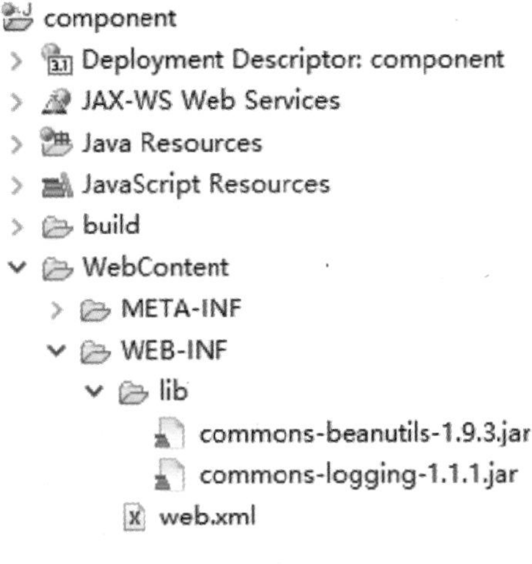

图 6-3　添加两个 jar 文件后的工程结构

3．BeanUtils 类的常用方法

commons-beanutils 是一个用来操作 JavaBean 的组件，使用该组件可以很方便地对 JavaBean 的属性进行操作。在本书中仅应用其中的 BeanUtils 类操作 JavaBean 的属性，对于其他内容不作研究。

对于 org.apache.commons.beanutils.BeanUtils 类，本书仅涉及两个常用方法：

```
public static void copyProperties (final Object dest, final Object origin)
```

该方法的作用是将 origin 对象中的属性值赋值给 dest 对象中的同名属性。

或者将 origin 所表示的 Map 或 Properteis 中相应键的值赋值给 dest 对象的同名属性。

```
public static void populate(final Object dest, final Map<String, ? extends Object> origin)
```

该方法的作用是将 origin 中相应键的值赋值给 dest 对象的同名属性。

在之前将请求参数的值赋值到 Customer 对象时使用了 populate 方法，接下来我们通过示例代码来演示 copyProperties 方法的使用。

为了统一管理测试代码，我们用鼠标右键单击 component 工程，随后选择 New →Source Folder 选项，弹出“New Source Folder”对话框，并在“Folder name”之后的输入框中输入 test 即可创建专门用来存放测试代码的目录，该目录与原来的 src 目录在同一级，如图 6-4

所示。

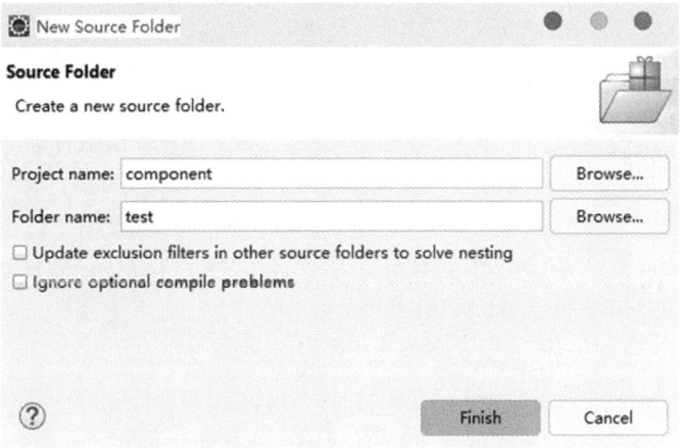

New Source Folder

Source Folder

Create a new source folder.

Project name: component Browse...

Folder name: test Browse...

☐ Update exclusion filters in other source folders to solve nesting

☐ Ignore optional compile problems

Finish Cancel

图 6-4 创建用于存放测试代码的目录

创建 test 目录后，展开 component 工程的 Java Resources 后，整个工程结构如图 6-5 所示。

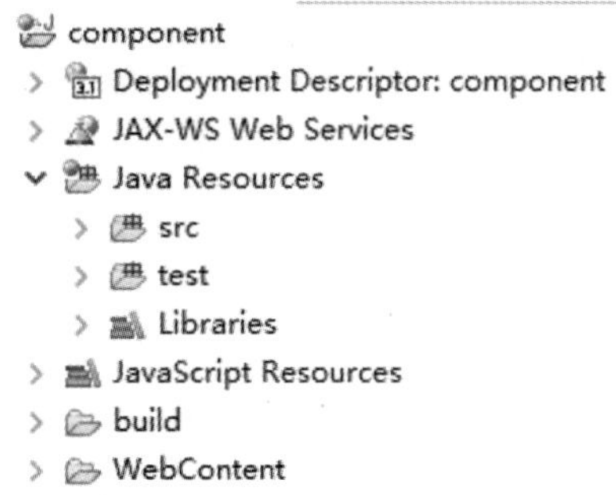

图 6-5 创建测试目录后的 component 工程结构

接下来，右键单击 test 目录，创建 org.malajava.test.BeanUtilsTest 类，如示例代码 6-12 所示。

示例代码 6-12：

```
package org.malajava.test;

import java.util.*;
import org.apache.commons.beanutils.BeanUtils;
import org.malajava.entity.Customer;

public class BeanUtilsTest {
 public static void main(String[] args) throws Exception {
     // 创建 Map 集合并在其中添加 key-value 对
     Map<String,String> map = new HashMap<>() ;
     map.put ("username" , "zhangsanfeng") ;
```

```
        map.put ("password" , "wudang") ;
        map.put ("nickname" ,  "张三丰") ;
        // 创建 Customer 对象
        Customer c = new Customer();
        // 将 map 集合中与 c 对象的属性同名的 key 的值，赋值给 c 对象的同名属性
        BeanUtils.copyProperties (c , map) ;
        System.out.println (c.toString()) ; // 输出字符串形式查看赋值效果
    }
}
```

值得注意的是，不论是 copyProperties 方法还是 populate 方法，只有 origin 和 dest 中属性名称相同时，才会执行属性值的赋值操作。

6.5.2 使用数据源

1. 使用 Druid 组件

Druid 是阿里巴巴开源平台上一个数据库连接池实现，它结合了 C3P0、DBCP、PROXOOL 等数据库连接池技术的优点，同时加入了日志监控，可以很好地监控数据库连接池和 SQL 的执行情况。目前 Druid 项目托管在 github 上，其项目地址为 https://github.com/alibaba/druid。

从 Druid 项目下载最新版的 Druid 组件，并将该组件添加到当前工程的 WEB-INF/lib 目录中，同时在该工程中添加 MySQL 数据库的 jdbc 驱动包，添加后的工程结构如图 6-6 所示。

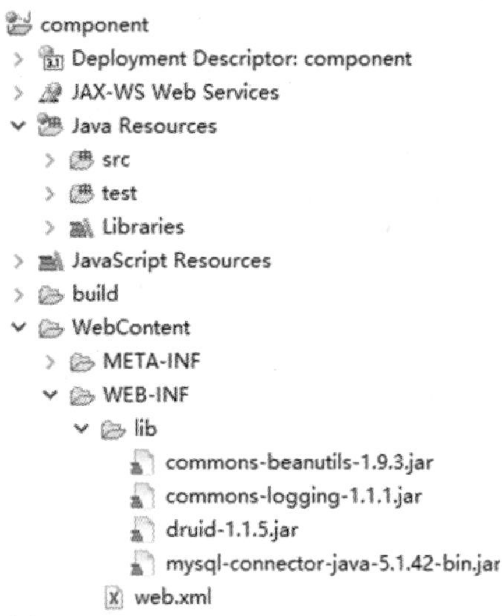

图 6-6　在 component 工程添加 Druid 组件

在使用 Druid 时可以使用 com.alibaba.druid.pool.DruidDataSource 类来创建 DataSource 对象，创建对象后需要根据实际情况设置相应的参数值。

在 component 工程 test 目录的 org.malajava.test 包中创建 DruidDataSourceTest 类，在该

类的 main 方法中添加以下代码，如示例代码 6-13 所示。

示例代码 6-13：

```
// 创建 DruidDataSource 对象
DruidDataSource ds = new DruidDataSource();
// 设置数据库驱动的名称
ds.setDriverClassName ("com.mysql.jdbc.Driver") ;
// 设置数据库连接地址
ds.setUrl ("jdbc:mysql://localhost:3306/ecut" +
        "? useUnicode=true&characterEncoding=utf8") ;
// 设置数据库用户名
ds.setUsername ("root") ;
// 设置数据库密码
ds.setPassword ("") ;
/** 这里可以继续设置 DruidDataSource 的其他属性值 */
// 获取数据库连接(这里获取的是真实连接的一个代理对象)
Connection conn = ds.getConnection() ;
System.out.println (conn) ; // 输出的连接对象的字符串形式
conn.close();// 关闭连接
ds.close(); // 关闭数据源对象
```

以上代码中，通过 DruidDataSource 对象所获取的 Connection 对象是真实的数据库连接对象的一个代理，该代理对象由Druid组件负责创建，而真实的数据库连接对象也被Druid组件所管理(使用 Druid 提供的连接池技术实现管理)。

2. 加载资源文件

通常，我们会将 DruidDataSource 对象的属性名称及属性值存储在属性文件中，属性文件是以.properties 为后缀的纯文本文件。在属性文件中以键值对的形式存放 DruidDataSource 的配置信息，比如在 component 工程的 src 目录创建 config.properties 文件，其中存放以下内容：

```
driverClassName=com.mysql.jdbc.Driver
url=jdbc:mysql://localhost:3306/ecut?useUnicode=true&characterEncoding=utf8
username=root
password=
filters=stat
maxActive=20
initialSize=1
maxWait=60000
minIdle=10
timeBetweenEvictionRunsMillis=60000
minEvictableIdleTimeMillis=300000
validationQuery=SELECT 'x'
testWhileIdle=true
testOnBorrow=false
testOnReturn=false
poolPreparedStatements=true
```

```
maxOpenPreparedStatements=20
removeAbandoned=true
removeAbandonedTimeout=1800
logAbandoned=true
```

该文件中，每行文本的等号之前即为属性名称(也称作 key)，等号之后即为属性值(也称作 value)。这些属性与 DruidDataSource 类中对应的属性正好同名，因此可以使用上文中所讲的 BeanUtils 来设置 DruidDataSource 对象的属性值。

接下来，我们来读取该文件中的内容并用这些属性值来配置 DruidDataSource 对象。

在 component 工程 test 目录的 org.malajava.test 包中创建 PropertiesDataSourceTest 类，其具体实现过程如示例代码 6-14 所示。

示例代码 6-14：

```
package org.malajava.test;

import java.io.InputStream;
import java.sql.Connection;
import java.util.Properties;
import org.apache.commons.beanutils.BeanUtils;
import com.alibaba.druid.pool.DruidDataSource;

public class PropertiesDataSourceTest {

 public static void main(String[] args) throws Exception {
     // 获得当前类对应的 Class 对象
     final Class<? > c = PropertiesDataSourceTest.class ;
     // 使用 Class 类提供的 getResourceAsStream 方法读取类路径下的资源
     InputStream in = c.getResourceAsStream ("/config.properties") ;
     // 创建 Properties 对象
     Properties props = new Properties();
     // 加载属性文件中的内容并将每个 key-value 对添加到 props 集合中
     props.load (in) ;
     // 创建 DataSource 对象
     DruidDataSource ds = new DruidDataSource();
     // 使用 BeanUtils 将 props 中的键值对赋值给 ds 对象的同名属性
     BeanUtils.copyProperties (ds , props) ;

     // 从 DataSource 中获取 Connection 对象(它是个代理对象)
     Connection conn = ds.getConnection();
     System.out.println (conn) ; // 通过输出字符串形式可以识别代理对象
     conn.close(); // 关闭代理对象

     ds.close(); // 关闭 DataSource 对象
 }
}
```

示例代码 6-14 中使用了 PropertiesDataSourceTest.class 的形式来获取 PropertiesDataSourceTest 类对应的 Class 对象。在 Java 语言中，任意类型都可以通过“类型名称.class”的形式获取到其相应的 java.lang.Class 对象，比如 int.class、String.class、int[].class、

Integer.class 等都可以获取到各自相应的 Class 对象。

3. 创建 DataSourceBuilder

在 PropertiesDataSourceTest 类中，我们读取了类路径根目录下的 config.properties 文件，并根据其中提供的配置信息对新创建的 DruidDataSource 对象进行了配置。创建并配置好 DruidDataSource 对象后，即可通过该对象来获取数据库连接对象。

实际应用中，我们不可能每次访问数据库时都创建一个新的 DruidDataSource 对象并进行设置，因此，我们创建一个工具类专门用来获得 DataSource 对象，以备后续使用。

在 component 工程的 src 目录中创建 org.malajava.utilities.DataSourceBuilder 类，其具体实现过程如示例代码 6-15 所示。

示例代码 6-15：

```
package org.malajava.utilities;

import java.io.*;
import java.util.*;
import javax.sql.*;
import org.apache.commons.beanutils.BeanUtils;
import com.alibaba.druid.pool.DruidDataSource;

public class DataSourceBuilder {
 /** 声明一个静态属性，用来缓存已经创建好的 DataSource 对象 */
 private static DataSource dataSource ;
 /** 定义一个常量，其取值是斜杠字符 */
 private static final String SLASH = "/" ;
 /** 专门从类路径下读取用于连接数据库的配置文件
  * @param configLocation 配置文件的名称或路径
  * @return 返回加载配置文件中的 Properties 对象 */
 private static Properties load(String configLocation) {
     if(configLocation == null) {
         throw new RuntimeException("请指定连接数据库的配置文件");
     }
     if(! configLocation.startsWith(SLASH)) { // 如果 configLocation 不是以/字符开头
         configLocation = SLASH + configLocation ; // 则在开头添加/字符
     }
     InputStream in = DataSourceBuilder.class.getResourceAsStream(configLocation);
     if(in == null) { // 如果为获取到输入流，说明指定文件在类路径下是不存在的
         throw new RuntimeException("在类路径下未找到配置文件:" + configLocation);
     }
     Properties props = null ;
     try {
```

```
            props = new Properties(); // 创建 Properties 对象
            props.load(in); // 使用 Properties 类中定义的 load 方法从输入流中读取数据
        } catch (IOException e) {
            throw new RuntimeException("读取配置文件时发生错误" , e);
        }
        return props ;
    }
    /** 默认从类路径的根目录中读取名称为 config.properties 的配置文件
     * @return 返回根据默认配置("/config.properties")创建的 DataSource 对象*/
    public static DataSource getDataSource() {
        // 指定类路径下的配置文件名称为 config.properties
        String configLocation = "/config.properties" ;
        // 调用另一个 getDataSource 方法返回 DataSource 对象
        return getDataSource(configLocation) ;
    }
    /** 从类路径中读取配置文件后，根据配置文件中的配置，创建并返回数据源对象
     * @param configLocation 类路径下的配置文件名称(可以包含路径)
     * @return 返回根据配置信息创建的 DataSource 对象 */
    public static DataSource getDataSource (String configLocation) {
        //先检查是否已经存在创建好的 DataSource 对象
           //如果没有就创建，否则直接返回该对象
        if (dataSource == null) {
            // 调用 load 方法从类路径中读取配置文件
            Properties props = load(configLocation);
            // 创建 DruidDataSource 对象并赋值给 dataSource 属性(缓存起来)
            dataSource = new DruidDataSource();
            try {
            // 通过 BeanUtils 将读取到的配置信息设置到 dataSource 对象中
                BeanUtils.copyProperties(dataSource , props);
            } catch (Exception e) {
                e.printStackTrace();
            }
        }
        return dataSource ;
    }
}
```

在 org.malajava.utilities.DataSourceBuilder 类中：

```
private static Properties load (String configLocation)
```

该私有方法专门负责读取类路径下的指定属性文件，并将属性文件中的 key-value 对加载到一个 Properties 集合中予以返回。

```
public static DataSource getDataSource (String configLocation)
```

该方法根据参数传入的属性文件调用 load 方法，并根据 load 方法返回的数据设置 DruidDataSource 对象后返回该对象。

```
public static DataSource getDataSource()
```

该方法内部指定了默认位置、默认名称的属性文件("/config.properties")，并调用另一个 getDataSource 方法返回 DataSource 对象。

至此，我们准备好了一个专门用来获取 DataSource 对象的工具类。接下来，我们在 component 工程 test 目录的 org.malajava.test 包中创建 DataSourceBuilderTest 类对 DataSourceBuilder 进行测试，如示例代码 6-16 所示。

示例代码 6-16：

```java
package org.malajava.test;

import java.sql.*;
import javax.sql.*;
import org.malajava.utilities.DataSourceBuilder;

public class DataSourceBuilderTest {
  public static void main(String[] args) throws Exception{
    DataSource ds = DataSourceBuilder.getDataSource() ;
    Connection conn = ds.getConnection() ;
    System.out.println (conn) ;
    conn.close();
  }
}
```

执行以上测试程序后，在 Eclipse 的 Console 中的输出结果如图 6-7 所示。

```
Servers  Console
<terminated> DataSourceBuilderTest [Java Application] C:\Program Files\Java\jdk1.8.0_144\bin\javaw.exe (2017年11月20日 上午12:02:29)
十一月 20, 2017 12:02:30 上午 com.alibaba.druid.support.logging.JakartaCommonsLoggingImpl info
信息: {dataSource-1} inited
com.alibaba.druid.proxy.jdbc.ConnectionProxyImpl@1e46e8f
```

图 6-7　输出连接对象（是个代理对象）

6.5.3　简化 JDBC 操作

1．认识 commons-dbutils 组件

commons-dbutils 是 Apache 基金会提供的一个对 JDBC 进行简单封装的开源组件，使用它能够简化 JDBC 应用程序的开发，同时也不会影响程序的性能。

从 Apache Commons 官网 http://commons.apache.org 下载最新的 commons-dbutils 组件，从解压后的文件夹中可以获取我们开发时所使用的 commons-dbutils-1.7.jar 文件。将该文件复制到 component 工程下的 WEB-INF/lib 目录中，复制完成后的 component 工程如图 6-8 所示。

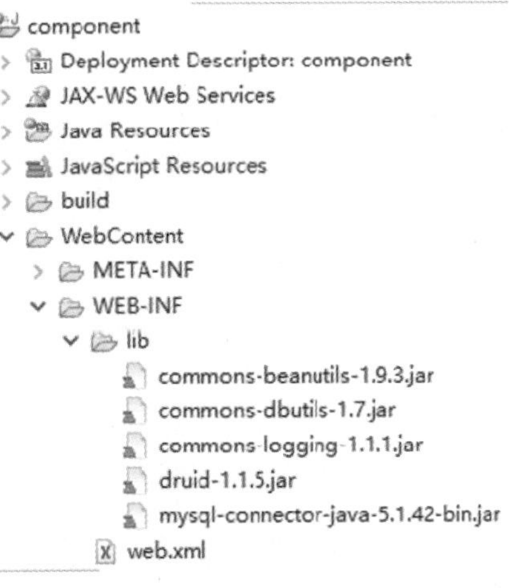

图 6-8　复制完成后的 component 工程

在 commons-dbutils 组件中，提供了大量的用来实现数据库操作的类和接口，从后续项目和任务的使用情况来看，我们只需要关注以下核心 API 即可。

（1）org.apache.commons.dbutils.DbUtils 类

DbUtils 是一个为做一些诸如关闭连接、装载 JDBC 驱动程序之类的常规工作提供有用方法的类，它里面所有的方法都是静态的。

用来关闭 Connection、Statement、ResultSet 且声明抛出异常的方法：

```
public static void close(Connection conn) throws SQLException
public static void close(Statement stmt) throws SQLException
public static void close(ResultSet rs) throws SQLException
```

用来关闭 Connection、Statement、ResultSet 但不抛出异常的方法：

```
public static void closeQuietly(Connection conn):
public static void closeQuietly(Statement stmt)
public static void closeQuietly(ResultSet rs)
public static void closeQuietly(Connection conn, Statement stmt,ResultSet
rs)
```

用来提交事务并关闭 Connection 但不抛出异常的方法：

```
public static void commitAndCloseQuietly(Connection conn)
```

用来加载数据库驱动但不抛出异常的方法：

```
public static boolean loadDriver(String driverClassName)
public static boolean loadDriver(ClassLoader classLoader, String
driverClassName)
```

（2）org.apache.commons.dbutils.ResultSetHandler<T>接口

ResultSetHandle 接口定义了一个用来处理 jaca.sql.ResultSet 的抽象方法：

```
public abstract T handle(ResultSet rs) throws SQLException
```

使用该方法可以将数据转变并处理为任何一种形式。

在 org.apache.commons.dbutils.handlers 包中，声明了 ResultSetHandler 接口大量的实现类，比如 ArrayHandler、ArrayListHandler、BeanHandler、BeanListHandler、BeanMapHandler、ColumnListHandler、KeyedHandler、MapHandler、MapListHandler、ScalarHandler 等，不同实现类的 handle 方法实现也不相同，所返回的数据也不相同。

（3）org.apache.commons.dbutils.QueryRunner 类

QueryRunner 类是用来简化 JDBC 操作的核心类，其中定义了大量访问数据库的方法。

用来执行 DML 操作的方法如下：

```
int execute(String sql, Object... params)
int execute(Connection conn, String sql, Object... params)
int update(String sql)
int update(String sql, Object param)
int update(String sql, Object... params)
int update(Connection conn, String sql)
int update(Connection conn, String sql, Object param)
int update(Connection conn, String sql, Object... params)
```

主要用来执行保存操作的方法如下：

```
<T> T insert(String sql, ResultSetHandler<T> rsh)
<T> T insert(String sql, ResultSetHandler<T> rsh, Object... params)
<T> T insert(Connection conn, String sql, ResultSetHandler<T> rsh)
```

```
    <T> T insert(Connection conn, String sql, ResultSetHandler<T> rsh, 
Object... params)
```

用来执行查询操作的方法如下：

```
    <T> T query(String sql, ResultSetHandler<T> rsh)
    <T> T query(String sql, ResultSetHandler<T> rsh, Object... params)
    <T> T query(Connection conn, String sql, ResultSetHandler<T> rsh)
    <T> T query(Connection conn, String sql, ResultSetHandler<T> rsh, Object...
params)
```

可以执行任意 SQL 语句的方法如下：

```
    <T> List<T> execute(String sql, ResultSetHandler<T> rsh, Object...
params)
    <T> List<T> execute(Connection conn, String sql, ResultSetHandler<T> rsh, 
Object... params)
```

用来批量执行 DML 操作的方法如下：

```
    int[] batch(Connection conn, String sql, Object[][] params)
    int[] batch(String sql, Object[][] params)
    <T> T insertBatch(String sql, ResultSetHandler<T> rsh, Object[][] params)
    <T> T insertBatch(Connection conn, String sql, ResultSetHandler<T> rsh, 
Object[][] params)
```

考虑到本书所应用的方法是有限的，因此在随后的小节中，我们仅结合 ResultSetHandler 接口的实现类实现数据插入操作。在正式讲之前，我们先熟悉一下目前 component 工程的结构，如图 6-9 所示。

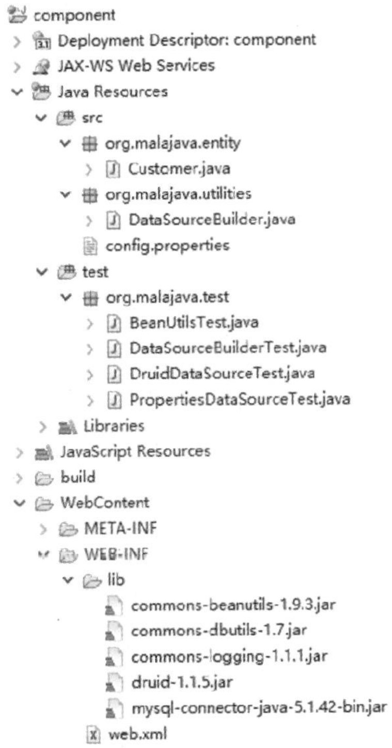

```
component
> Deployment Descriptor: component
> JAX-WS Web Services
v Java Resources
  v src
    v org.malajava.entity
      > Customer.java
    v org.malajava.utilities
      > DataSourceBuilder.java
      config.properties
  v test
    v org.malajava.test
      > BeanUtilsTest.java
      > DataSourceBuilderTest.java
      > DruidDataSourceTest.java
      > PropertiesDataSourceTest.java
  > Libraries
> JavaScript Resources
> build
v WebContent
  > META-INF
  v WEB-INF
    v lib
        commons-beanutils-1.9.3.jar
        commons-dbutils-1.7.jar
        commons-logging-1.1.1.jar
        druid-1.1.5.jar
        mysql-connector-java-5.1.42-bin.jar
      web.xml
```

图 6-9　component 工程结构

图 6-9 中所展示的是截至目前 component 工程中所创建的类、属性文件，以及所使用的 jar 文件。其中每个类或属性文件的详细内容请参看上文中的各个小节。

2. 使用 QueryRunner 新增数据

（1）创建数据库表

示例代码 6-17 在 ecut 数据库中创建 t_customer 表，同时该表中的各个列与 Customer 类的属性相对应：

示例代码 6-17：

```
drop table if exists t_customer ;
create table t_customer (
 id int primary key auto_increment ,
 username varchar(50) unique not null ,
 password varchar(32) not null ,
 nickname varchar(150)
) ;
```

（2）创建单元测试类

使用单元测试类可以在同一个类中书写多个测试方法，从而避免书写多个类。这里我们使用 Eclipse 内置的 JUnit 组件实施单元测试。

右键单击 component 工程的 test 目录，随后选择“New→Other”命令，弹出“New”对话框，在 New 对话框的 Wizards 下方的输入框中输入 junit，如图 6-10 所示。

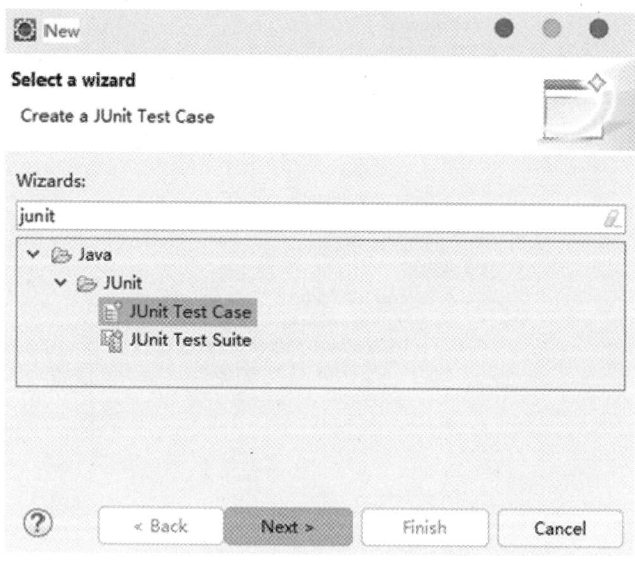

图 6-10 创建 JUnit Test Case

图 6-10 中，默认选择的是 JUnit Test Case ，直接单击“Next”按钮进入“New JUnit Test Case”对话框，在其中选择 “New JUnit4 test”(默认已选)，并在 “Name”之后的输入框中输入单元测试类的类名，如图 6-11 所示。

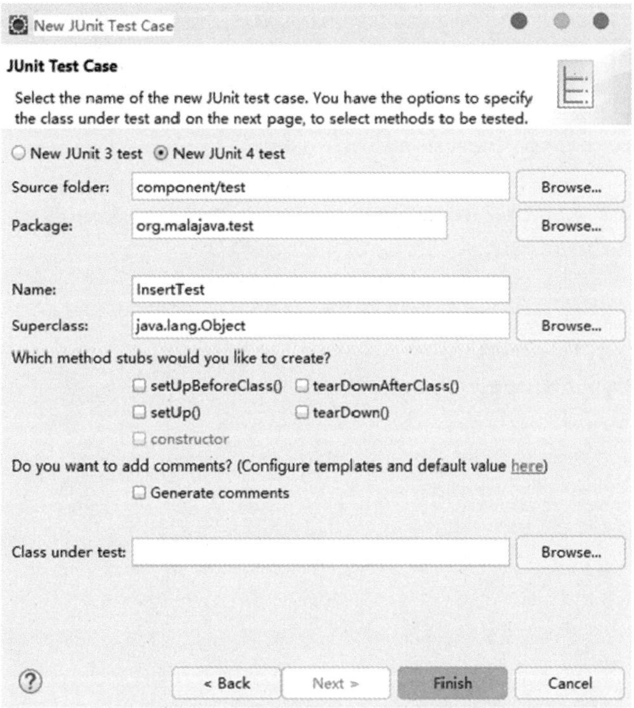

New JUnit Test Case
JUnit Test Case
Select the name of the new JUnit test case. You have the options to specify the class under test and on the next page, to select methods to be tested.
New JUnit 3 test New JUnit 4 test
Source folder: component/test Browse...
Package: org.malajava.test Browse...
Name: InsertTest
Superclass: java.lang.Object Browse...
Which method stubs would you like to create?
setUpBeforeClass() tearDownAfterClass()
setUp() tearDown()
constructor
Do you want to add comments? (Configure templates and default value here)
Generate comments
Class under test: Browse...
< Back Next > Finish Cancel

图 6-11 创建 JUnit 单元测试类

最后单击“Finish”按钮即可。因为是第一次在 component 工程中使用 JUnit，因此 Eclipse 会提示为 component 工程的构建路径（Build Path）添加所依赖的 JUnit 组件库，直接单击“OK”按钮即可，如图 6-12 所示。

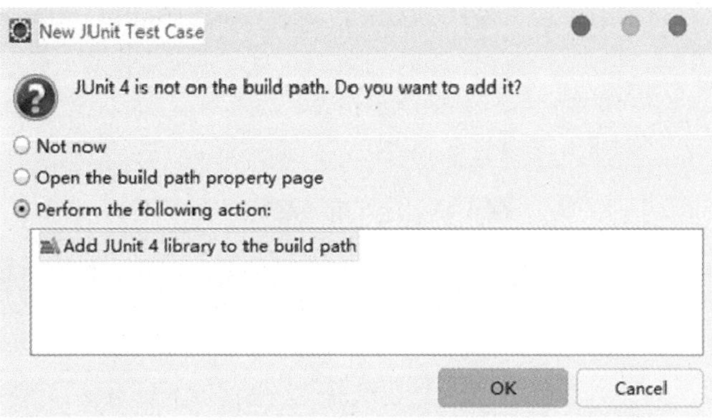

图 6-12 添加 JUnit 组件

以上操作完成后，我们即创建好名称为 InsertTest 的单元测试类，修改其中的代码，如示例代码 6-18 所示。

示例代码 6-18：

```
package org.malajava.test;

```

```
import org.junit.After;
import org.junit.Before;
import org.junit.Test;

public class InsertTest {

 public @Before void init() {
     System.out.println ("before") ;
 }

 public @Test void test() {
     System.out.println ("hello") ;
 }

 public @After void destory() {
     System.out.println ("after");
 }

}
```

示例代码 6-18 中：

@ Before 所标注的方法将在所有标注了@Test 的方法执行之前先执行。

@Test 用来标注单元测试方法，是单元测试的核心注解。

@After 所标注的方法将在所有标注了@Test 的方法执行之后执行。

在 InsertTest 类中选中 test 方法名并右击，选择“Run As”→“JUnit test”即可执行该单元测试方法，执行结果如图 6-13 所示。

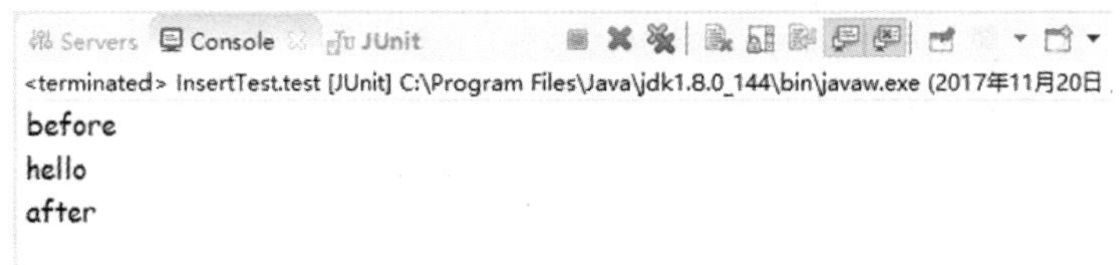

图 6-13　运行单元测试方法

当单元测试方法正常运行结束后，在 Eclipse 的 JUnit 选项卡中可以看到如图 6-14 所示的结果。

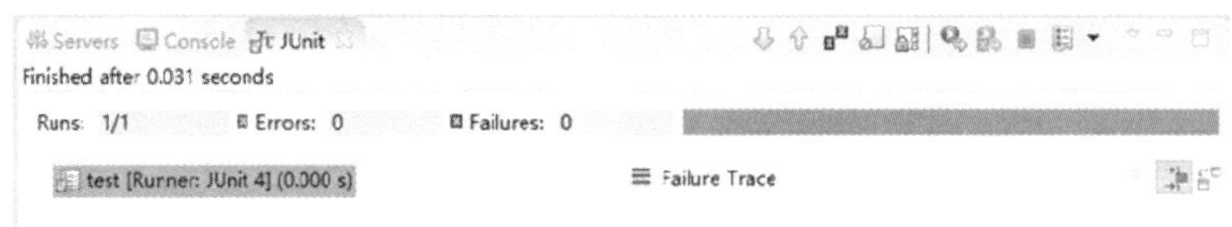

图 6-14　单元测试运行结果

（3）实现保存操作

在创建好单元测试类并熟悉单元测试类的用法之后，我们继续修改 InsertTest 代码，修改后的代码如示例代码 6-19 所示。

示例代码 6-19：

```
package org.malajava.test;

import javax.sql.DataSource;
import org.junit.After;
import org.junit.Before;
import org.junit.Test;
import org.apache.commons.dbutils.QueryRunner;
import org.malajava.utilities.DataSourceBuilder;

public class InsertTest {

 private QueryRunner runner ;

 public @Before void init() {
     DataSource ds = DataSourceBuilder.getDataSource();
     runner = new QueryRunner (ds)  ;
 }

 public @Test void insert() {

 }

 public @After void destory() {
 }

}
```

随后在 insert 方法中补充代码完成插入数据的操作，如示例代码 6-20 所示。

示例代码 6-20：

```
String SQL = "INSERT INTO t_customer VALUES (? , ? , ? , ? )" ;
try {
 // 按照 t_customer 表中各个列的先后次序依次设置每个参数占位符的值
 int count = runner.execute (SQL , 1 , "zhangsanfeng", "hello" , "张三丰") ;
 System.out.println (count) ; // count 中记录的是受本次操作的记录数目
} catch (SQLException e) {
 e.printStackTrace();
}
```

本例中执行 SQL 所使用的是 QueryRunner 类中的 execute（String sql, Object... params）方法，使用其 update（String sql, Object... params）方法也可以实现相同的效果。

（4）获取由数据库产生的主键

在创建数据库表时，对于整数类型的主键，我们会选择让数据库来维护主键，当使用 JDBC 程序向表中插入数据时也可以通过 JDBC 提供的 API 来获得由数据库产生的主键。

在 QueryRunner 中对上述操作进行了简化，使用其 insert 方法即可实现该操作。接下来，我们在 org.malajava.test.InsertTest 类中增加以下代码（见示例代码 6-21），实现获取由数据库产生的主键操作。

示例代码 6-21：

```
public @Test void insertReturnId() {
 String SQL = "INSERT INTO t_customer " +
              " (username , password , nickname) VALUES (? , ? , ? )" ;
 try {
     ResultSetHandler<Long> rsh = new ScalarHandler<Long>() ;
     // 第二个参数 ResultSetHandler 使用 ScalarHandler 类的实例即可
     // 从第三个参数起，都是可变长参数，用来依次序设置 SQL 参数占位符的取值
     long id = runner.insert (SQL , rsh, "zhangcuishan" , "hello" , "张翠山") ;
     System.out.println (id) ;
 } catch (SQLException e) {
     e.printStackTrace();
 }
 }
```

在上文中创建 t_customer 表时，我们指定了主键 id 是自动增长的(auto_increment)。在上面的测试代码中，仅为 t_customer 表的 username、password、nickname 三个列设置了数据，而对于主键 id 则由数据库通过自动增长来产生。

因此这里通过 QueryRunner 的 insert 方法实现插入操作，并获取由数据库产生的主键。为了能够让 insert 返回正确的主键，在 insert 方法的第二个参数使用了 ScalarHandler 类的实例。org.apache.commons.dbutils.handlers.ScalarHandler 实现了 ResultSetHandler 接口的 handle 方法，它可以将单行单列的结果集转换为一个对象。

另外需要注意的是，ScalarHandler 在处理整数时会一律视作 long 类型来处理，因此上面的代码中，我们使用了 ResultSetHandler<Long> rsh = new ScalarHandler<Long>()。

6.6 思维梳理

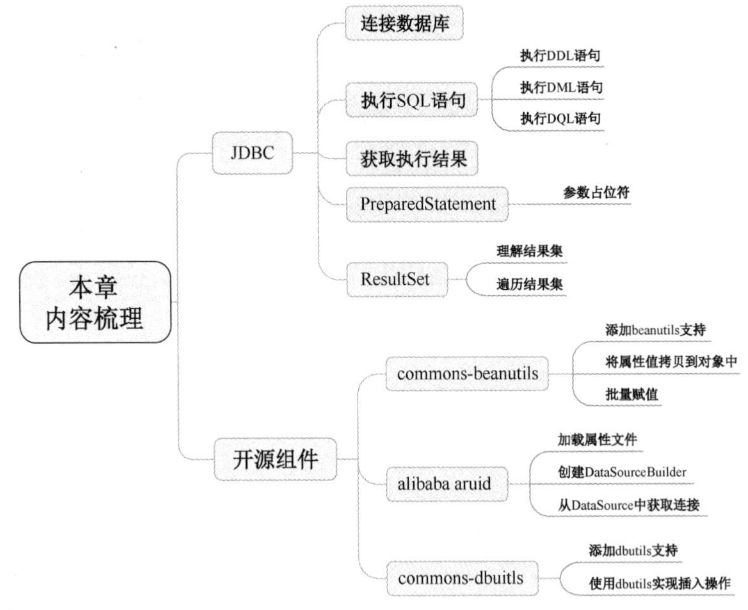

6.7 习题

（1）尝试用 JDBC 中驱动的设计来说明接口与实现相分离的优缺点。

（2）简述使用 JDBC 访问数据库的基本步骤。

（3）使用 executeUpdate 方法执行 DDL 语句时的返回值有何含义，执行 DML 语句时返回值又有何含义？

（4）使用 execute 方法执行 DQL 语句时返回 true 还是 false，此时如何获取查询结果对应的结果集对象？

（5）当数据库表中的主键为自动增长时，如何通过 JDBC 程序获取由数据库产生的主键？

（6）简述 Statement 和 PreparedStatement 的联系与区别。

（7）根据对 Druid 组件的应用来简述数据库连接池的作用。

（8）简述 commons-dbutils 组件中 ResultSetHandler 的作用。

第 7 章

过滤器和监听器

7.1 过滤器

从“过滤器”这个名字上可以得知就是在源数据和目标数据之间起到过滤作用的中间组件。例如家里用的纯净水过滤器，将自来水过滤为纯净水。在 JSP 的 Web 应用程序中，过滤器是一种在服务端运行的 Web 组件程序，它可以截取客户端给服务器发的请求，也可以截取服务器给客户端的响应。图 7-1 展示了过滤器在 Web 应用中的位置。

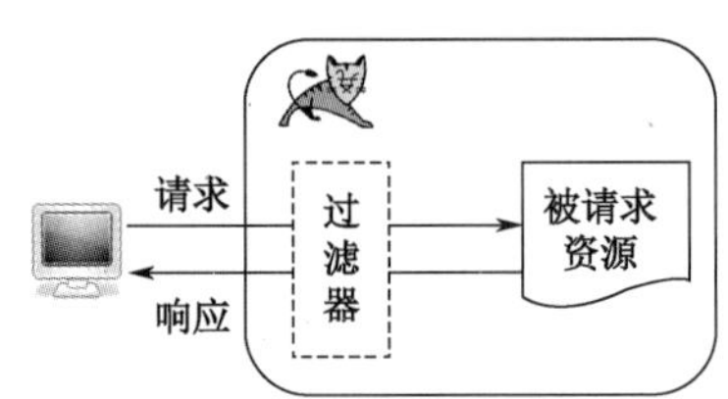

图 7-1 过滤器在 Web 程序中的位置

当 Web 容器获得一个对资源的请求时，Web 容器判断是否存在过滤器和这个资源关联，如果存在关联就把请求交给过滤器去处理。在过滤器中可以对请求的内容做出改变，然后再将请求转交给被请求的资源。当被请求的资源做出响应时，Web 容器同样会将响应先转发给过滤器。在过滤器中可以对响应做出处理然后，再将响应发送给客户端。在这整个过程中客户端和目标资源均不知道过滤器的存在。

在一个 Web 应用程序中可以配置多个过滤器，从而形成过滤器链。在请求资源时，过滤器链中的过滤器依次对请求作出处理。在接收到响应时再按照相反的顺序对响应作出处理。图 7-2 展示了过滤器链的基本处理过程。

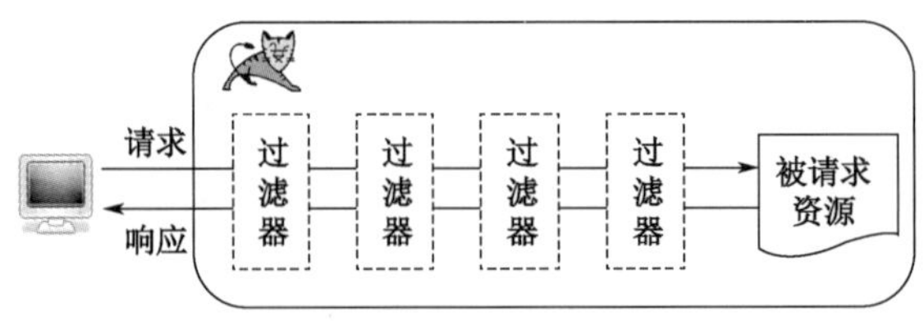

图 7-2 过滤器链（FilterChain）

需要注意的是，在过滤器中不一定必须将请求发送给被请求资源，也可以直接给客户端做出响应。

开发一个过滤器必须实现 javax.servlet.Filter 接口，示例代码 7-1 实现了一个简单的过滤器类。

示例代码 7-1：

```
public class FirstFilter implements Filter {
    public void init(FilterConfig config) throws ServletException {
  }
  public void doFilter(ServletRequest request, ServletResponse response,
          FilterChain chain) throws IOException, ServletException {
  }
  public void destroy() {
  }
}
```

①由 Web 容器来调用 init 方法完成过滤器的初始化工作。

②由 Web 容器来调用 destroy 方法释放资源。

③doFilter 方法类似于 Servlet 中的 service 方法。当客户端请求与此过滤器关联的目标对象时，就会调用过滤器的 doFilter 方法。在这个方法中，利用 FilterChain 接口中的 doFilter 方法将请求交给下个过滤器来处理。如果该过滤器是过滤器链中的最后一个过滤器，则将请求交给被请求资源。也可以直接给客户端返回响应信息。

过滤器开发完成后还需要在 web.xml 中进行配置。示例代码 7-2 中对过滤器 FirstFilter 进行了配置。

示例代码 7-2：

```
<? xml version="1.0" encoding="UTF-8"? >

<web-app version="2.5" xmlns="http://java.sun.com/xml/ns/javaee"
 xmlns:xsi="http://www.w3.org/2001/XMLSchema-instance"
 xsi:schemaLocation="http://java.sun.com/xml/ns/javaee
 http://java.sun.com/xml/ns/javaee/web-app_2_5.xsd">

 <filter>
     <filter-name>firstFilter</filter-name>
     <filter-class>com.hchx.filter.FirstFilter</filter-class>
 </filter>

 <filter-mapping>
     <filter-name>firstFilter</filter-name>
     <url-pattern>/*</url-pattern>
 </filter-mapping>
</web-app>
```

① <filter>节点描述该 Filter 对应的类是哪一个。

② <filter-mapping>中的<filter-name>必须和<filter>节点中的<filter-name>值相同；<url-pattern>指定该过滤器关联的 URL 样式，比如/*指的是对所有资源都过滤，/admin/*指

的是对 admin 目录下的所有资源进行过滤。

下面以一个示例来学习过滤器的请求流程，如示例代码 7-3 所示。

示例代码 7-3：

```
FirstFilter.java
public class FirstFilter implements Filter {
 public void init(FilterConfig config) throws ServletException {
 }
 public void doFilter(ServletRequest request, ServletResponse response,
        FilterChain chain) throws IOException, ServletException {
     System.out.println("过滤器 1 请求");
     chain.doFilter(request, response);
     System.out.println("过滤器 1 响应");
 }
 public void destroy() {
 }
}

SecondFilter.java
public class SecondFilter implements Filter {
 public void init(FilterConfig config) throws ServletException {
 }
 public void doFilter(ServletRequest request, ServletResponse response,
        FilterChain chain) throws IOException, ServletException {
     System.out.println("过滤器 2 请求");//后续过滤器执行前，先执行该行代码
     chain.doFilter(request, response);//将请求与响应对象向后续过滤器传递
     System.out.println("过滤器 2 响应");//后续过滤器执行后，再执行该行代码
 }
 public void destroy() {
 }
}
```

在 web.xml 中进行设置：

```
<filter>
 <filter-name>firstFilter</filter-name>
 <filter-class>com.malajava.filter.FirstFilter</filter-class>
</filter>
<filter-mapping>
 <filter-name>firstFilter</filter-name>
 <url-pattern>/*</url-pattern>
</filter-mapping>
<filter>
 <filter-name>secondFilter</filter-name>
 <filter-class> com.malajava.filter.SecondFilter</filter-class>
</filter>
<filter-mapping>
 <filter-name>secondFilter</filter-name>
 <url-pattern>/*</url-pattern>
```

```
    </filter-mapping>
```

在浏览器的地址栏中请求 index.jsp（index.jsp 文件由读者自行编写），控制台输出结果如下：

```
过滤器 1 请求
过滤器 2 请求
过滤器 2 响应
过滤器 1 响应
```

通过这个结果可以得知，在调用 FilterChain 对象的 doFilter 方法之前的代码都是对请求的过滤，在此之后的都是对响应的过滤，整个流程如图 7-3 所示。

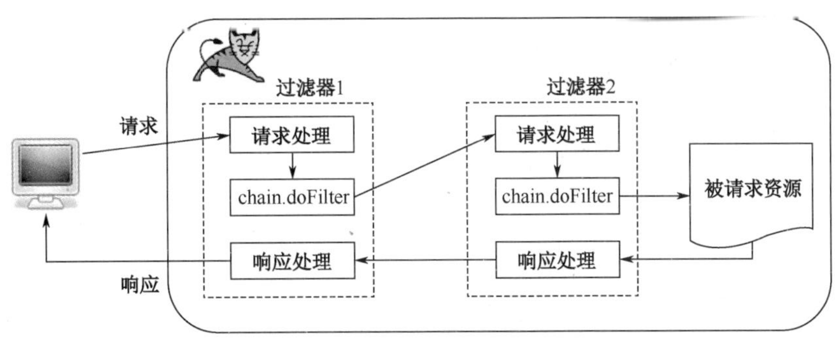

图 7-3　过滤器链工作流程

那么怎么来确定一个过滤器在过滤器链中的顺序呢？这个是根据过滤器在 web.xml 中配置的上下顺序来决定的。

下面使用过滤器来改进前面我们对中文的处理方式。在前面的示例代码中，如果要正确获得表单中的中文或给客户端输出中文，那么就要在 Servlet 中添加如下两行代码：

```
request.setCharacterEncoding("UTF-8");
response.setCharacterEncoding("UTF-8");
```

如果在每个 Servlet 中都添加这样的两行代码，无疑是代码的重复。我们可以将这两行代码放在过滤器中进行处理。示例代码 7-4 实现了一个汉字编码过滤器，并在 web.xml 中进行了配置。

示例代码 7-4：

编写汉字编码过滤器类 CharacterEncodingFilter.java

```
package com.malajava.filter;

import java.io.IOException;
import java.io.UnsupportedEncodingException;
import javax.servlet.Filter;
import javax.servlet.FilterChain;
import javax.servlet.FilterConfig;
import javax.servlet.ServletException;
import javax.servlet.ServletRequest;
import javax.servlet.ServletResponse;
import javax.servlet.http.HttpServletRequest;
import javax.servlet.http.HttpServletRequestWrapper;
import javax.servlet.http.HttpServletResponse;
```

```
public class CharacterFilter implements Filter {
    private String encode = "utf-8";

    @Override
    //从 web.xml 配置文件中读取默认编码，如果没有配置编码，默认使用 utf-8 编码
    public void init(FilterConfig filterConfig) throws ServletException {
        // FilterConfig 用于从 web.xml 中配置读取默认编码
        encode = filterConfig.getInitParameter("encode");
        encode = (encode==null || encode.trim().isEmpty()) ? "UTF-8" :
encode ;
    }

    @Override
    public void doFilter(ServletRequest request, ServletResponse response,
            FilterChain chain) throws IOException, ServletException {
        req.setCharacterEncoding(encode);
        res.setCharacterEncoding(encode);
        chain.doFilter(req, res);
    }
    @Override
    public void destroy() {
    }
}
```

在 web.xml 中进行过滤器配置

```
<filter>
  <filter-name>characterEncodingFilter</filter-name>
  <filter-class>com.malajava.filter.CharacterEncodingFilter</filter-cl
ass>
  <init-param>
      <param-name>characterEncoding</param-name>
      <param-value>UTF-8</param-value>
  </init-param>
</filter>

<filter-mapping>
  <filter-name>characterEncodingFilter</filter-name>
  <url-pattern>/*</url-pattern>
</filter-mapping>
```

7.2 监听器

监听器的作用是监听 Web 应用程序中某一个对象，并根据应用程序的需求做出相应的处理。Java Web 应用程序中，Servlet 容器提供了多种监听器，常见的有：

- ServletRequestAttributeListener

- ServletRequestListener
- HttpSessionAttributeListener
- HttpSessionListener
- ServletContextAttributeListener
- ServletContextListener

首先来学习 ServletContextListener。当一个类实现了 ServletContextListener 接口，就可以监听 ServletContext 的创建与销毁工作。

示例代码 7-5 展示了一个实现了 ServletContextListener 接口的监听器类。

示例代码 7-5：

```
public class ServletContextListenerImpl implements
ServletContextListener {
    public void contextDestroyed(ServletContextEvent arg0) {
        System.out.println("ServletContext 销毁了");
    }
    public void contextInitialized(ServletContextEvent arg0) {
        System.out.println("ServletContext 创建了");
    }
}
```

①当 Web 容器关闭时，ServletContext 被销毁，会调用监听器的 contextDestroyed 方法。

②当 Web 容器启动时，ServletContext 被创建，会调用监听器的 contextInitialized 方法。

此类监听器类还需要在 web.xml 中进行配置才可以使用。ServletContextListenerImpl 监听器类的配置如示例代码 7-6 所示。

示例代码 7-6：

```
<listener>
  <listener-class>
        com.malajava.listener.ServletContextListenerImpl
    </listener-class>
</listener>
```

HttpSessionListener 接口则用于监听 Session 的创建与销毁。示例代码 7-7 展示了一个实现了 HttpSessionListener 接口的监听器类。

示例代码 7-7：

```
public class HttpSessionListenerImpl implements HttpSessionListener {
  public void sessionCreated(HttpSessionEvent arg0) {
      System.out.println("Session 被创建");
  }
  public void sessionDestroyed(HttpSessionEvent arg0) {
      System.out.println("Session 被销毁");
  }
}
```

①当 Session 被创建时，会调用监听器的 sessionCreated 方法。

②当 Session 被销毁时，会调用监听器的 sessionDestroyed 方法。

此类监听器类也需要在 web.xml 中进行配置才可以使用。HttpSessionListenerImpl 监听器类的配置如示例代码 7-8 所示。

示例代码 7-8：

```
<listener>
 <listener-class>
         com.malajava.listener.HttpSessionListenerImpl
    </listener-class>
</listener>
```

7.3 思维梳理

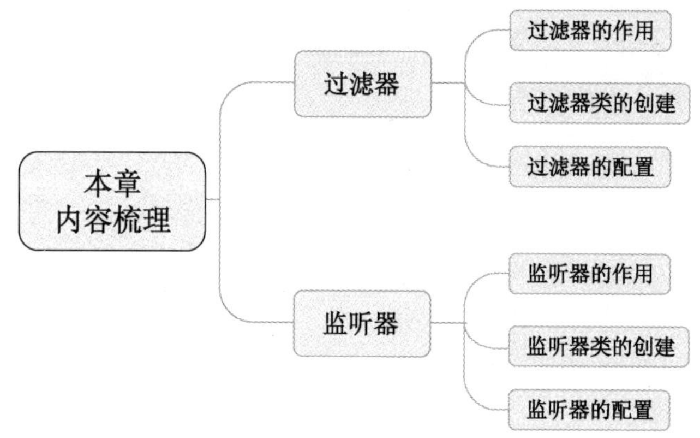

7.4 习题

（1）简述过滤器的执行流程。
（2）在过滤器的 doFilter 方法中有一个 FilterChain 参数，它的作用是什么？
（3）多个过滤器过滤同一个资源时，其执行顺序如何确定？
（4）监听器的作用是什么？
（5）请查阅 Servlet API，列出与 HttpSession 有关的监听器接口。
（6）在 ServletContextListener 的实现类中，如何获取 HttpSession 对象？

JSP 核心语法

我们已经知道，JSP 是 Servlet 的模板，使用 JSP 技术可以实现动态创建 Servlet 程序。而在前面的内容中，我们已经初步了解 JSP 的基本原理，所有的 JSP 文件最终都会被处理成 Servlet 程序，最后由 Servlet 引擎来执行相应的 Servlet 程序。

在第 3 章中，我们已经了解了 Servlet 程序的开发方式、部署方式，以及 Servlet 的生命周期。在第 4 章和第 5 章中，我们已经掌握对请求和响应的处理方法。

本章将结合容器对 Servlet 程序的处理方式来讲解 JSP 的核心语法。首先从 JSP 的本质讲起，然后结合容器对 JSP 的处理过程，分别讲解 JSP 脚本元素、JSP 内置对象等内容。

8.1 JSP 的本质

8.1.1 创建 JSP 文件

为研究 JSP 的本质，我们首先创建一个名称为 jspcore 的动态 Web 工程，随后在 jspcore 工程下的 WebContent 目录下创建一个名称为 hello.jsp 的文件，其内容如示例代码 8-1 所示。

示例代码 8-1：

```
<%@ page language="java"  pageEncoding="UTF-8" %>
<%@ page contentType="text/html; charset=UTF-8" %>

<!DOCTYPE html>
<html>
 <head>
     <meta charset="UTF-8">
     <title>JSP</title>
 </head>
 <body>

   <h1 align="center">Hello , JSP .</h1>

 </body>
```

```
</html>
```

随后部署 jspcore 工程到 Tomcat 中，并启动 Tomcat。

因为在前面的内容中，我们指定了 Tomcat 服务器的位置为 D:/mytomcat，因此可以在该目录下的 webapps 中查看到部署后的 jspcore 工程，如图 8-1 所示。

本地磁盘 (D:) › mytomcat › webapps › jspcore

名称	修改日期	类型
META-INF	2019/6/5 20:08	文件夹
WEB-INF	2019/6/5 20:08	文件夹
hello.jsp	2019/6/5 20:08	JSP 文件

图 8-1　部署后的 jspcore 工程

在 Tomcat 服务器中，另一个目录 work 用于存放 hello.jsp 对应的 Java 源代码和字节码文件。我们可以根据以下目录层次寻找到 jspcore 应用对应的目录：

```
D:\mytomcat\work\Catalina\localhost\jspcore
```

此时该目录中并没有任何内容。

8.1.2　访问 JSP 程序

随后我们在浏览器中输入以下地址来访问 hello.jsp ：

```
http://localhost:8080/jspcore/hello.jsp
```

此时在浏览器中可以看到 hello.jsp 中的内容，如图 8-2 所示。

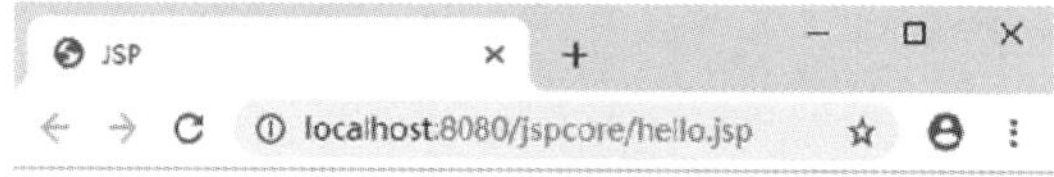

Hello , JSP .

图 8-2　在浏览器中查看 hello.jsp 的输出结果

这里需要重新强调一下：“/jspcore”是 jspcore 应用的根路径，“/hello.jsp”是访问 hello.jsp 的路径。

经过一次访问后，在 work/Catalina/localhost/jspcore 目录下可以查看到多了一个 org 目录，随后按照 org/apache/jsp 依次进入 jsp 目录，此时可以查看到 hello.jsp 对应的 Java 源代码和字节码文件，如图 8-3 所示。

work › Catalina › localhost › jspcore › org › apache › jsp

名称	修改日期	类型
hello_jsp.class	2019/6/5 20:08	CLASS 文件
hello_jsp.java	2019/6/5 20:08	JAVA 文件

图 8-3　hello.jsp 对应的 Java 源代码和字节码文件

8.1.3 容器对 JSP 的处理过程

现代容器中（比如 Tomcat 中）同时包含了 Servlet 引擎和 JSP 引擎。其中，Servlet 引擎用来加载并执行 Servlet 程序，而 JSP 引擎则专门用来处理 JSP 文件。

当我们首次以“/hello.jsp”形式访问 hello.jsp 时，JSP 引擎依次完成了将 JSP 文件翻译为 Java 源代码、将 Java 源代码编译为字节码文件等操作。

1. 翻译

当新创建的 JSP 文件或被修改的 JSP 文件被客户端访问时，JSP 引擎会首先根据 JSP 规范将 JSP 文件翻译为 Java 源代码。在 Tomcat 环境下，hello.jsp 翻译后的 hello_jsp.java 文件内容如示例代码 8-2 所示。

示例代码 8-2：

```
package org.apache.jsp;

import javax.servlet.*;
import javax.servlet.http.*;
import javax.servlet.jsp.*;

public final class hello_jsp extends
org.apache.jasper.runtime.HttpJspBase
    implements org.apache.jasper.runtime.JspSourceDependent,
                 org.apache.jasper.runtime.JspSourceImports {

  private static final javax.servlet.jsp.JspFactory _jspxFactory =
          javax.servlet.jsp.JspFactory.getDefaultFactory();

  private static java.util.Map<java.lang.String,java.lang.Long>
_jspx_dependants;

  private static final java.util.Set<java.lang.String>
_jspx_imports_packages;

  private static final java.util.Set<java.lang.String>
_jspx_imports_classes;

  static {
    _jspx_imports_packages = new java.util.HashSet<>();
    _jspx_imports_packages.add("javax.servlet");
    _jspx_imports_packages.add("javax.servlet.http");
    _jspx_imports_packages.add("javax.servlet.jsp");
    _jspx_imports_classes = null;
  }

  private volatile javax.el.ExpressionFactory
_el_expressionfactory;
```

```
  private volatile org.apache.tomcat.InstanceManager _jsp_instancemanager;

  public java.util.Map<java.lang.String,java.lang.Long> getDependants() {
    return _jspx_dependants;
  }

  public java.util.Set<java.lang.String> getPackageImports() {
    return _jspx_imports_packages;
  }

  public java.util.Set<java.lang.String> getClassImports() {
    return _jspx_imports_classes;
  }

  public javax.el.ExpressionFactory _jsp_getExpressionFactory() {
    if (_el_expressionfactory == null) {
      synchronized (this) {
        if (_el_expressionfactory == null) {
          _el_expressionfactory = _jspxFactory.getJspApplicationContext(
getServletConfig().getServletContext()
                                     ).getExpressionFactory();
        }
      }
    }
    return _el_expressionfactory;
  }

  public org.apache.tomcat.InstanceManager _jsp_getInstanceManager() {
    if (_jsp_instancemanager == null) {
      synchronized (this) {
        if (_jsp_instancemanager == null) {
          _jsp_instancemanager = 
org.apache.jasper.runtime.InstanceManagerFactory.getInstanceManager(
                       this.getServletConfig()
          );
        }
      }
    }
    return _jsp_instancemanager;
  }

```

```
public void _jspInit() {
}

public void _jspDestroy() {
}

public void _jspService(final javax.servlet.http.HttpServletRequest request,
                        final javax.servlet.http.HttpServletResponse response)
    throws java.io.IOException, javax.servlet.ServletException {

  if (!javax.servlet.DispatcherType.ERROR.equals(request.getDispatcherType())) {
    final java.lang.String _jspx_method = request.getMethod();
    if ("OPTIONS".equals(_jspx_method)) {
      response.setHeader("Allow","GET, HEAD, POST, OPTIONS");
      return;
    }
    if (!"GET".equals(_jspx_method) && !"POST".equals(_jspx_method)
        && !"HEAD".equals(_jspx_method)) {
      response.setHeader("Allow" , "GET, HEAD, POST, OPTIONS") ;
      response.sendError(HttpServletResponse.SC_METHOD_NOT_ALLOWED,
              "JSP 只允许 GET、POST 或 HEAD。Jasper 还允许 OPTIONS");
      return;
    }
  }

  final javax.servlet.jsp.PageContext pageContext;
  javax.servlet.http.HttpSession session = null;
  final javax.servlet.ServletContext application;
  final javax.servlet.ServletConfig config;
  javax.servlet.jsp.JspWriter out = null;
  final java.lang.Object page = this;
  javax.servlet.jsp.JspWriter _jspx_out = null;
  javax.servlet.jsp.PageContext _jspx_page_context = null;


  try {
    response.setContentType("text/html; charset=UTF-8");
    pageContext = _jspxFactory.getPageContext(this , request , response ,
                        null , true , 8192 , true) ;
    _jspx_page_context = pageContext;
    application = pageContext.getServletContext();
```

```
111       config = pageContext.getServletConfig();
112       session = pageContext.getSession();
113       out = pageContext.getOut();
114       _jspx_out = out;
115
116       out.write("\n");
117       out.write("\n");
118       out.write("\n");
119       out.write("<!DOCTYPE html>\n");
120       out.write("<html>\n");
121       out.write("\t<head>\n");
122       out.write("\t\t<meta charset=\"UTF-8\">\n");
123       out.write("\t\t<title>JSP</title>\n");
124       out.write("\t</head>\n");
125       out.write("\t<body>\n");
126       out.write("\t\n");
127       out.write("\t   <h1 align=\"center\">Hello , JSP .</h1>\n");
128       out.write("\t\n");
129       out.write("\t</body>\n");
130       out.write("</html>\n");
131     } catch (java.lang.Throwable t) {
132       if (!(t instanceof javax.servlet.jsp.SkipPageException)){
133         out = _jspx_out;
134         if (out != null && out.getBufferSize() != 0)
135           try {
136             if (response.isCommitted()) {
137               out.flush();
138             } else {
139               out.clearBuffer();
140             }
141           } catch (java.io.IOException e) {}
142         if (_jspx_page_context != null)
143             _jspx_page_context.handlePageException(t);
144         else
145             throw new ServletException(t);
146       }
147     } finally {
148       _jspxFactory.releasePageContext(_jspx_page_context);
149     }
150   }
151 }
152
```

在示例代码 8-2 的第 7 行代码中，hello_jsp 类继承了 HttpJspBase 类，由 Apache 提供的 HttpJspBase 类源代码如示例代码 8-3 所示。

示例代码 8-3：

```
package org.apache.jasper.runtime;

import java.io.*;

import javax.servlet.*;
import javax.servlet.http.*;
import javax.servlet.jsp.HttpJspPage;

import org.apache.jasper.compiler.Localizer;

public abstract class HttpJspBase extends HttpServlet
                                 implements HttpJspPage {

    private static final long serialVersionUID = 1L;

    protected HttpJspBase() {
    }

    @Override
    public final void init(ServletConfig config)
        throws ServletException
    {
        super.init(config);
        jspInit();
        _jspInit();
    }

    @Override
    public String getServletInfo() {
        return Localizer.getMessage("jsp.engine.info");
    }

    @Override
    public final void destroy() {
        jspDestroy();
        _jspDestroy();
    }

    @Override
    public final void service (HttpServletRequest request,
                               HttpServletResponse response)
        throws ServletException, IOException {
        _jspService(request, response);
    }
```

```

    @Override
    public void jspInit() {
    }

    public void _jspInit() {
    }

    @Override
    public void jspDestroy() {
    }

    protected void _jspDestroy() {
    }

    @Override
    public abstract void _jspService (HttpServletRequest request,
                                      HttpServletResponse response)
        throws ServletException, IOException;
}
```

由示例代码 8-2 和示例代码 8-3 可知，hello_jsp 类继承了 HttpJspBase，而 HttpJspBase 类则继承了 HttpServlet 类并同时实现了 HttpJspPage 接口。

可见，hello_jsp 类本质上就是一个 Servlet 实现类，而 hello_jsp.java 实际上是一个特殊的 Servlet 类的源代码，当客户端通过 JSP 源文件的路径来访问 JSP 程序时，本质上是访问 JSP 源文件对应的 Servlet 程序。

此时，容器首先调用 Servlet 实例的 service(ServletRequest,ServletResponse)方法，在该方法由 javax.servlet.Servlet 接口定义并由 HttpServlet 类提供实现，其内部则调用了从 HttpJspBase 类继承的 service(HttpServletRequest,HttpServletResponse)方法，而 HttpJspBase 类中这个的 service(HttpServletRequest,HttpServletResponse)方法则调用了_jspService 方法。

2．编译

在服务器运行期间，JSP 引擎(即 Tomcat)通过调用 jasper 组件将 JSP 文件翻译成相应的 Servlet 源码，随后再由 JSP 引擎将该 Servlet 源码编译为字节码文件，图 8-4 揭示了这一过程。

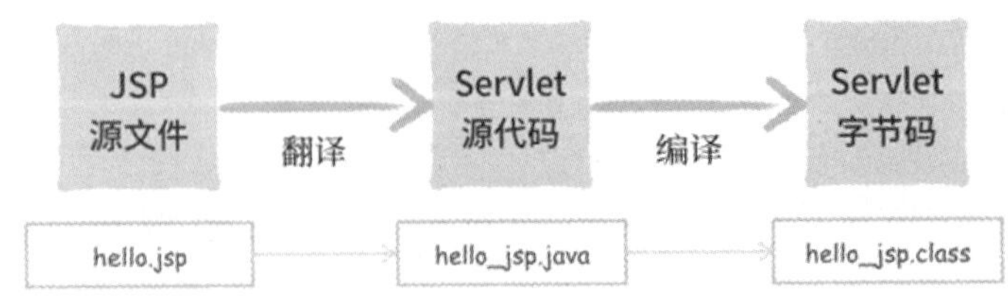

图 8-4　JSP 引擎对 JSP 文件的处理过程

在 Apache Tomcat 主目录的 lib 目录下，存在名称为 jsper.jar 的文件。Tomcat 运行期间，通过调用 jasper.jar 提供的支持来处理 JSP 文件，从而将 JSP 文件翻译为 Servlet 源代码，再将 Servlet 源代码编译为字节码文件。有兴趣的读者可以从 Apache 官网下载 Tomcat 源代码来研究其详细实现过程，本书不予讲解。

3. 访问

当通过浏览器访问"/hello.jsp"时，容器首先查询当前 Web 应用的根目录下（即 jspcore 的根目录下）是否存在名称为 hello.jsp 的文件，如果不存在则直接向客户端返回 404 响应，响应页面如图 8-5 所示。

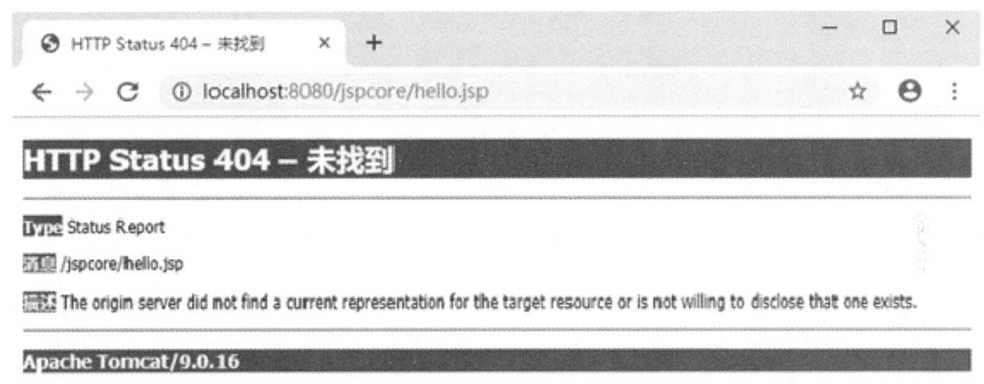

图 8-5　JSP 引擎对 JSP 文件的处理过程

当 jspcore 应用下存在名称为 hello.jsp 的文件时，容器会检查是否存在该文件对应的 Servlet 字节码(hell_jsp.class)，如果存在则检查 Servlet 字节码的时间戳是否比 hello.jsp 文件的时间戳晚。

如果 Servlet 字节码(hell_jsp.class)的时间戳比 hello.jsp 文件的时间戳晚，则检查是否已经加载 Servlet 类并完成实例化、初始化操作，如果已经完成这些操作，则直接调用 Servlet 实例的 service 方法响应客户端请求。

而当存在 hello.jsp 却不存在 hello_jsp.class，或者 hello_jsp.class 的时间戳比 hello.jsp 时间戳早(容器会认为hello.jsp 文件中的内容已经被修改)，JSP 引擎会首先将 JSP 文件(hello.jsp)翻译为 Servlet 源代码(hello_jsp.java)，随后再将 Servlet 源代码(hello_jsp.java)编译为 Servlet 字节码(hello_jsp.class)。

如果 Servlet 引擎尚未加载 hello_jsp 类，则首先加载 hello_jsp 类并完成实例化操作，随后调用 hello_jsp 实例的 init 方法完成初始化操作，一切就绪后即可通过执行 hello_jsp 实例的 service 方法来响应客户端请求。

由图 8-6 可知，我们创建 JSP 文件并通过 JSP 引擎将其翻译为 Servlet 源代码，再将 Servlet 源代码编译为 Servlet 字节码，都是为了能够通过调用 Servlet 实例的 service 方法来响应客户端请求。

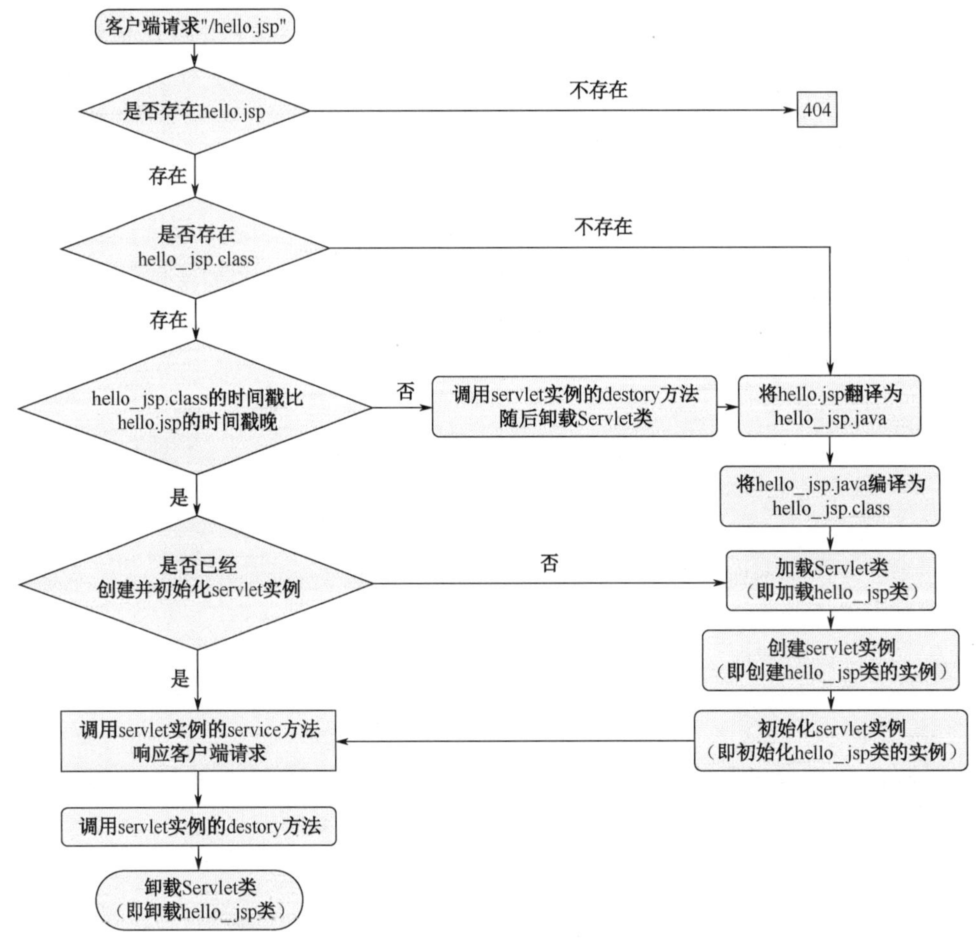

图 8-6　当客户端请求 hello.jsp 时容器内部的处理过程

而通过浏览器访问的“/hello.jsp”也仅仅相当于是通过一个 url-pattern 来访问 Servlet 而已，类似于在 web.xml 中存在以下配置：

```
<servlet>
    <servlet-name>hello_jsp</servlet-name>
    <servlet-class>org.apache.jsp.hello_jsp</servlet-class>
</servlet>

<servlet-mapping>
    <servlet-name>hello_jsp</servlet-name>
    <url-pattern>/hello.jsp</url-pattern>
</servlet-mapping>
```

可见，一个 JSP 源文件在 Web 应用中的路径就是该 JSP 源文件对应的 Servlet 程序的 url-pattern。我们通过“/hello.jsp”路径所访问的内容本质上是 hello.jsp 对应的 Servlet 程序，所以，从来就没有什么“JSP 页面”可以被访问。

鉴于此，也为了方便后文描述，本书约定，所有以.jsp 为后缀的文件统称为“JSP 源文件”或“JSP 程序”，编写“JSP 源文件”就是所谓的开发 JSP 程序。

当客户端通过某个 JSP 源文件的路径来访问其相应的 Servlet 程序时，由该 Servlet 程序

（也可以称作 JSP 程序）向客户端返回的页面可以称作是“JSP 页面”。

8.2 JSP 脚本元素

因为所有的 JSP 源文件必须由容器解释为 Servlet 源代码，并将 Servlet 源代码编译为 Servlet 字节码后才能被容器所调用，因此一个 JSP 源文件实际上就是一个脚本文件，在 JSP 规范中定义了多种不同的脚本元素，本节将依次讲解这些脚本元素。

8.2.1 JSP 指令

JSP 指令（directive）是针对 JSP 引擎设计的，用于告诉引擎如何处理 JSP 文件中除指令之外的其他内容。通俗地讲，就是开发人员通过 JSP 指令向 JSP 引擎下达“命令”，以便于 JSP 引擎按照开发人员的要求处理 JSP 文件中除指令之外的其他内容。

这里值得说明的是，Tomcat 中包含了 JSP 引擎，因此通过 JSP 指令可以向 Tomcat 下达命令，让 Tomcat 按照我们的要求去处理 JSP 文件中除指令以外的其他内容。

JSP 指令不直接产生任何可见输出。

指令的基本格式为：

```
<%@  指令名称  属性名称 = "属性值"  %>
```

在目前的 JSP 规范中只定义了三个指令: page 指令、include 指令、taglib 指令。

1. page 指令

在 JSP 源文件中可以通过 page 指令“告知”容器如何处理当前的 JSP 源文件，比如用哪种字符编码方案来读取 JSP 源文件并将其翻译为 Servlet 源代码，将来向客户端发送响应数据时使用哪种 MIME 类型等，其使用方法为：

```
<%@  page  属性名称 = "属性值"  %>
```

JSP 规范为 page 指令定义了不同的属性用以实现不同的控制（page 指令的属性详细见附录 C），这里仅介绍我们三个最常用的属性。

（1）language 属性

通过 page 指令的 language 属性可以“告知”容器采用哪种编程语言来解释当前 JSP 源文件中的内容，因为目前主流容器仅提供了对 Java 语言的支持，因此其取值只能是“java”。容器在读取相应的 JSP 源文件后，根据 JSP 规范将其翻译为 Java 源代码(即 Servlet 源代码)。

（2）pageEncoding 属性

通过 page 指令的 pageEncoding 属性可以“告知”容器以哪种字符编码方案来翻译当前的 JSP 源文件。

比如，某个 JSP 源文件中指定了以下内容：

```
<%@  page  pageEncoding = "UTF-8"  %>
```

此时，容器将采用 UTF-8 编码方案来读取 JSP 源文件中的内容，并将其翻译为 Servlet 源代码，翻译后的 Servlet 源代码以 UTF-8 编码方案输出到存储设备。

（3）contentType 属性

通过 page 指令的 contentType 属性可以“告知”容器将来向客户端发送响应数据时使用哪种 MIME 类型。

比如，某个 JSP 源文件中指定了以下内容：

```
<%@ page contentType = "text/html;charset=UTF-8" %>
```

此时，容器将在编译后的 Servlet 源代码中添加以下内容：

```
response.setContentType ("text/html;charset=UTF-8") ;
```

了解以上三个常用属性的作用后，即可在 JSP 源文件中按需求指定它们的值。

尽管 page 指令可以出现在 JSP 源文件的任意位置，但为了保持程序的可读性，同时也为了养成良好的编程习惯，我们建议将 page 指令放在整个 JSP 源文件的最前方，例如示例代码 8-4 所示。

示例代码 8-4：

```
<%@ page language="java"  pageEncoding="UTF-8" %>
<%@ page contentType="text/html; charset=UTF-8" %>

<!DOCTYPE html>
<html>
 <head>
     <meta charset="UTF-8">
     <title> directive </title>
 </head>
 <body>

    <h1 align="center">Hello , Directive.</h1>

 </body>
</html>
```

另外，同一个指令中可以同时为多个属性设置属性值，比如：

```
<%@ page language="java"  pageEncoding="UTF-8" %>
```

也可以通过多个 page 指令单独设置属性的值：

```
<%@ page language="java" %>
<%@ page pageEncoding="UTF-8" %>
```

除本节所讲解的三个属性外，在 8.3 节中我们会结合 JSP 内置对象的使用来讲解部分属性的使用。

2．include 指令

JSP 源文件中可以通过 include 指令来“告知”容器需要在翻译后的 Servlet 源代码中包含哪个文件的内容，其使用方法为：

```
<%@ include file = "被包含的静态文件" %>
```

其中，被包含的文件必须是静态文本文件或 JSP 文件，不能是图片、音频、视频等文件，也不允许包含在运行期动态产生的内容(比如包含一个 Servlet 程序产生的内容)。

由于 include 指令的“包含”操作是发生在 JSP 源文件向 Servlet 源代码转换的过程当

中，因此在 JSP 源文件转换后生成的 Servlet 源代码中会完整包含被嵌入文件的所有内容，所以也被称作静态包含(静态嵌入)。

比如，在 jspcore 工程的 WebContent/directives 目录下，存在名称为 inner.jsp 的文件，其内容如示例代码 8-5 所示。

示例代码 8-5：

```
<%@ page language="java"  pageEncoding="UTF-8" %>
<%@ page contentType="text/html; charset=UTF-8" %>

<div>
    <%= java.time.LocalDate.now() %>
</div>
```

在另一个文件 include.jsp 中，可以通过 include 包含该文件，如示例代码 8-6 所示。

示例代码 8-6：

```
<%@ page language="java"  pageEncoding="UTF-8" %>
<%@ page contentType="text/html; charset=UTF-8" %>

<!DOCTYPE html>
<html>
    <head>
        <meta charset="UTF-8">
        <title> include directive </title>

        <style type="text/css">
            .wrapper {
                width : 90% ;
            margin : 30px auto ;
            border : 1px solid blue ;
            padding : 15px ;
            }
        </style>

    </head>
    <body>

       <h1 align="center">include directive</h1>

       <div class="wrapper">
           <%@ include file="inner.jsp" %>
       </div>

    </body>
</html>
```

此时，可以在浏览器地址栏中输入以下地址来访问 include.jsp：

```
http://localhost:8080/jspcore/directives/include.jsp
```

随即可以在浏览器中查看到如图 8-7 所示的结果。

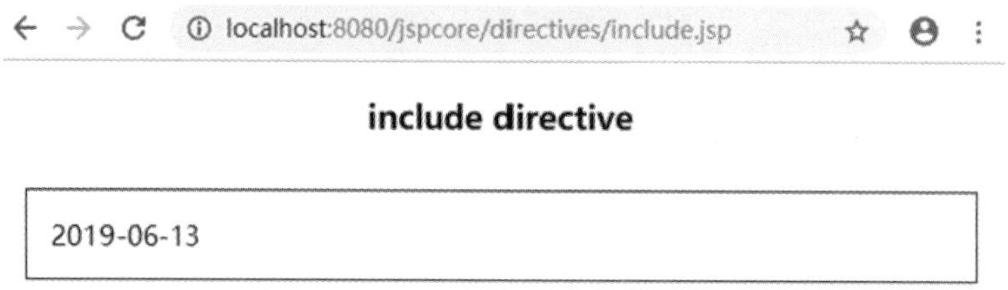

localhost:8080/jspcore/directives/include.jsp

include directive

2019-06-13

图 8-7　使用 include 指令包含文件后的输出结果

当客户端请求“/directives/include.jsp”页面时，即可在 Tomcat 服务器目录中找到 work/Catalina/localhost/jspcore 目录，并进入到 org/apache/jsp/directives 目录，可以查看到“/directives/include.jsp”对应的 Servlet 源代码和字节码文件(见图 8-8)。

图 8-8　include.jsp 对应的 Servlet 源代码和字节码文件

通过查看 include_jsp.java 文件中的源代码可以知道，存放 include.jsp 文件的 directives 目录成为 include_jsp 类的包名称，而 org.apache.jsp 包则为 directives 包的父包。如以下代码所示。

```
package org.apache.jsp.directives;

import javax.servlet.*;
import javax.servlet.http.*;
import javax.servlet.jsp.*;

public final class include_jsp extends org.apache.jasper.runtime.HttpJspBase
                    implements org.apache.jasper.runtime.JspSourceDependent,
org.apache.jasper.runtime.JspSourceImports {
      // 这里省略 include_jsp 类中的所有代码
}
```

同时，在 include_jsp.java 文件中_jspService 方法的实现过程如下：

```
 public void _jspService (final javax.servlet.http.HttpServletRequest request,
                        final javax.servlet.http.HttpServletResponse response)
     throws java.io.IOException, javax.servlet.ServletException {

    if (!javax.servlet.DispatcherType.ERROR.equals
```

```
(request.getDispatcherType())) {
      final java.lang.String _jspx_method = request.getMethod();
      if ("OPTIONS".equals(_jspx_method)) {
        response.setHeader("Allow","GET, HEAD, POST, OPTIONS");
        return;
      }
      if (!"GET".equals(_jspx_method)
&& !"POST".equals(_jspx_method)
          && !"HEAD".equals(_jspx_method)) {
        response.setHeader("Allow","GET, HEAD, POST, OPTIONS");
        response.sendError
(HttpServletResponse.SC_METHOD_NOT_ALLOWED ,
                    "JSP 只允许 GET、POST 或 HEAD。Jasper 还允许 OPTIONS");
        return;
      }
    }

    final javax.servlet.jsp.PageContext pageContext;
    javax.servlet.http.HttpSession session = null;
    final javax.servlet.ServletContext application;
    final javax.servlet.ServletConfig config;
    javax.servlet.jsp.JspWriter out = null;
    final java.lang.Object page = this;
    javax.servlet.jsp.JspWriter _jspx_out = null;
    javax.servlet.jsp.PageContext _jspx_page_context = null;


    try {
      response.setContentType("text/html; charset=UTF-8");
      pageContext = _jspxFactory.getPageContext(this, request,
response,
                                            null, true, 8192, true);
      _jspx_page_context = pageContext;
      application = pageContext.getServletContext();
      config = pageContext.getServletConfig();
      session = pageContext.getSession();
      out = pageContext.getOut();
      _jspx_out = out;

      out.write("\n");
      out.write("\n");
      out.write("\n");
      out.write("<!DOCTYPE html>\n");
      out.write("<html>\n");
      out.write("    <head>\n");
      out.write("        <meta charset=\"UTF-8\">\n");
      out.write("        <title> include directive </title>\n");
```

```
        out.write("      \n");
        out.write("      <style type=\"text/css\">\n");
        out.write("          .wrapper { \n");
        out.write("              width : 90% ; \n");
        out.write("\t            margin : 30px auto ; \n");
        out.write("\t            border : 1px solid blue ; \n");
        out.write("\t            padding : 15px ; \n");
        out.write("          }\n");
        out.write("      </style>\n");
        out.write("      \n");
        out.write("    </head>\n");
        out.write("    <body>\n");
        out.write("    \n");
        out.write("      <h3 align=\"center\">include 
directive</h3>\n");
        out.write("      \n");
        out.write("      <div class=\"wrapper\">\n");
        out.write("          ");
        out.write("\n");
        out.write("\n");
        out.write("\n");
        out.write("<div>\n");
        out.write("    ");
        out.print (java.time.LocalDate.now()) ;
        out.write("\n");
        out.write("</div>\n");
        out.write("\n");
        out.write("      </div>\n");
        out.write("    \n");
        out.write("    </body>\n");
        out.write("</html>\n");
      } catch (java.lang.Throwable t) {
        if (!(t instanceof javax.servlet.jsp.SkipPageException)){
          out = _jspx_out;
          if (out != null && out.getBufferSize() != 0)
            try {
              if (response.isCommitted()) {
                out.flush();
              } else {
                out.clearBuffer();
              }
            } catch (java.io.IOException e) {}
          if (_jspx_page_context != null)
              _jspx_page_context.handlePageException(t);
          else throw new ServletException(t);
        }
      } finally {
```

```
95         _jspxFactory.releasePageContext(_jspx_page_context);
96       }
97   }
```

由以上代码可知，inner.jsp 中的内容被容器翻译为第 66 行到第 74 行之间的内容，在翻译并包含 inner.jsp 的过程中，容器仅保留在 inner.jsp 中第一行和第二行末尾的换行符，同时将 inner.jsp 中第 25 行的 JSP 表达式转换为 Java 代码并直接包含到了_jspService 方法中的第 71 行。

使用 include 指令实现包含文件操作时可能产生字符乱码问题，我们可以在当前工程下的 WebContent/WEB-INF/web.xml 中通过 jsp-config 元素的 jsp-property-group 进行配置，此处不做说明，有兴趣的同学可以自行研究。

3．taglib

JSP 规范提供了自定义标签技术，第 9 章中将会对自定义标签进行详细讲解。通过 taglib 指令可以为 JSP 源文件导入它所使用的标签库，并指定将来使用该标签库中的标签时所使用的前缀，其使用方法为：

```
<%@  taglib  prefix = "前缀"  uri = "标签库对应的 URI "  %>
```

比如为某个 JSP 源文件导入 JSTL 中的 core 标签库，可以使用：

```
<%@  taglib  prefix = "c"  uri = " http://java.sun.com/jsp/jstl/core"  %>
```

其含义为，将 URI 为 http://java.sun.com/jsp/jstl/core 的标签库导入当前 JSP 源文件中，并指定了前缀为 c，因此在当前 JSP 源文件中就可以通过以下形式来使用该标签库中的标签：

```
<c:set  var="name"  value="malajava"  scope="page" />
```

值得注意的是，在使用标签前必须使用 taglib 指令将相应的标签库引入，当前 JSP 中的标签才能产生预期的效果。

另外从 JSP 2.0 开始，支持使用以.tag 为结尾的文件来实现自定义标签，因此也可以通过以下形式导入标签库：

```
<%@  taglib  prefix = "前缀"  tagdir = "自定义标签库对应的目录"  %>
```

根据 JSP 规范，默认以 WEB-INF 目录下的 tags 目录为一个标签库，如果在/WEB-INF/tags 目录中存在 hello.tag 文件，其内容如下：

```
<!-- jspcore/WebContent/WEB-INF/tags/hello.tag -->
<div style="border : 1px solid blue ; border-radius : 5px ; ">
    <h1>Hello</h1>
</div>
```

需要注意的是，在以.tag 为后缀的文件中不能使用 JSP 指令，但可以使用 JSP 注释、JSP 表达式、JSP 声明、JSP 表达式，因此.tag 文件本质上就是一种特殊的 JSP 文件。

在 WEB-INF/tags 目录下创建 hello.tag 文件后，即可在其他 JSP 源文件中通过以下形式导入这个标签库（tags 目录就是个标签库）：

```
<%@  taglib  prefix = "x"  tagdir = "/WEB-INF/tags"  %>
```

这里指定了标签前缀为 x，同时 hello.tag 文件名中的 hello 即为标签名称，因此在 JSP 源文件中可以采用以下形式来使用 hello 标签

```
<x:hello />
```

通过该标签即可完成在 hello.tag 文件中所书写的所有操作。

如果 hello.tag 文件中的内容在客户端发生乱码，可在 WEB-INF/web.xml 中通过

jsp-config 元素的 jsp-property-group 进行配置。

最后，必须明确一下，在 JSP 源文件中导入标签库、使用标签库中的标签最终都会转换为相应的 Java 代码。受篇幅限制，本书不展示转换后的 Java 代码，有兴趣的读者可以通过查看 JSP 源文件对应的 Servlet 源代码予以研究。

8.2.2 JSP 表达式

在 JSP 源文件中可以通过 JSP 表达式（expression）来获取一个表达式的执行结果，其使用方法为：

```
<%= expression %>
```

其中的 expression 表示可以返回执行结果的表达式，它可以是调用一个有返回值的方法，也可以是一个简单的表达式。

在示例代码 8-7 中，详细演示了 JSP 表达式的使用方法。

示例代码 8-7：

```
<%@ page language="java" pageEncoding="UTF-8" %>
<%@ page contentType="text/html; charset=UTF-8" %>

<!DOCTYPE html>
<html>
    <head>
        <meta charset="UTF-8">
        <title> JSP expression </title>
        <style type="text/css">
            h3 , p { text-align : center ; }
        </style>
    </head>
    <body>

       <h3>JSP expression</h3>

       <p> <%= request.getRequestURI() %> </p>

       <p> <%= Math.random() * 100 %> </p>

       <p> <%= Math.PI * 5 * 5 %> </p>

    </body>
</html>
```

在 expression 目录下创建 jsp-expression.jsp 文件，并确保已经启动 Tomcat 服务器后，即可在浏览器中通过以下地址来访问：

```
http://localhost:8080/jspcore/expression/jsp-expression.jsp
```

随即可以在浏览器中查看到如图 8-9 所示的结果。

localhost:8080/jspcore/expression/jsp-expression.jsp

jsp expression

/jspcore/expression/jsp-expression.jsp

87.65843128358554

78.53981633974483

图 8-9 浏览器访问 jsp-expression.jsp 后的输出结果

此时，在 jsp expression.jsp 对应的 Servlet 源代码中，在_jspService 方法内部可以查看到示例代码 8-7 中第 17 行至第 21 行之间 JSP 代码对应的 Java 代码：

```
01        out.write("      <p>  ");
02        out.print( request.getRequestURI() );
03        out.write("  </p>\n");
04        out.write("      \n");
05        out.write("      <p>  ");
06        out.print( Math.random() * 100 );
07        out.write("  </p>\n");
08        out.write("      \n");
09        out.write("      <p>  ");
10        out.print( Math.PI * 5 * 5 );
11        out.write("  </p>\n");
```

在以上代码片段中，第 2 行、第 6 行、第 10 行均为输出语句，即通过 JSP 内置对象中的 out 对象向客户端输出表达式的结果。

正因如此，许多读者误以为 JSP 表达式只是用来向客户端输出数据，实际上，JSP 表达式的作用仅用于产生一个结果，至于将这个结果输出到客户端，还是赋值给另一个变量，这取决于实际需求。

正如在本书自定义标签一章，我们会把一个 JSP 表达式所产生的结果赋值给自定义标签的一个属性，而自定义标签则通过这个属性接受 JSP 表达式产生的结果从而做出后续处理。

另外需要注意的是，所有的 JSP 表达式被容器处理后，相应的 Java 代码都位于_jspService 方法内部。

8.2.3 JSP 声明

在 JSP 源文件中可以通过 JSP 声明（declaration）来为相应的 Servlet 类声明成员，其使用方法为：

```
<%! declaration %>
```

其中，declaration 就是为相应的 Servlet 类声明的成员，它可以是字段、方法、内部类等成员，甚至是代码块。在示例代码 8-8 中，详细演示了 JSP 声明的使用方法。

示例代码 8-8：

```
<%@ page language="java" pageEncoding="UTF-8" %>
<%@ page contentType="text/html; charset=UTF-8" %>

```

```
<!DOCTYPE html>
<html>
    <head>
        <meta charset="UTF-8">
        <title> JSP declaration </title>
    </head>
    <body>

        <%!
            // 声明内部类
            class Student{
             Integer id ;
             String name ;
            }

            // 声明字段
            private Student student = new Student();;

            // 声明代码块
            {
              student = new Student();
              student.id = 9527 ;
              student.name = "华安" ;
            }

            // 声明方法
            public String getInformation(){
              return "id = " + student.id + " , name = " + student.name ;
            }
        %>

        <p  style="text-align:center;" >
             <%= this.getInformation() %>
        </p>

    </body>
</html>
```

在 declaration 目录下创建 jsp-declaration.jsp 文件并确保已经启动 Tomcat 服务器后，即可在浏览器中通过以下地址来访问：

```
http://localhost:8080/jspcore/declaration/jsp-declaration.jsp
```

随即可以在浏览器中查看到如图 8-10 所示的结果。

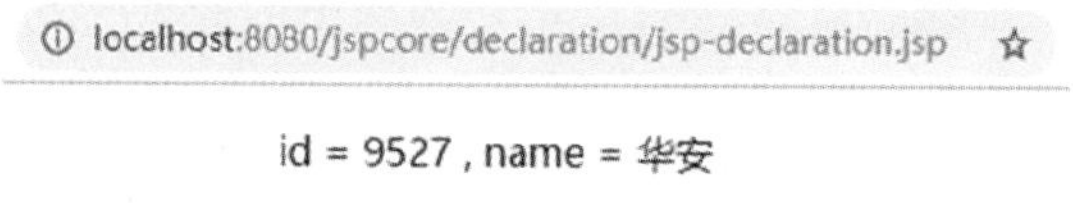

ⓘ localhost:8080/jspcore/declaration/jsp-declaration.jsp ☆

id = 9527 , name = 华安

图 8-10　浏览器访问 jsp-declaration.jsp 后的输出结果

此时，在 jsp-declaration.jsp 文件对应的 Servlet 源代码中可以查看到通过 JSP 声明为该类声明的内部类、字段、方法和代码块。

```
package org.apache.jsp.declaration;

import javax.servlet.*;
import javax.servlet.http.*;
import javax.servlet.jsp.*;

public final class jsp_002ddeclaration_jsp
                    extends org.apache.jasper.runtime.HttpJspBase
               implements
org.apache.jasper.runtime.JspSourceDependent,
org.apache.jasper.runtime.JspSourceImports {


             // 声明内部类
             class Student{
              Integer id ;
              String name ;
             }

             // 声明字段
             private Student student = new Student();;

             // 声明代码块
             {
               student = new Student();
               student.id = 9527 ;
               student.name = "华安" ;
             }

             public String getInformation(){
               return "id = " + student.id + " , name = " + student.name ;
             }

            /* 此处省略 jsp_002ddeclaration_jsp 类中的其他代码*/

}
```

由以上代码可知，通过 JSP 声明在 JSP 源文件中声明的成员统统都属于其相应的 Servlet 类的成员，甚至连代码块都会原封不动地添加到相应的 Servlet 源代码中。

8.2.4 JSP 脚本

在 JSP 源文件中可以通过 JSP 脚本（scriptlet）来嵌入 Java 代码，其使用方法为：

```
<% scriptlet %>
```

这里的 scriptlet 即为 Java 代码，其中可以声明变量，可以使用流程控制语句、循环语句等。容器将 JSP 源文件翻译为 Servlet 源代码后，这部分 Java 代码会原封不动地添加到 _jspService 方法中。在示例代码 8-9 中，详细演示了 JSP 脚本的使用方法。

示例代码 8-9：

```
<%@ page language="java"  pageEncoding="UTF-8" %>
<%@ page contentType="text/html; charset=UTF-8" %>

<!DOCTYPE html>
<html>
    <head>
        <meta charset="UTF-8">
        <title> JSP scriptlet </title>
        <style type="text/css">
            h3 { text-align : center ; }
            table { border : 1px solid blue ;  margin : auto ; }
            table td { border : 1px solid blue ;text-align : center ;  }
        </style>
    </head>
    <body>

       <h3>JSP scriptlet</h3>

       <%
           out.println ("<table>") ;
           for (int i = 1 ; i <= 9 ; i++) {
             out.println ("<tr>") ;
             for (int j = 1 ; j <= i  ; j++) {
                 out.println ("<td>") ;
                 out.println ( j  + " * "  +  i  + " = " + (i * j) ) ;
                 out.println ("</td>") ;
             }
             out.println ("</tr>") ;
           }
           out.println ("</table>") ;
       %>

    </body>
</html>
```

在 scriptlet 目录下创建 jsp-scriptlet.jsp 文件并确保已经启动 Tomcat 服务器后，即可在浏览器中通过以下地址来访问：

http://localhost:8080/jspcore/scriptlet/jsp-scriptlet.jsp

随即可以在浏览器中查看到如图 8-11 所示的结果。

此时，在 jsp-scriptlet.jsp 文件对应的 Servlet 源代码中可以查看到在 JSP 源文件通过 JSP 脚本嵌入的 Java 代码，有兴趣的读者可以通过查看相应的 Java 源代码予以验证。

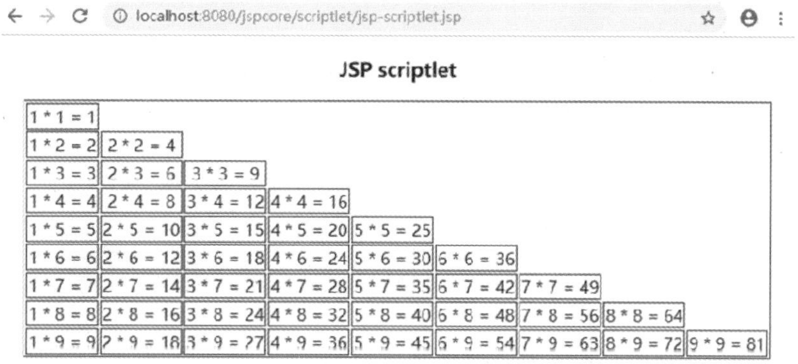

localhost:8080/jspcore/scriptlet/jsp-scriptlet.jsp

JSP scriptlet

1 * 1 = 1								
1 * 2 = 2	2 * 2 = 4							
1 * 3 = 3	2 * 3 = 6	3 * 3 = 9						
1 * 4 = 4	2 * 4 = 8	3 * 4 = 12	4 * 4 = 16					
1 * 5 = 5	2 * 5 = 10	3 * 5 = 15	4 * 5 = 20	5 * 5 = 25				
1 * 6 = 6	2 * 6 = 12	3 * 6 = 18	4 * 6 = 24	5 * 6 = 30	6 * 6 = 36			
1 * 7 = 7	2 * 7 = 14	3 * 7 = 21	4 * 7 = 28	5 * 7 = 35	6 * 7 = 42	7 * 7 = 49		
1 * 8 = 8	2 * 8 = 16	3 * 8 = 24	4 * 8 = 32	5 * 8 = 40	6 * 8 = 48	7 * 8 = 56	8 * 8 = 64	
1 * 9 = 9	2 * 9 = 18	3 * 9 = 27	4 * 9 = 36	5 * 9 = 45	6 * 9 = 54	7 * 9 = 63	8 * 9 = 72	9 * 9 = 81

图 8-11 浏览器访问 jsp-scriptlet.jsp 后的输出结果

8.2.5 JSP 注释

使用 JSP 注释可以在 JSP 源文件中添加注释，其使用方法为：

```
<%-- 注释内容 --%>
```

通过 JSP 注释在 JSP 源文件中添加的注释，仅仅存在于 JSP 源文件中，由容器将 JSP 源文件转换为 Servlet 源代码后，相应的 Servlet 源代码中不会包含这部分内容，因此将来在产生的 HTML 页面中也不可能包含这部分内容。

8.3 JSP 内置对象

JSP 内置对象是指在 JSP 源文件中不需要显式声明和初始化就能直接使用的 Java 对象，它们由容器来创建和管理，从而减少 JSP 源文件中的 Java 代码，简化 JSP 开发。

当客户端访问 JSP 相应的 Servlet 程序时，容器负责声明和初始化 JSP 内置对象，在 JSP 源文件相应的 Servlet 源代码中，通过查看_jspService 方法的实现过程可以了解 JSP 内置对象的声明和初始化过程。

```
public void _jspService( final javax.servlet.http.HttpServletRequest request ,
                         final javax.servlet.http.HttpServletResponse response)
     throws java.io.IOException, javax.servlet.ServletException {

    /* 这里省略部分代码*/

    final javax.servlet.jsp.PageContext pageContext ;
    javax.servlet.http.HttpSession session = null ;
    final javax.servlet.ServletContext application ;
    final javax.servlet.ServletConfig config ;
    javax.servlet.jsp.JspWriter out = null ;
    final java.lang.Object page = this ;
```

```
    javax.servlet.jsp.JspWriter _jspx_out = null ;
    javax.servlet.jsp.PageContext _jspx_page_context = null ;


    try {
      response.setContentType ("text/html; charset=UTF-8") ; //通过 page 指令设置
      /* 通过 JSP 指令中的 page 指令可以控制该方法的后 4 个参数 */
      pageContext = _jspxFactory.getPageContext (this , /*当前 servlet 实例/
                                                  request, /*当前请求对象*/
                                                  response , /*当前响应对象*/
                                                  null ,/*错误页面的路径*/
                                                  true ,/*是否声明会话对象*/
                                                  8192 ,  /*控制缓冲区容量*/
                                                  true) ;  /*是否自动刷出缓冲*/
      _jspx_page_context = pageContext;
      application = pageContext.getServletContext();
      config = pageContext.getServletConfig();
      session = pageContext.getSession();
      out = pageContext.getOut();
      _jspx_out = out;

      /* 在 JSP 源文件中除 JSP 指令和 JSP 声明外的所有内容从这里开始 */

      out.write("<!DOCTYPE html>\n");
      out.write("<html>\n");
      out.write("   <head>\n");
      out.write("       <meta charset=\"UTF-8\">\n");
      out.write("       <title> include directive </title>\n");
      out.write("   </head>\n");
      out.write("   <body>\n");
      out.write("   \n");
      out.write("<div>\n");
      out.write("   ");
      out.print ( java.time.LocalDate.now() ) ; // <%= java.time.LocalDate.now() %>
      out.write("\n");
      out.write("</div>\n");
      out.write("\n");
      out.write("   </body>\n");
      out.write("</html>\n");
      out.write("\n");
    } catch (java.lang.Throwable t) {
      /* 这里省略部分代码*/
    } finally {
      _jspxFactory.releasePageContext(_jspx_page_context);
    }
}
```

由以上代码可知，我们通过 JSP 源文件书写的 HTML 文档或 JSP 脚本元素被处理之前，_jspService 方法内部已经完成了对 JSP 内置对象的声明和初始化。

在现行的 JSP 规范中明确定义了 9 个内置对象的名称及其类型，见表 8-1。

表 8-1 JSP 中的内置对象

内置对象的名称	内置对象的类型
request	javax.serlet.http.HttpServletRequest
response	javax.serlet.http.HttpServletResponse
out	javax.servlet.jsp.JspWriter
config	javax.serlet.ServletConfig
exception	java.lang.Throwable
session	javax.serlet.http.HttpSession
application	javax.serlet.ServletContext
pageContext	javax.servlet.jsp.PageContext
page	java.lang.Object

除此之外没有其他内置对象，这 9 个内置对象也没有大小之分。

8.3.1 request 对象

在 JSP 程序中，可以通过 request 对象来获取请求数据。

我们已经知道，在 JSP 源文件对应的 Servlet 源代码中，_jspService 方法接受了两个参数，其中一个是 HttpServletRequest 类型的参数，在 JSP 规范中，该参数的名称为 request。而在 JSP 源文件中书写的 HTML 标签，以及除了指令和声明外的 JSP 脚本元素，经 JSP 引擎翻译后的源代码都位于_jspService 方法内部，因此在 JSP 源文件中可以直接使用该对象。

关于 request 对象的使用，可以参见第 4 章关于 HttpServletRequest 的讲解，这里不再赘述。

8.3.2 response 对象

在 JSP 程序中，可以通过 resposne 对象来向客户端输出数据。

在 JSP 源文件对应的 Servlet 源代码中，_jspService 方法接受了两个参数，在 JSP 规范中，除了以 request 表示请求对象外，另一个 HttpServletResponse 类型的参数被命名为 response，因此在 JSP 源文件中可以直接使用该对象。

关于 response 对象的使用，可以参见第 5 章中关于 HttpServletResponse 的讲解，这里不再赘述。

8.3.3 page 对象

在 JSP 程序中，page 对象表示当前“JSP 页面”对象。在 JSP 源代码中，它被声明为一个 Object 类型的变量，并直接将当前对象赋值给该变量，正如在示例代码 8-2 中第 100

行所看到的：

```
100      final java.lang.Object page = this;
```

这里的 this 即表示当前“JSP 页面”对象，也是当前 JSP 对应的 servlet 实例。

在 8.1.3 节中，我们已经知道所有的 JSP 源文件经容器翻译后产生的 Servlet 类都继承了 javax.servlet.http.HttpServlet 类，并且实现了 javax.servlet.jsp.HttpJspPage 接口。

因此，在 JSP 程序中可以将 page 对象转换为 HttpServlet 类型或 HttpJspPage 类型来使用。示例代码 8-10 中则演示了将 page 对象分别转换为 HttpServlet 和 HttpJspPage 后的用法。但实际上，我们几乎不会这样去开发 JSP 程序，因为通过转换后的 HttpServlet 和 HttpJspPage 类型的变量所能获取的数据，都可以通过其他内置对象来获取。

示例代码 8-10：

```
<%@ page language="java"  pageEncoding="UTF-8" %>
<%@ page contentType="text/html; charset=UTF-8" %>

<!DOCTYPE html>
<html>
 <head>
     <meta charset="UTF-8">
     <title>内置对象:page</title>
     <style type="text/css">
       div { text-align : center ; }
     </style>
 </head>
 <body>

    <div>
    <%
      out.println (this) ;
      out.println ("<hr>") ;
        out.println (page) ;
        out.println ("<hr>") ;
      HttpServlet servlet = (HttpServlet)page;
      out.println (servlet) ;
        out.println ("<hr>") ;
        HttpJspPage jsp = (HttpJspPage)page;
        out.println (jsp) ;
    %>
    </div>
 </body>
</html>
```

在浏览器中访问“/implicit/page.jsp”后可以看到如图 8-12 所示的结果。

由图 8-12 可知，在 JSP 程序中 page 、this 、HttpServlet 变量、HttpJspPage 变量均指向同一个对象，即当前“JSP 页面”对象(也是当前的 servlet 对象)。

因为通过 HttpServlet 变量、HttpJspPage 变量能获取的对象都可以通过其他内置对象来获取，所以，page 对象是所有 JSP 内置对象中最“鸡肋”的一个。

localhost:8080/jspcore/implicit/page.jsp

org.apache.jsp.implicit.page_jsp@75ba867e

org.apache.jsp.implicit.page_jsp@75ba867e

org.apache.jsp.implicit.page_jsp@75ba867e

org.apache.jsp.implicit.page_jsp@75ba867e

图 8-12　在 JSP 程序中使用 page 对象

8.3.4　pageContext

在 JSP 程序中，pageContext 表示当前 JSP 程序的上下文对象，通过该对象不仅可以获取其他的 JSP 内置对象，还可以通过该对象实现包含操作或重定向操作。另外，通过 pageContext 也可以实现对任意范围的属性进行操作。

1．认识 pageContext 对象

在 JSP 源代码中，pageContext 被声明为一个 PageContext 类型的变量，正如在示例代码 8-2 的第 95 行中所看到的：

```
95      final javax.servlet.jsp.PageContext pageContext;
```

并且，在随后的第 107 行中完成了对 out 变量的初始化操作：

```
107     pageContext = _jspxFactory.getPageContext (this , request , response ,
108                                               null , true , 8192 , true) ;
```

由 javax.servlet.jsp.JspFactory 提供的 getPageContext 方法根据传入的参数来构造一个 javax.servlet.jsp.PageContext 实例，通过该实例即可获取其他 JSP 内置对象。由 JSP 规范所定义的 9 个内置对象中，application、config、session、out 等对象都通过 pageContext 来完成初始化操作，正如在示例代码 8-2 中第 110 行到 113 行所看到的：

```
110         application = pageContext.getServletContext();
111         config = pageContext.getServletConfig();
112         session = pageContext.getSession();
113         out = pageContext.getOut();
```

由此可见，pageContext 对象的确是 JSP 程序中的一个上下文对象，通过它可以获取其他所有的 JSP 内置对象。

2．操作属性

PageContext 类继承了 javax.servlet.jsp.JspContext 类，而在 JspContext 类中定义了一系列操作属性的方法：

```
public void setAttribute (String name , Object value)
```

该方法用于将指定对象关联到 pageContext 对象的指定属性。

```
public Object getAttribute (String name)
```

该方法用于从 pageContext 对象中获取指定属性的属性值。如果在 pageContext 中不存在指定名称的属性则返回 null。

```
public  void  removeAttribute (String name)
```

该方法用于从 pageContext 对象中删除指定的属性。

```
public  void  setAttribute (String name , Object value , int scope)
```

该方法用于将指定对象关联到指定作用域的指定属性。

```
public  Object  getAttribute (String name , int scope)
```

该方法用于从指定作用域中获取指定属性的属性值。如果在指定作用域中不存在指定名称的属性则返回 null。

```
public  void  removeAttribute (String name)
```

该方法用于从指定作用域中删除指定属性。

```
public  Object  findAttribute (String name)
```

该方法可以从 page、request、session、application 四个作用域中依次寻找指定名称的属性。当从某个作用域中命中指定名称的属性时，则直接返回该属性的值，否则继续搜寻下一个作用域。如果在四个作用域中都未命中，则返回 null。

在自定义标签(第 9 章)中，由容器向标签实例所传递的 JspContext 对象实际上就是 JSP 程序中所使用的 pageContext 对象，因此，通过标签处理器类向 JspContext 对象所添加的属性可以在 JSP 程序中通过 pageContext 对象直接获取。

另外，在 PageContext 类定义了 4 个常量来表示不同的作用域：

```
public static final int PAGE_SCOPE = 1 ;
public static final int REQUEST_SCOPE = 2 ;
public static final int SESSION_SCOPE = 3 ;
public static final int APPLICATION_SCOPE = 4;
```

在 JSP 程序中，总是结合这 4 个常量来操作不同作用域的属性，有兴趣的读者可以通过阅读 JSP 源文件对应的 Servlet 源代码予以验证，这里不做研究。

3. 使用举例

本节通过一个简单的案例来演示 pageContext 对象的使用，如示例代码 8-11 所示。

示例代码 8-11：

```
<%@ page language="java"  pageEncoding="UTF-8" %>
<%@ page contentType="text/html; charset=UTF-8" %>

<!DOCTYPE html>
<html>
 <head>
     <meta charset="UTF-8">
     <title>内置对象:pageContext</title>
     <style type="text/css">
        div { text-align : center ; }
     </style>
 </head>
 <body>

 <div>
 <%
```

```
out.println("<h5>使用 pageCotnext 获取其他内置对象</h5>");
out.println("<p> request : " + pageContext.getRequest() + "</p>");
out.println("<p> response : " + pageContext.getResponse() + "</p>");
out.println("<p> out : " + pageContext.getOut() + "</p>");
out.println("<p> config : " + pageContext.getServletConfig() +
"</p>");
out.println("<p> session : " + pageContext.getSession() + "</p>");
out.println("<p> application : " + pageContext.getServletContext()
+ "</p>");

out.println("<hr>");

out.println("<h5>通过 pageCotnext 操作属性</h5>");
pageContext.setAttribute("name" , "藜蒿炒腊肉",
PageContext.PAGE_SCOPE);
pageContext.setAttribute("name" , "爱心套餐",
PageContext.REQUEST_SCOPE);

Object name1 = pageContext.getAttribute("name" ,
PageContext.PAGE_SCOPE);
out.println("<p> page scope : " + name1  + "</p>");

Object name2 = pageContext.getAttribute("name" ,
PageContext.REQUEST_SCOPE);
   out.println("<p> page scope : " + name2  + "</p>");
%>
</div>

</body>
</html>
```

在启动容器后，即可在浏览器中访问以上 JSP 程序，访问效果如图 8-13 所示。

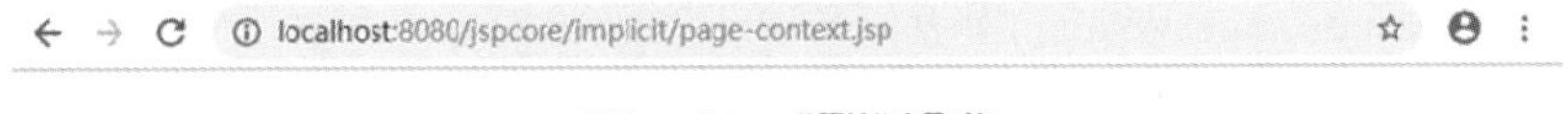

图 8-13　pageCotnext 对象使用举例

8.3.5 out 对象

在 JSP 程序中，out 对象用于向响应对象中输出数据(响应对象中的数据由容器封装成 HTTP 响应发送给客户端)，它是一个 javax.servlet.jsp.JspWriter 类型的对象。JspWriter 类是一个抽象类，它继承了 java.io.Writer 类，因此通过 out 对象只能以字符形式输出数据。

1. 认识 out 对象

在 JSP 源代码中，out 是一个 JspWriter 类型的变量，正如在示例代码 8-2 的第 99 行中所看到的：

```
99      javax.servlet.jsp.JspWriter out = null;
```

并且，在随后的第 113 行中完成了对 out 变量的初始化操作：

```
113     out = pageContext.getOut();
```

这里，通过 pageContext 实例的 getOut()方法创建并返回了一个 JspWriter 对象，该对象也就是在 JSP 程序中所使用的 out 对象。

根据 JSP 规范，JspWriter 类的子类除实现该类中的所有抽象方法，还需要提供一个缓冲区支持，正如在 Apache Tomcat 所提供的 JspWriterImpl 类中所声明的 char 数组。

```
package org.apache.jasper.runtime;

public class JspWriterImpl extends JspWriter {

    private Writer out ;
    private ServletResponse response ;
    private char cb[] ;
    private int nextChar ;
    private boolean flushed = false ;
    private boolean closed = false ;

}
```

另外，该类中声明了一个 response 字段用于引用请求所关联的响应对象，另一个 out 字段则用于引用 response.getWriter()所返回的 PrintWriter 对象。

因此，除非特别对待，否则通过 out 对象输出的数据会首先输出到 out 对象所管理的缓冲区中，随后通过 PrintWriter 对象输出到响应对象中，最后由容器将响应对象封装成 HTTP 响应并发送给客户端。

2. 设置缓冲区

在 JSP 源文件中，可以通过 page 指令的 buffer 属性来控制 out 对象的缓冲区容量：

```
<%@  page  buffer="none | nkb"  %>
```

如果 buffer 属性取值为 none，则表示不适用缓存，此时通过 out 对象输出的数据都会直接输出到 response 对象中（后经容器将 response 封装为 HTTP 响应发送给客户端）。

如果将 buffer 属性的取值指定为数值，则 out 对象所使用的实际缓冲区容量不小于该值。缓冲区的容量可以采用“nkb”形式来指定，比如 2Kb 表示缓冲区容量为 2048，默认容量为 8Kb。

另外，通过 page 指令的 autoFlush 属性用来指定缓冲区中的内容是否自动刷出。

```
<%@ page autoFlush="true | false" %>
```

autoFlush 属性的取值默认为 true，表示缓冲区已满时，将缓冲区中的内容输出到 response 对象中（后经容器将 response 封装为 HTTP 响应发送给客户端）。

如果 autoFlush 属性取值为 false，则表示输出到缓冲区中的内容超出缓冲区容量时，不会将缓冲区中的内容输出到 response 对象，而是抛出 JSP Buffer overflow 异常。

当 page 指令的 buffer 属性为 none 或 0kb 时，autoFlush 必须为 true，否则一定会抛出 JSP Buffer overflow 异常。

3. 使用举例

本节将通过案例演示缓冲区的设置和 out 对象的使用，如示例代码 8-12 所示。

示例代码 8-12：

```
01  <%@ page language="java"  pageEncoding="UTF-8" %>
02  <%@ page contentType="text/html; charset=UTF-8" %>
03
04  <%@ page buffer="1kb"  autoFlush="true" %>
05  <%@ page import="java.io.PrintWriter" %>
06
07  <!DOCTYPE html>
08  <html>
09   <head>
10       <meta charset="UTF-8">
11       <title>内置对象:out</title>
12       <style type="text/css">
13            p { text-align : center ; }
14         </style>
15   </head>
16   <body>
17     <%
18     PrintWriter writer = response.getWriter();
19
20     out.println("<p>落霞与孤鹜齐飞</p>");
21     out.flush();
22
23     out.println("<p>穷且益坚，不坠青云之志</p>");
24
25     writer.println("<p>秋水共长天一色</p>");
26     %>
27   </body>
28  </html>
```

在浏览器中访问 out.jsp 后所显示的结果如图 8-14 所示。

在示例代码 8-12 中，因为在第 21 行调用了 out 对象的 flush 方法将缓冲区中的数据强制刷出，因此第 20 行的输出会在第 25 行输出之前；而第 23 行的输出则要等到缓冲区满了或者由容器将 response 对象封装为 HTTP 响应时才刷出，所以第 23 行的输出就在最后一行输出。

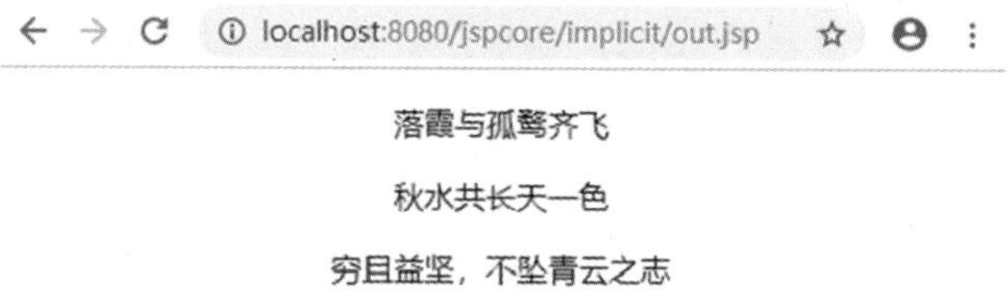

localhost:8080/jspcore/implicit/out.jsp

落霞与孤鹜齐飞

秋水共长天一色

穷且益坚，不坠青云之志

图 8-14　在浏览器中显示 out 对象的输出结果

8.3.6　config 对象

在 JSP 程序中，可以通过 config 对象来访问容器向该 JSP 程序所传递的信息。在 JSP 源代码中，config 对象被声明为一个 ServletConfig 类型的变量，正如在示例代码 8-2 的第 98 行中所看到的：

```
98      final javax.servlet.ServletConfig config;
```

并且，在随后的第 111 行中完成了对 config 变量的初始化操作：

```
111      config = pageContext.getServletConfig();
```

容器在初始化 JSP 源文件对应的 servlet 时，通过调用 servlet 的 init 方法向 servlet 传递数据。这些数据被封装在 ServletConfig 对象中，通过 init 方法的参数传递给当前 servlet。在 JSP 源文件中，通过 pageContext.getContextConfig()方来获取由容器传递的 ServletConfig 对象。

1．在 JSP 程序中使用 config 对象

在前面的内容中我们已经知道，通过 ServletConfnig 对象可以获取当前 servlet 的名称，可以获取 servlet 的初始化参数，也可以获取 ServletContext 对象，在示例代码 8-13 中展示了这些方法在 JSP 程序中的用法。

示例代码 8-13：

```
<%@ page language="java"  pageEncoding="UTF-8" %>
<%@ page contentType="text/html; charset=UTF-8" %>

<%@ page import="java.util.Enumeration" %>

<!DOCTYPE html>
<html>
   <head>
      <meta charset="UTF-8">
      <title>内置对象:config</title>
      <style type="text/css">
         h2 , p { text-align : center ; }
      </style>
   </head>
   <body>
```

```
        <h2>内置对象:config</h2>

        <%
          // 获取 Servlet 名称
          String servletName = config.getServletName();
          out.println("<p> Servlet Name : " + servletName + "</p>");

          // 获取 ServletContext 对象
          ServletContext servletContext = config.getServletContext();
          out.println("<p> ServletContext : " + servletContext + "</p>");


          out.println("<hr>");

          // 获取所有初始化参数的名称
          Enumeration<String> initParamNames = config.getInitParameterNames();
          while (initParamNames.hasMoreElements()) {
            // 获取单个初始化参数名称
            String initParamName = initParamNames.nextElement();
            // 根据初始化参数名称获取相应的初始化参数值
            String initParamValue = config.getInitParameter(initParamName);
            // 通过 out 对象将初始化参数输出
            out.println("<p> " + initParamName + " : " + initParamValue + "</p>");
          }
        %>

    </body>
</html>
```

实际上，通过以下路径来访问该程序时仅能看到如图 8-15 所示的内容。

```
http://localhost:8080/jspcore/implicit/config.jsp
```

localhost:8080/jspcore/implicit/config.jsp

内置对象:config

Servlet Name : jsp

ServletContext : org.apache.catalina.core.ApplicationContextFacade@195a0b35

fork : false

xpoweredBy : false

图 8-15　在浏览器中用 JSP 源文件路径的形式来访问 JSP 程序

这里的 fork 和 xpoweredBy 即为容器向 JSP 程序传递的初始化参数。

2. 为 JSP 程序指定初始化参数

如果期望向 JSP 程序传递自定义的初始化参数，则需要将“/implicit/config.jsp”当作一个 Servlet 来使用，同时在 web.xml 中予以配置，如示例代码 8-14 所示。

示例代码 8-14：

```
<servlet>
 <servlet-name>config_jsp_servlet</servlet-name>
 <jsp-file>/implicit/config.jsp</jsp-file>
 <init-param>
     <param-name>message</param-name>
     <param-value>其实我是一个 Servlet 程序</param-value>
 </init-param>
</servlet>

<servlet-mapping>
 <servlet-name>config_jsp_servlet</servlet-name>
 <url-pattern>/config/servlet</url-pattern>
</servlet-mapping>
```

当在 web.xml 为“/implicit/config.jsp”指定了初始化参数后，在浏览器中通过以下路径即可以 Servlet 形式来访问该 JSP 程序：

```
http://localhost:8080/jspcore/config/servlet
```

此时，在浏览器中可以查看到如图 8-16 所示的内容。

localhost:8080/jspcore/config/servlet

内置对象:config

Servlet Name : config_jsp_servlet

ServletContext : org.apache.catalina.core.ApplicationContextFacade@12121e3f

fork : false

xpoweredBy : false

message : 其实我是一个Servlet程序

jspFile : /implicit/config.jsp

图 8-16　在浏览器中使用 url-pattern 形式来访问 JSP 程序

由图 8-16 可知，除了 fork 和 xpoweredBy 外，容器还为 JSP 程序传递了一个名称为 jspFile 的初始化参数，它表示当前被访问的 JSP 程序对应的 JSP 源文件的路径，而其中的 message 则是我们在 web.xml 中所配置的初始化参数。

8.3.7 exception 对象

在 JSP 程序中，exception 对象用于表示 JSP 程序在运行期间所发生的异常，它是一个 java.lang.Throwable 类型的对象。

1．声明 ErrorPage

与其他 JSP 内置对象不同的是，并不是所有的 JSP 程序中都可以使用 exception 对象。page 指令的 isErrorPage 属性决定了 JSP 程序中是否可以直接使用 exception 对象。

```
<%@ page isErrorPage = "true | false" %>
```

默认情况下，isErrorPage 属性取值为 false，表示当前 JSP 程序中不能访问 exception 对象。只有将 isErrorPage 属性的取值设置为 true 时，才能在当前 JSP 程序中访问 exception 对象，此时，由该 JSP 程序所产生的“JSP 页面”被称作“ErrorPage”。示例代码 8-15 将 error-handler.jsp 声明为 ErrorPage 页面。

示例代码 8-15：

```
<%@ page language="java" pageEncoding="UTF-8" %>
<%@ page contentType="text/html; charset=UTF-8" %>

<%@ page isErrorPage="true" %>

<!DOCTYPE html>
<html>
    <head>
        <meta charset="UTF-8">
        <title>内置对象:exception</title>
        <style type="text/css">
            h2 , p { text-align : center ; }
        </style>
    </head>
    <body>

        <h2>内置对象:exception</h2>
        <% if (exception != null) { %>
         <p> message : <%= exception.getMessage() %> </p>
         <p> localized message : <%= exception.getLocalizedMessage() %> </p>
        <% } %>
    </body>
</html>
```

需要注意的是，请不要把 ErrorPage 翻译为“错误页面”，因为被声明为 ErrorPage 的 JSP 程序中并没有发生异常，相反是其他 JSP 程序在运行期间发生异常后将它们所产生的异常对象交给 ErrorPage 来处理。因此，我们更应该将 ErrorPage 当作是“错误处理页面”，而相应的 JSP 程序应该当作是“错误处理程序”。

2. 使用 ErrorPage

在声明过 ErrorPage 后，即可在其他 JSP 程序中使用该 ErrorPage。

在 JSP 源文件中，通过 page 指令的 errorPage 属性用于指定 ErrorPage 的路径：

```
<%@  page  errorPage = "ErrorPagePath"  %>
```

当 JSP 程序在运行期间发生异常时，容器将当前请求转发(forward)给 errorPage 所指定的 JSP 程序，同时将捕获到的异常对象交给该 JSP 程序，如示例代码 8-16 所示。

示例代码 8-16：

```
<%@ page language="java"  pageEncoding="UTF-8" %>
<%@ page contentType="text/html; charset=UTF-8" %>

<%@ page errorPage="error-handler.jsp" %>

<!DOCTYPE html>
<html>
 <head>
     <meta charset="UTF-8">
     <title>可能抛出异常的 JSP 程序</title>
     <style type="text/css">
          p { text-align : center ; }
       </style>
 </head>
 <body>
    <%
    int dividend = 100 ;
    int divisor = 0 ;
    out.println(dividend + " / " + divisor + " = " +(dividend / divisor));
    %>
 </body>
</html>
```

当我们在浏览器中通过以下路径来访问 throw.jsp 时，throw.jsp 页面将会发生异常：

```
http://localhost:8080/jspcore/implicit/throw.jsp
```

因为在 throw.jsp 页面中通过 page 指令的 errorPage 属性指定了 ErrorPage，所以当 throw.jsp 中发生异常时，容器会捕获该异常对象并将请求转发给 error-handler.jsp，因此在浏览器窗口中将看到如图 8-17 所示的内容。

因为容器内部采用转发将请求从 throw.jsp 跳转到了 error-handler.jsp，因此浏览器地址栏中的 URL 并没有发生变化。

localhost:8080/jspcore/implicit/throw.jsp

内置对象:exception

message : / by zero

localized message : / by zero

图 8-17 在浏览器中访问 throw.jsp

8.3.8 session 对象

在 JSP 程序中，session 对象表示当前请求关联的会话。使用会话可以保存当前客户端所管理的数据，从而在同一个客户端的多次请求之间共享数据。

1. 理解会话

HTTP 协议是一种无状态的协议（不保存连接状态的协议）。当采用 HTTP 协议访问服务器上的 Web 应用时，在客户端每次请求并接收到来自服务器的响应后，连接就关闭了。此时客户端与服务器之间的连接被断开，当同一个客户端再次访问同一个服务器时，服务器并不知道该客户端曾经访问过当前服务器。

为了能够让服务器识别不同的客户端，从而能够记录客户端的访问状态，进而达到同一个客户端在一定时间段内多次访问同一个服务器时实现数据共享的目的，Web 开发领域的先驱们为我们引入了“会话”的概念。

在 Web 开发中，从用户打开浏览器并在其中访问某个 Web 应用开始，直至关闭浏览器窗口的整个过程，就是一个会话。这个会话特指当前的浏览器与指定的 Web 应用之间的一次会话。

实现不同客户端的识别并记录每一个客户端的访问状态，以便于对同一个客户端的多次请求进行追踪，被称作会话管理或会话追踪。常用的会话管理方式有四种：

- ✧ Cookie
- ✧ Session
- ✧ URL 重写
- ✧ 隐藏表单域

本书中主要使用 Session 方式对会话进行管理，同时会在部分章节中结合使用 Cookie 和 URL 重写技术。

2. 认识 session 对象

在 JSP 源文件中，session 被声明为一个 HttpSession 类型的变量，正如在示例代码 8-2 的第 96 行中所看到的：

```
96      javax.servlet.http.HttpSession session = null;
```

并且，在随后的第 112 行完成了对 session 变量的初始化：

```
112     session = pageContext.getSession();
```

这里尽管是通过 pageContext 对象来获取 HttpSession 对象的，但事实上却是通过当前请求对象来获取的，因为在 pageContext 对象内部封装了一个 HttpServletRequest 对象。而在 HttpServletRequest 接口中则存在以下方法用于获取当前请求关联的会话对象：

```
public HttpSession getSession();
public HttpSession getHeader(boolean create);
```

因此，在 JSP 源文件中除了可以通过 session 变量来使用 HttpSession 对象，还可以通过 request 对象来获取 HttpSession 对象。

同时，即使是在 Servlet 程序中，也可以通过由 service 方法传入的 HttpServletRequest 参数来获取 HttpSession 对象。

3. HttpSession 接口

在 Servlet 技术体系中，利用 javax.servlet.http.HttpSession 类型的实例来实现会话管理，甚至在 JSP 程序中更是直接声明了 HttpSession 类型的 session 变量来管理会话。

在 HttpSession 接口中声明了大量的方法用于会话管理：

```
public String getId()
```

该方法用于获取由服务器为当前会话对象分配的标识符。

```
public boolean isNew()
```

该方法用于判断当前会话对象是否是新创建的，如果是新创建的则返回 true。

```
public long getCreationTime()
```

该方法用于获取由服务器为当前会话对象的创建时间(以毫秒计)。

```
public long getLastAccessedTime()
```

该方法用于获取由服务器为当前会话对象的最后访问时间(以毫秒计)。

```
public void setMaxInactiveInterval( int timeout )
```

该方法用于设置当前会话对象的“发呆”时间(以毫秒计)，即从用户最后一次访问会话对象起，在指定时间内，如果用户无任何操作，则废弃该会话对象并回收其所占用的空间。

```
public int getMaxInactiveInterval()
```

该方法用于获取当前会话对象的发呆时间(以毫秒计)

```
public void invalidate()
```

该方法用于废弃当前会话对象，并回收该会话所占用的相关资源。

```
public void setAttribute(String name , Object value)
```

该方法用于将指定对象关联到会话对象的指定属性上。

```
public Object getAttribute(String name)
```

该方法用于从会话对象中根据属性名称获取指定属性的属性值。

```
public Enumeration<String> getAttributeNames()
```

该方法用于从会话对象中获取所有的属性名称。

```
public void removeAttribute(String name)
```

该方法用于从会话对象中删除指定名称的属性。

```
public ServletContext getServletContext()
```

该方法用于获取 Servlet 上下文对象。

4. 会话的创建过程

获取当前请求关联的 HttpSession 对象，并尝试从当前请求中获取名称为 JSESSIONID

的 cookie。如果从请求头中未找到名称为 JSESSIONID 的 cookie，则创建新的 HttpSession 对象，容器会为 HttpSession 对象分配新的标识符，且创建一个名称为 JSESSIONID 的 Cookie 对象，该 cookie 的值就是 HttpSession 对象 getId() 方法所返回的字符串。同时，将该 Cookie 对象的路径设置为“/”（相当于当前域的根路径）。

通过响应头将名称为 JSESSIONID 的 cookie 发送给客户端，客户端接收到 cookie 后会保存在本地，直到浏览器关闭为止。当客户端再次访问同一个域的资源时，客户端都会通过 HTTP 请求头，将这个 cookie 回传给服务器。如果从请求头中找到名称为 JSESSIONID 的 cookie，容器会根据 JSESSIONID 的值寻找与它匹配的 HttpSession 对象，即寻找 getId() 返回值与 JSESSIONID 的值相同的 HttpSession 对象。如果容器找到与 JSESSIONID 的值相匹配的 HttpSession 对象，则不再执行任何操作；如果容器未找到与 JSESSIONID 的值相匹配的 HttpSession 对象，则：

- 创建新的 HttpSession 对象
- 创建一个名称为 JSESSIONID 的 Cookie 对象
- 通过响应头将名称为 JSESSIONID 的 cookie 发送给客户端

5. 计数器

示例代码 8-17 定义的 servlet 实现了一个简单的网页计算器，其实现的基本过程在此不再赘述。

示例代码 8-17：

```
package cn.edu.ecut.servlet.tracking;

import javax.servlet.ServletException;
import javax.servlet.annotation.WebServlet;
import javax.servlet.http.*;
import java.io.IOException;
import java.io.PrintWriter;
import java.util.Iterator;

@WebServlet ("/session/counter")
public class SessionCounterServlet extends HttpServlet {

    private boolean isFirst (HttpServletRequest request)
                    throws ServletException, IOException{

        Cookie[] cookies = request.getCookies();

        if (cookies == null) {
            return true ;
        }

        for (Cookie ck :cookies) {
            if ("jsessionid".equalsIgnoreCase (ck.getName()) ) {
```

```
                return false ;
            }
        }

        return true ;
    }

    @Override
    protected void service(HttpServletRequest request,
HttpServletResponse response)
            throws ServletException, IOException {

        System.out.println(this.isFirst(request) ? "第一次使用会话" : "
不是第一次使用会话");

        Integer x = 1 ;
        //  1.获取当前请求关联的 HttpSession 对象
        HttpSession session = request.getSession();
        session.setMaxInactiveInterval(60);

        System.out.print("[ " + session.getId() + " ]");
        System.out.println(session.isNew() ? " 是新创建的会话" : " 不是新创
建的会话");

        //  2.尝试获取 session 中名称为 counter 的属性值
        Object value = session.getAttribute("counter");

        // 3. 判断 counter 属性是否存在，且其取值是否是 Integer 类型
        // (表达式 " null instanceof 类型 " 永远返回 false)
        if(value instanceof Integer) { // 如果 value 为 null ，则一定不会
进入 if 内部
            x = (Integer) value ;
            x++ ;
        }

        // 4.将 counter 属性添加到 session 对象中
        session.setAttribute("counter" , x ) ;

        response.setContentType("text/html;charset=UTF-8") ;
        PrintWriter w = response.getWriter();
        w.println("<h1 style='text-align:center'>") ;
        w.println("第 " + x + " 次") ;
        w.println("</h1>") ;
    }

}
```

8.4 思维梳理

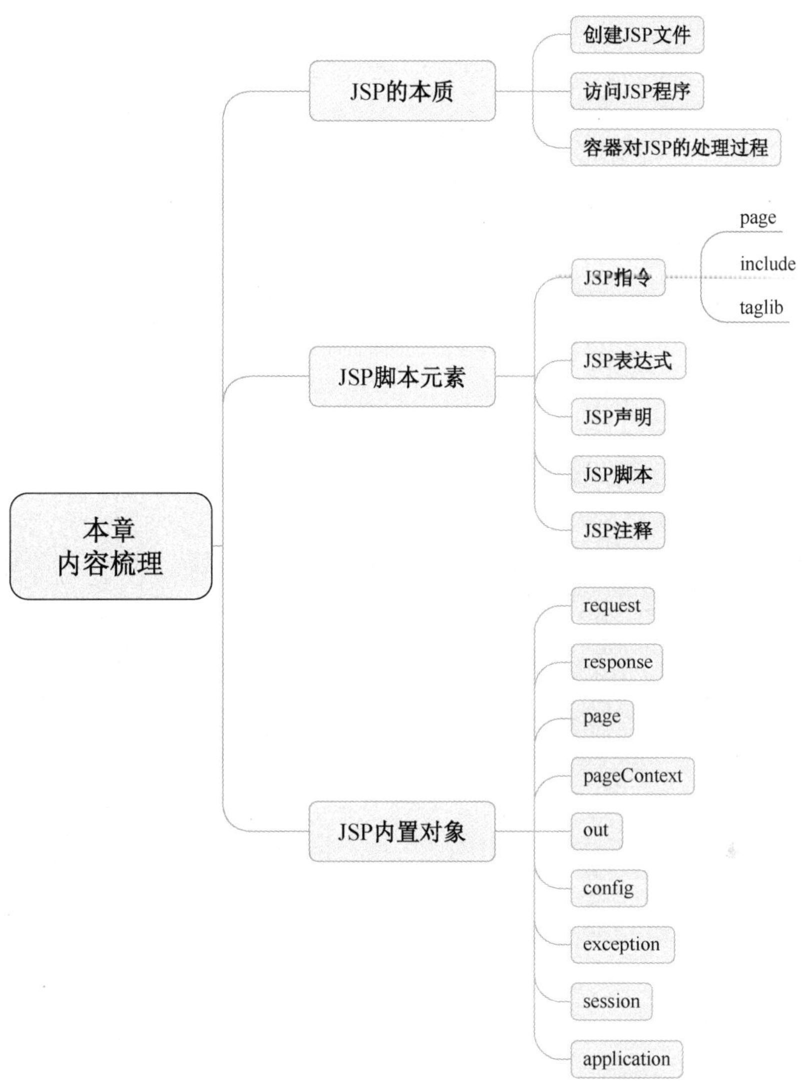

8.5 习题

（1）简述 JSP 的本质。

（2）常见的 JSP 指令有哪些？它们各自的作用是什么？

（3）什么是 JSP 的内置对象？常见的内置对象有哪些？它们各自的作用是什么？

（4）实现一个具有登录功能和计数器功能的 JSP 页面，登录成功则将计数器加 1。可以考虑将 JSP 常见的内置对象应用到该应用中。

第 9 章

自定义标签

9.1 概述

自定义标签是 JSP 1.1 才开始出现的，它允许开发人员创建客户化的标签，并且在 JSP 文件中使用这些标签，从而可以使 JSP 代码更加简洁。通过自定义标签可以处理复杂的逻辑运算和事务，或者能定义 JSP 网页的输出内容和格式。

JSP 中的自定义标签包括以下形式：

（1）不包含属性也不包含标签体

不包含属性、也不包含标签体的标签可以写作以下形式：

```
<m:hello></m:hello>
```

或者写作：

```
<m:hello />
```

其中，hello 就是标签名称，m 是标签的前缀(可以通过 taglib 指令指定)。

（2）仅包含属性

仅包含属性但不包含标签体的标签可以写作以下形式：

```
<m:for begin="1" end="5" step="1" ></m:for>
```

或者写作：

```
<m:for begin="1" end="5" step="1" />
```

其中，begin、end、step 都是 for 标签的属性（attribute）。

（3）仅包含标签体

仅包含标签体、但不包含属性的标签可以写作以下形式：

```
<m:show>How are you ? </m:show>
```

在<m:show>和</m:show>之间的内容就是标签体。

（4）同时包含属性和标签体

同时包含属性和标签体的标签可以写作以下形式：

```
<m:iterator item="${ userList }" var="user">
    ${ user.nickname }
</m:iterator>
```

符号“${”和“ }”是 EL 表达式的起始结束符，EL 表达式将在第 10 章中详细介绍。

（5）嵌套标签

一个自定义标签内部可以包含另一个自定义标签，比如：

```
<m:switch>
    <m:case test="${ not empty username }">
        <h5>Hello , ${ username }</h5>
    </m:case>
    <m:default>
        <h5>Hello</h5>
    </m:default>
</m:switch>
```

以上外层标签<m:switch>被称作父标签，内层标签<m:case>和<m:default>被称作子标签。

受篇幅限制，本书中仅研究前三种形式的标签。

9.2 开发步骤

在了解自定义标签的概念、作用和分类后，本节将通过开发一个简单的标签来讲解自定义标签的开发步骤。

接下来，我们将开发一个 hello 标签，在页面上通过以下形式来使用：

```
<m:hello />
```

并期望在用户访问时呈现以下效果，如图 9-1 所示。

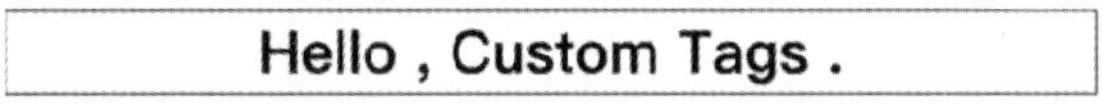

Hello , Custom Tags .

图 9-1　hello 标签在页面上呈现的效果

为了能够通过自定义的 hello 标签实现以上效果，我们需要完成以下操作：

✧　导入标签库

✧　编写标签库描述符

✧　开发标签处理器类

接下来将分步骤详细讲解这几个环节。

9.2.1　开发标签处理器类

在 JSP 页面上使用的自定义标签，经过容器的一系列转换后，最终都会由某个具体的 Java 对象中的某个方法来完成。

JSP 规范提供了支持标签扩展的 API，它们被定义在 javax.servlet.jsp.tagext 包中，其核心接口和类之间的关系如图 9-2 所示。

在图 9-2 中，虚线右侧为 JSP 2.0 之前为标签扩展所提供的支持，虚线左侧为 JSP 2.0 开始为标签扩展所提供的支持。从 JSP 2.0 开始，JSP 规范中提供了 JspTag 接口，并依此为基础对 JSP 1.x 中的接口和类进行了重新定义。

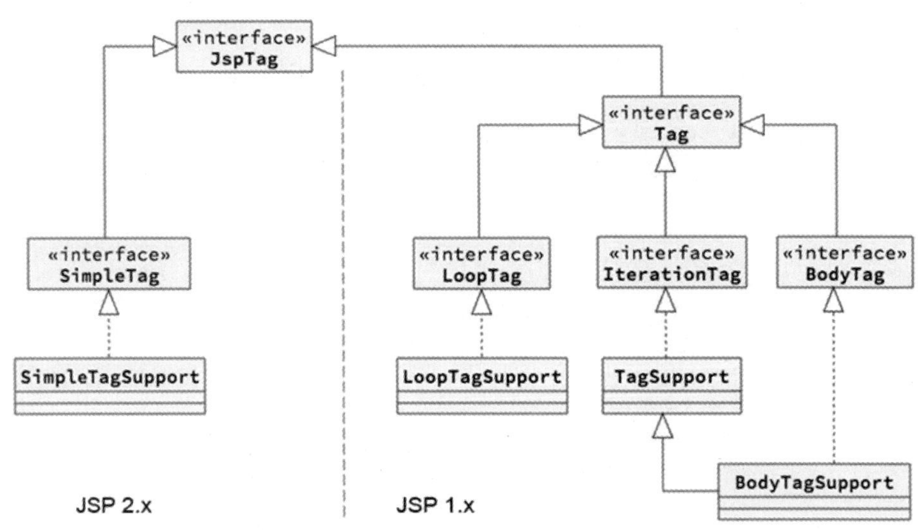

图 9-2　JSP 规范中的标签扩展体系

目前，主流的容器（比如 Tomcat、Jetty 等）都支持 JSP 2.0 规范，因此我们建议采用 JSP 2.0 中提供的标签扩展支持，从而简化自定义标签的开发。

JspTag 接口中没有声明任何常量和方法，所有的标签处理器类都必须实现该接口，以标识该类是一个 JSP 标签(tag)的处理器(handler)类。

```
package javax.servlet.jsp.tagext ;
public interface JspTag {
}
```

SimpleTag 接口继承了 JspTag 接口，并定义了标签操作的基本方法。

```
package javax.servlet.jsp.tagext ;

public interface SimpleTag extends JspTag {
    public void doTag() throws javax.servlet.jsp.JspException , java.io.IOException ;
    public void setParent (JspTag parent) ;
    public JspTag getParent();
    public void setJspContext (javax.servlet.jsp.JspContext pc) ;
    public void setJspBody (JspFragment jspBody) ;
}
```

而 SimpleTagSupport 类则实现了 SimpleTag 接口中的所有抽象方法，并重新定义了几个用以辅助标签控制器类开发的方法。

```
package javax.servlet.jsp.tagext ;

public class SimpleTagSupport implements SimpleTag {
    private JspTag parentTag;
    private JspContext jspContext;
    private JspFragment jspBody;
    public SimpleTagSupport() {
    }
```

```

    @Override
    public void doTag() throws JspException, IOException {
        // NOOP by default
    }

    @Override
    public void setParent (JspTag parent) {
        this.parentTag = parent;
    }

    @Override
    public JspTag getParent() {
        return this.parentTag;
    }

    @Override
    public void setJspContext (JspContext pc) {
        this.jspContext = pc;
    }

    protected JspContext getJspContext() {
        return this.jspContext;
    }

    @Override
    public void setJspBody (JspFragment jspBody) {
        this.jspBody = jspBody;
    }

    protected JspFragment getJspBody() {
        return this.jspBody;
    }

    public static final JspTag findAncestorWithClass (JspTag from , Class<? > klass) {
      boolean isInterface = false;
      if (from == null || klass == null || (!JspTag.class.isAssignableFrom(klass)
                                    && ! (isInterface = klass.isInterface()) )
          ) {
             return null;
      }

      for (;;) {
          JspTag parent = null;
```

```
            if (from instanceof SimpleTag) {
                parent = ((SimpleTag)from).getParent();
            } else if (from instanceof Tag) {
                parent = ((Tag)from).getParent();
            }
            if (parent == null) {
                return null;
            }

            if (parent instanceof TagAdapter) {
                parent = ((TagAdapter)parent).getAdaptee();
            }

            if ((isInterface && klass.isInstance(parent)) ||
                    klass.isAssignableFrom(parent.getClass())) {
                return parent;
            }

            from = parent;
        }
    }
}
```

由以上实现过程可知，SimpleTagSupport 类中重新声明了以下几个方法：

```
protected JspContext getJspContext()
protected JspFragment getJspBody()
public static final JspTag findAncestorWithClass (JspTag from , Class<? >
klass)
```

其中，静态方法 findAncestorWithClass 用于根据类型查找父标签。

从 JSP 2.0 开始，建议通过继承 SimpleTagSupport 类并重写 doTag 方法来开发自定义标签的处理器类。同时，在前面章节中，我们建议 Servlet 类的类名以 Servlet 为后缀，Filter 类的类名以 Filter 为后缀，这里强烈建议标签处理器类以 Tag 为后缀，比如 hello 标签对应的处理器类的类名为 HelloTag。为 hello 标签定义控制类如示例代码 9 -1 所示。

示例代码 9-1：

```
package org.malajava.tags ;

import javax.servlet.jsp.JspContext ;
import javax.servlet.jsp.JspException ;
import javax.servlet.jsp.JspWriter ;
import javax.servlet.jsp.tagext.SimpleTagSupport ;
import java.io.IOException ;

public class HelloTag extends SimpleTagSupport {

    @Override
    public void doTag() throws JspException, IOException {

```

```
        JspContext jspContext = this.getJspContext();

        JspWriter out = jspContext.getOut();

        // 使用输出流向页面输出内容
        out.println("<h1 style='border : 1px solid blue ; text-align:center ;'>");
        out.println(" Hello , Custom Tags .");
        out.println("</h1>");
    }

}
```

在 HelloTag 的 doTag 方法中，通过调用从父类 SimpleTagSupport 继承的 getJspContext() 方法来获取 JspContext 对象：

```
JspContext jspContext = this.getJspContext();
```

该对象相当于 JSP 内置对象中的 pageContext 对象。

在 JSP 规范中，PageContext 类继承了 JspContext 类，因此对于 JSP 中的 pageContext 内置对象来说，其绝大多数方法都通过继承 JspContext 类而来。

随后，通过 JspContext 对象的 getOut()方法来获取一个 JspWriter 对象：

```
JspWriter out = jspContext.getOut();
```

该对象相当于 JSP 内置对象中的 out 对象，可以用于向客户端输出文本数据。

最后，通过 JspWriter 对象向客户端输出 HTML 文本内容：

```
out.println("<h1 style='border : 1px solid blue ; text-align:center ;'>");
out.println(" Hello , Custom Tags .");
out.println("</h1>");
```

而这段通过 JspWriter 对象输出的内容，就是将来 hello 标签在页面上最终呈现的内容。

9.2.2 定义标签

开发好标签处理器类后，容器并不知道页面上哪个标签对应哪个处理器类，因此还需要通过标签库描述符来建立标签（tag）和处理器类（handler class）之间的映射。

标签库描述符（Tag Library Descriptor）是一个用来定义标签或函数的 XML 文件，在其中可以建立标签与标签处理器类之间的对应关系、建立函数与方法之间的对应关系。

一个标签库描述符中可以定义多个标签或多个函数。在同一个标签库描述符中定义的多个标签可以称作一个标签库，而在同一个标签库描述符中定义的多个函数可以称作一个函数库。

标签库描述符以“.tld”为扩展名，通常被放在 WEB-INF 目录或其子目录中。但如果标签库描述符被放在 WEB-INF 的子目录中，则该目录的名称不能是 tags。因为从 JSP 2.0 开始允许采用 JSP 源文件（以.tag 为后缀）的方式来实现自定义标签，容器默认以 WEB-INF/tags 目录为这类文件的存放位置。因此，我们直接在 WEB-INF 中创建一个名称为 m.tld 的标签库描述符，其内容如示例代码 9-2 所示。

示例代码 9-2：

```
<? xml version="1.0" encoding="UTF-8"? >

<taglib xmlns="http://java.sun.com/xml/ns/javaee"
        xmlns:xsi="http://www.w3.org/2001/XMLSchema-instance"
        xsi:schemaLocation="http://java.sun.com/xml/ns/javaee
              http://java.sun.com/xml/ns/javaee/web-jsptaglibrary_2_1.xsd"
        version="2.1">

    <tlib-version>1.0</tlib-version>
    <short-name>m</short-name>
    <uri>http://www.malajava.org/custom/tags</uri>

</taglib>
```

其中：

- ✧ taglib 是标签库描述符的根元素
- ✧ tlib-version 用于声明标签库的版本(根据实际情况来自定义即可)
- ✧ short-name 用于指定建议在页面上使用的标签前缀(比如<m:hello />中的 m)
- ✧ uri 用于指定当前标签库的 URI(容器通过 URI 来区分不同的标签库)

在标签库描述符中，通过 tag 标记来定义标签并指定相应的标签控制器类，比如定义 hello 标签可以使用如示例代码 9-3 中的配置来完成：

```
<tag>
 <name>hello</name>
 <tag-class>org.malajava.tags.HelloTag</tag-class>
 <body-content>empty</body-content>
</tag>
```

其中：

- ✧ tag 用于定义一个标签
- ✧ name 用于指定标签名称
- ✧ tag-class 用于指定标签控制器类
- ✧ body-content 用于设置标签体，这里的 empty 表示标签体为空

注意，因为我们所开发的 hello 标签没有标签体，因此将 body-content 的取值设置为 empty。受篇幅限制，本书中讲解带有标签体的自定义标签。

9.2.3 使用标签

在标签库描述符中定义标签后，即可在 JSP 源文件上使用该标签。

首先我们需要在 JSP 源文件中导入标签库，导入标签库可以使用 taglib 类实现，其用法为：

```
<%@ taglib prefix="P" uri="URI" %>
```

其中：

- ✧ prefix 用于指定引用标签时所使用的前缀
- ✧ uri 用于指定标签库对应的 URI

比如在 JSP 源文件中导入 hello 标签所在的标签库，可以使用以下指令：

```
<%@ taglib prefix="m" uri="http://www.malajava.org/custom/tags" %>
```

在导入过标签库的 JSP 源文件中，可以通过以下形式来使用自定义标签：

```
<prefix:tagName  attributeName="attributeValue" ></prefix:tagName>
```

当标签不需要指定属性时，可以将 attributeName="attributeValue"部分省略。比如在 JSP 源文件中使用没有属性的 hello 标签，可以使用以下形式：

```
<m:hello></m:hello>
```

同时，当一个标签没有标签体时，可以简写为以下形式：

```
<prefix:tagName />
```

对于 hello 标签来说，可以简写为：

```
<m:hello />
```

9.3 处理属性

在上一节中所完成的 hello 标签是没有属性、没有标签体的，因此在 JSP 页面中使用时不需要指定属性和标签体。但实际应用中，为自定义标签指定属性或标签体是非常必要的。

本节主要讲解自定义标签中属性的定义和使用方法。

9.3.1 固定属性值

我们已经知道在 JSP 页面中，可以通过 JSP 脚本在 JSP 页面上嵌入循环语句，从而实现循环操作，比如：

```
<%
 for (int i = 1 ; i < 6 ; i++) {
      out.println ("<h5>第[ " + i + " ]次循环</h5>") ;
 }
%>
```

这种在 JSP 页面上夹杂使用 Java 代码和 HTML 标记的做法是我们极力反对的，我们建议使用标签来取代上述操作，比如通过一个 for 标签来实现：

```
<m:for begin="1" end="5" step="1" />
```

在以上使用的 for 标签中：

- ✧ begin 属性表示循环变量的起始值
- ✧ end 属性表示循环变量的最终值
- ✧ step 属性则表示循环变量每次的增加值

为了保证以上 for 标签能够实现相应的效果，我们还需要在其标签处理器类中、在标签库描述符中分别定义 for 标签的属性，以下将依次实现。

1．开发标签处理器类

创建一个 ForTag 类，该类继承 SimpleTagSupport 类并重写 doTag()方法，同时在 ForTag

类中定义 begin、end、step 三个属性，为带有属性的标签 for 定义控制器类，如示例代码 9-4 所示。

示例代码 9-4：

```
package org.malajava.tags;

import java.io.IOException;

import javax.servlet.jsp.*;
import javax.servlet.jsp.tagext.SimpleTagSupport;

public class ForTag extends SimpleTagSupport {

    private Integer begin ;
    private Integer end ;
    private Integer step ;

    @Override
    public void doTag() throws JspException, IOException {
        if (begin == null || end == null || step == null) {
          throw new NullPointerException ("begin 、end 、step 均不能为空");
        }

        if (begin > end) {
          throw new RuntimeException ("循环起始值(begin)必须小于等于最终值(end)");
        }

        JspContext jspContext = this.getJspContext();
        JspWriter out = jspContext.getOut();

        for (int i = begin ; i <= end ; i = i + step) {
            out.println ("<h5 style='text-align:center;'>第 [ " + i + " ] 次循环</h5>");
        }

    }

    public Integer getBegin() {
        return begin;
    }

    public void setBegin(Integer begin) {
        this.begin = begin;
    }

```

```
    public Integer getEnd() {
        return end;
    }

    public void setEnd(Integer end) {
        this.end = end;
    }

    public Integer getStep() {
        return step;
    }

    public void setStep(Integer step) {
        this.step = step;
    }
}
```

在标签的控制器类中声明属性时，应该尽量根据实际情况来明确属性的类型，同时应该尽量使用包装类类型而不是基本数据类型。比如对于 for 标签来说，在 JSP 页面上使用时，begin、end、step 三个属性的取值均为整数类型，因此在 ForTag 中这三个属性都应该定义为 Integer 类型。

2. 定义标签

在开发好标签处理器类后，还需要在标签库描述符中建立标签和处理器类之间的映射。因为 for 标签中含有属性，因此在标签库描述符中定义 for 标签的同时还需要定义这些属性。

在标签库描述符中定义含有属性的标签格式，如示例代码 9-5 所示，我们可以在上一节已经创建的 m.tld 文件中追加这部分内容。

示例代码 9-5：

```
<tag>
 <name>for</name>
 <tag-class>org.malajava.tags.ForTag</tag-class>
 <body-content>empty</body-content>

 <attribute>
     <name>begin</name>
     <required>true</required>
     <rtexprvalue>false</rtexprvalue>
     <type>java.lang.Integer</type>
 </attribute>

 <attribute>
     <name>end</name>
     <required>true</required>
     <rtexprvalue>false</rtexprvalue>
     <type>java.lang.Integer</type>
 </attribute>
```

```

<attribute>
    <name>step</name>
    <required>true</required>
    <rtexprvalue>false</rtexprvalue>
    <type>java.lang.Integer</type>
</attribute>
</tag>
```

由以上代码可知，在标签库描述符中通过<tag>标记内部的<attribute>子标记为自定义标签定义属性。

通常在<attribute>标记内部需要指定以下四个配置：

✧ name

name 标记用于指定属性的名称。

该名称与标签处理器类中的属性名相同。同时该名称也是在 JSP 页面上使用标签时所指定的属性名称。

✧ required

required 标记用于指定在 JSP 中使用该标签时是否必须显式指定该属性，true 表示必须显式指定，false 表示不需要显式指定。

✧ rtexprvalue

rtexprvalue 全称是 Runtime Expression Value，表示运行时表达式值。

rtexprvalue 标记用于指定该属性是否可以接收运行时表达式的值，true 表示允许接收，false 表示不允许接收。

✧ type

type 标记用于指定属性的类型，除了 Java 语言中的 8 种基本数据类型，其他所有类型都必须使用规范化类名，比如 Integer 类型应该写作 java.lang.Integer、String 类型应该写作 java.lang.String 。

3. 使用标签

在标签库描述符中定义好标签及其属性后，即可在 JSP 页面上使用标签了。

在 tags 工程的 WebContent 目录下创建一个 for.jsp 页面，并在其中引入自定义的标签库，随后在该页面上通过 for 标签来实现循环操作，如示例代码 9-6 所示。

示例代码 9-6：

```
<%@ page language="java" pageEncoding="UTF-8" %>
<%@ page contentType="text/html; charset=UTF-8" %>

<%-- 引入自定义标签库 --%>
<%@ taglib prefix="m" uri="http://www.malajava.org/custom/tags" %>

<!DOCTYPE html>
<html>
 <head>
     <meta charset="UTF-8">
```

```
        <title>循环标签</title>
    </head>
    <body>
    <%-- 使用自定义标签 --%>
    <m:for begin="1" end="5" step="1"  />
    </body>
   </html>
```

随后启动容器，并在浏览器中访问该页面:http://localhost:8080/tags/for.jsp

在浏览器中的访问效果如图 9-3 所示。

图 9-3　在 JSP 页面上使用 for 标签产生的结果

至此，我们已经可以开发带有属性的自定义标签了。

9.3.2　动态属性值

在上一小节中，我们已经掌握开发带有属性的自定义标签。在示例代码 9-5 中定义的 for 标签的每个属性都不能接收运行期由表达式产生的值，在本小节中，我们将以动态产生 M 行 N 列的表格为例，说明如何来接收并处理由表达式产生的动态值。

1. 创建表单

首先在 tags 工程的 WebContent 目录下创建一个用于输入表格行数和列数的 input.jsp 页面，其内容如示例代码 9-7 所示。

示例代码 9-7：

```
<%@ page language="java" pageEncoding="UTF-8" %>
<%@ page contentType="text/html; charset=UTF-8" %>

<!DOCTYPE html>
<html>
 <head>
     <meta charset="UTF-8">
```

```
        <title>输入表格行数和列数</title>
        <style type="text/css">
            h3 , h5 { text-align: center ; }
            h5 { color : red ; }
            .form-container {
                display: block ;
                width: 90% ;
                margin: 15px auto ;
                padding:15px ;
                box-shadow: 0 0 5px 4px #dedede ;
                font-size: 14px ;
            }
        </style>
    </head>
    <body>

        <h3>请输入表格行数和列数</h3>

        <div class="form-container">
            <form
action="${pageContext.request.contextPath }/customer/tag/table"
                        method="post">
                输入表格行数:
                <input type="text" name="rows" placeholder="行数">
                输入表格列数:
                <input type="text" name="columns" placeholder="列数">
                <input type="submit" value="提交" >
            </form>
        </div>

        <%-- 显示错误信息(如果没有则不显示) --%>
        <h5>${ sessionScope.error }</h5>
        <%-- 错误信息显示完毕，从会话对象中移除  --%>
        <%  session.removeAttribute ("error") ;  %>


    </body>
</html>
```

2. 创建 Servlet 类

在示例代码 9-7 中，表单数据被提交给当前 Web 应用下的“/custom/tag/table”，它对应的是一个 Servlet，用于接收来自表单的数据，其实现过程如示例代码 9-8 所示。

示例代码 9-8：

```
package org.malajava.servlets;

import java.io.*;
```

```
import javax.servlet.*;
import javax.servlet.annotation.*;
import javax.servlet.http.*;

@WebServlet ("/customer/tag/table")
public class CreateTableServlet extends HttpServlet {

 @Override
 protected void service(HttpServletRequest request , HttpServletResponse response)
         throws ServletException, IOException {

     // 获取当前 Web 应用的根路径
     final String applicationPath = request.getContextPath();
     // 获取当前请求关联的会话对象
     HttpSession session = request.getSession();

     // 从请求对象中获取通过表单传递的参数
     String rows = request.getParameter ("rows") ;
     String columns = request.getParameter ("columns") ;

     // 确定检查失败后的返回页面
     final String input =  applicationPath + "/input.jsp";

     if (rows == null || rows.trim().isEmpty())  {
         session.setAttribute ("error", "请输入行数") ; // 在会话对象中添加提示信息
         response.sendRedirect (input) ; // 重定向到输入页面
         return ;// 让 service 方法立即结束，避免后续代码的执行
     }

     if (columns == null || columns.trim().isEmpty())  {
         session.setAttribute ("error", "请输入列数") ; // 在会话对象中添加提示信息
         response.sendRedirect (input) ; // 重定向到输入页面
         return ;// 让 service 方法立即结束，避免后续代码的执行
     }

     int r = 0 ;
     try {
         r = Integer.parseInt (rows) ; // 尝试将字符串解析为整数类型
     } catch (NumberFormatException e) {
         // 如果捕获到异常则说明被解析的字符串不是数字
         session.setAttribute ("error", "你输入的行数不是整数") ;
         response.sendRedirect (input) ;
         return ; // 让方法立即结束
     }
```

```
        if (r <= 0 ) {
            session.setAttribute ("error", "行数必须大于零") ;
            response.sendRedirect (input) ;
            return ; // 让方法立即结束
        }

        int c = 0 ;
        try {
            c = Integer.parseInt (columns) ;
        } catch (NumberFormatException e) {
            session.setAttribute ("error", "你输入的列数不是整数") ;
            response.sendRedirect (input) ;
            return ;
        }

        if (c <= 0 ) {
            session.setAttribute ("error", "列数必须大于零") ;
            response.sendRedirect (input) ;
            return ; // 让方法立即结束
        }

        // 将行数和列数添加到请求对象的属性中
        request.setAttribute ("rows" , r) ;
        request.setAttribute ("columns" , c) ;

        final String path = "/WEB-INF/table.jsp" ;
        RequestDispatcher dispatcher = request.getRequestDispatcher (path) ;
        // 将请求转发到 path 对应的页面
        dispatcher.forward (request , response) ;
    }
}
```

在 CreateTableServlet 类的 service 方法中，首先对接收到的参数数据进行检查。当用户在页面上输入的行数、列数为空或者不是整数时，重定向到输入页面（input.jsp）。

当用户输入的行数、列数不为空且均为正整数时，将行数和列数设置到请求对象的属性中，最后将请求转发到“/WEB-INF/table.jsp” (目前尚未创建“/WEB-INF/table.jsp”页面，等到定义好自定义标签后再创建该页面) 。

前两个步骤中，我们完成了创建表单和创建 Servlet 类，从下一步骤开始创建一个用于动态产生表格的自定义标签。

3. 开发标签处理器类

为了实现动态创建表格的标签，我们需要创建一个 TableTag 类，该类继承 SimpleTagSupport 并重写其中的 doTag()方法，同时我们需要在该类中至少定义两个属性：

✧ rows 属性表示新创建表格的行数

✧ columns 属性表示新创建表格的列数

另外，为了能够更好地设置表格的样式，我们额外增加一个 className 属性，用于接收用户指定的 CSS 样式。TableTag 类的实现过程如示例代码 9-9 所示。

示例代码 9-9：

```
package org.malajava.tags;

import java.io.*;
import javax.servlet.jsp.*;
import javax.servlet.jsp.tagext.*;

public class TableTag extends SimpleTagSupport {

 private Integer rows ; // 行数
 private Integer columns ; // 列数
 private String className ; // 样式

 private StringBuffer buffer ; // 用来缓存默认样式的字符缓冲区

 @Override
 public void doTag() throws JspException, IOException {

     if (rows != null && columns != null) {

         JspContext jspContext = this.getJspContext();
         JspWriter out = jspContext.getOut();

         // 如果 className 属性为空，则使用默认样式
         if (className == null || className.trim().isEmpty()) {
             this.produceDefaultStyle();
             out.println (buffer) ; // 输出默认样式
             className = "dynamic-table" ; // 设置的 class 名称
         }

         out.println ("<table class='" + className +"' >" ) ;

         for (int i = 0 ; i < rows ; i++) {
             out.println ("<tr>") ;
             for (int j = 0 ; j < columns ; j++) {
                 out.println ("<td></td>");
             }
             out.println ("</tr>") ;
         }

         out.println ("</table>") ;
     }
 }
```

```

private void produceDefaultStyle() {
    if (buffer == null) {
        buffer = new StringBuffer();
        buffer.append("<style type='text/css'>\n");
        buffer.append(".dynamic-table { \n");
        buffer.append("    border : 1px solid blue ; \n");
        buffer.append("    margin: auto ; \n");
        buffer.append("}\n");
        buffer.append(".dynamic-table td { \n");
        buffer.append("     border : 1px solid blue ; \n");
        buffer.append("     height : 15px ; \n");
        buffer.append("     width : 80px ; \n");
        buffer.append("     text-align : center ; \n");
        buffer.append("}\n");
        buffer.append("</style>");
        buffer.append("</style>");
    }
}

public Integer getRows() {
    return rows;
}

public void setRows(Integer rows) {
    this.rows = rows;
}

public Integer getColumns() {
    return columns;
}

public void setColumns(Integer columns) {
    this.columns = columns;
}

public String getClassName() {
    return className;
}

public void setClassName(String className) {
    this.className = className;
}

}
```

在 TableTag 类中，私有方法 produceDefaultStyle()负责产生默认的样式，并将该样式添加到字符缓冲区中。重写后的 doTag()方法先判断是否指定了样式，如果未指定样式则采用默认的样式，最后根据 rows 属性和 columns 属性的取值来创建一个表格。

4．定义标签

接下来在标签库描述符中定义 table 标签，并将该标签的 rows 和 columns 属性定义为可以接收运行期由表达式产生的值。可以找到 WEB-INF 目录下的 m.tld 文件，并在其中添加示例代码 9-10 中的内容。

示例代码 9-10：

```
<tag>
 <name>table</name>
 <tag-class>org.malajava.tags.TableTag</tag-class>
 <body-content>empty</body-content>

 <attribute>
     <name>rows</name>
     <required>true</required>
     <rtexprvalue>true</rtexprvalue>
     <type>java.lang.Integer</type>
 </attribute>

 <attribute>
     <name>columns</name>
     <required>true</required>
     <rtexprvalue>true</rtexprvalue>
     <type>java.lang.Integer</type>
 </attribute>

 <attribute>
     <name>className</name>
     <required>false</required>
     <rtexprvalue>false</rtexprvalue>
     <type>java.lang.String</type>
 </attribute>

</tag>
```

其中的 rows 和 columns 属性的 rtexprvalue 都被设置为 true，表示允许接收动态的属性值（即在运行期间由表达式产生的值）。

同时 table 标签的 className 属性不是必须出现的属性，因此 required 被设置为 false。另外该属性不能接收动态值，因此 rtexprvalue 也被设置为 false。

5．使用标签

创建好标签处理器类并在标签库描述符中定义过 table 标签后即可在页面上使用该标签，接下来在当前工程的 WEB-INF 目录下创建 table.jsp 页面（该页面也是 CreateTableServlet 中转发操作的目的页面），如示例代码 9-11 所示。

示例代码 9-11：

```
<%@ page language="java" pageEncoding="UTF-8" %>
<%@ page contentType="text/html; charset=UTF-8" %>

<%-- 引入自定义标签库 --%>
<%@ taglib prefix="m" uri="http://www.malajava.org/custom/tags" %>

<!DOCTYPE html>
<html>
 <head>
     <meta charset="UTF-8">
     <title>表格标签</title>
     <style type="text/css">
         h3 , h5 { text-align: center ; }
         .tab { border : 1px solid gray ; margin: auto ; }
         .tab td {
             border : 1px solid gray ;
             text-align : center ;
             height : 20px ;
             width : 50px ;
         }
     </style>
 </head>
 <body>

 <h3>使用自定义标签创建表格</h3>

 <h5> 使用 EL 表达式指定 rows 和 columns 属性的值，未指定 className</h5>
 <m:table  rows="${ rows }" columns="${ columns }" />

 <hr>

 <%
     int r = (Integer)request.getAttribute ("rows") ;
     int c = (Integer)request.getAttribute ("columns") ;
 %>

 <h5> 使用 JSP 表达式指定 rows 和 columns 属性的值，并指定 className</h5>
 <m:table  rows="<%= r %>" columns="<%= c %>"  className="tab"/>
 </body>
</html>
```

CreateTableServlet 类的 service 方法将行数和列数添加到请求对象的属性中，最后将请求转发给/WEB-INF/table.jsp 页面，故而在 table.jsp 中可以通过 EL 表达式从请求对象的属性列表中直接获取行数和列数，并将其赋值给 table 标签的 rows 属性和 columns 属性(table.jsp 中的第一个<m:table>)。

另外，通过 JSP 脚本代码从请求对象中获取 rows 属性和 columns 属性的值，并将它们分别赋值给 r 变量和 c 变量，随后使用 JSP 表达式为 table 标签的 rows 属性和 columns 属性赋值(table.jsp 中的第二个<m:table>)。

最后，启动容器并在浏览器中访问 input.jsp 页面，并在表单中输入行数和列数，如图 9-4 所示。

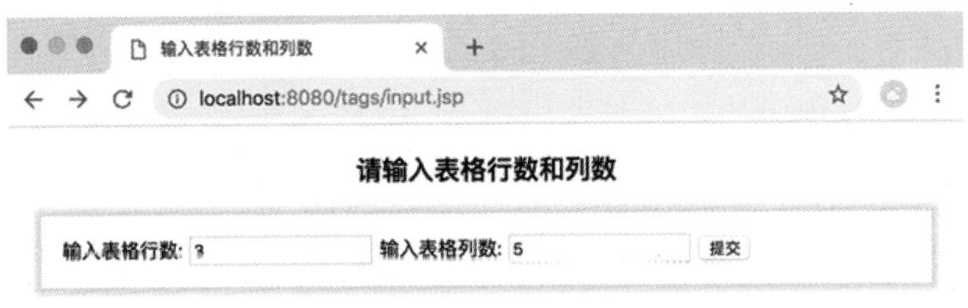

图 9-4　输入行数和列数

在输入行数和列数后，单击“提交”按钮，即可经由“/custom/tag/table”对应的 Servlet(即 CreateTableServlet)将请求转发给/WEB-INF/table.jsp 页面，访问效果如图 9-5 所示。

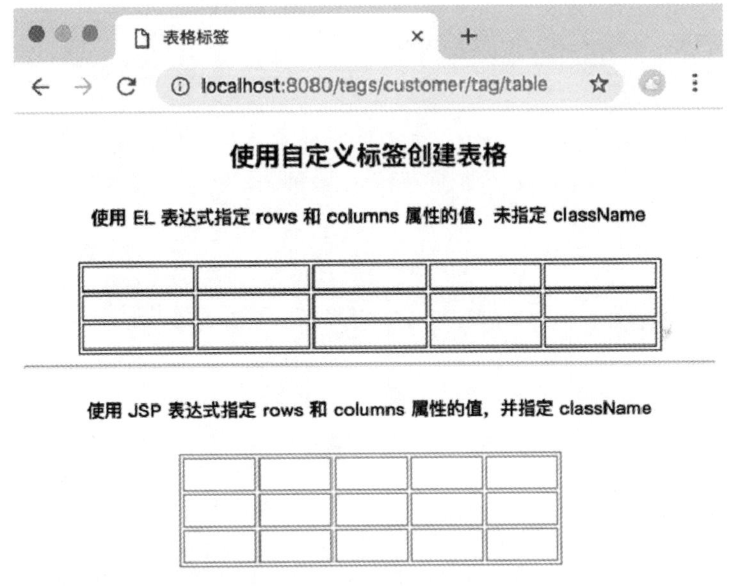

图 9-5　使用 table 标签动态产生的表格

9.3.3　接收复杂对象

在 9.3.1 节和 9.3.2 节所开发的自定义标签中，仅能够接受并处理简单类型的属性值。这里所谓的简单类型，是指以下类型：

✧　基本数据类型（byte、short、int、long、float、double、char、boolean）

✧　包装类类型(Byte、Short、Integer、Long、Float、Double、Character、Boolean)

✧　java.lang.String 类型

在使用自定义标签时，可以通过字面量直接为属性赋值，比如 for 标签的 begin、end、

step 三个属性；也可以通过表达式来为属性赋值，比如 table 标签的 rows 属性和 columns 属性。

当标签的属性不是以上 17 种类型时，就只能通过表达式为属性赋值了。本节将通过开发一个对日期对象进行格式化的自定义标签，来讲解如何通过标签的属性接收相对复杂的 Java 对象，并在标签处理器中对该对象做出处理。

1. 开发标签处理器类

创建一个 FormatTag 类，该类继承 SimpleTagSupport 类并重写 doTag()方法，同时在 FormatTag 类中定义 item 和 pattern 两个属性。用于处理复杂对象的标签控制器类如示例代码 9-12 所示。

示例代码 9-12：

```
package org.malajava.tags;

import java.io.*;
import java.text.*;

import javax.servlet.jsp.*;
import javax.servlet.jsp.tagext.*;

public class FormatTag extends SimpleTagSupport {

 private Object item ;
 private String pattern ;

 @Override
 public void doTag() throws JspException, IOException {

     if (item == null) {
         throw new NullPointerException ("必须指定被格式化的对象") ;
     }

     if (pattern == null || pattern.trim().isEmpty() ) {
         throw new RuntimeException ("必须指定格式化模式(pattern)") ;
     }

     String result = "" ;

     if (item instanceof java.util.Date) {

         // 将 item 强制类型转换为 java.util.Date 类型
         java.util.Date date = (java.util.Date) item ;

         // 创建日期格式化对象
         DateFormat dateFormat = new SimpleDateFormat (pattern) ;

         // 将日期格式化为 pattern 对应的格式
```

```
        result = dateFormat.format (date) ;

    }

    // 获取 JSP 上下文对象（相当于 JSP 页面中的 pageContext 对象）
    JspContext jspContext = this.getJspContext();
    // 获取输出流（相当于 JSP 页面中的 out 对象）
    JspWriter out = jspContext.getOut();
    // 将格式化后的结果输出到 JSP 页面上
    out.println (result) ;

}

public Object getItem() {
    return item;
}

public void setItem(Object item) {
    this.item = item;
}

public String getPattern() {
    return pattern;
}

public void setPattern(String pattern) {
    this.pattern = pattern;
}

}
```

在 FormatTag 类的 doTag 方法中，通过用户在页面上指定的日期模式(pattern)来创建 DateFormat 实例，并通过该对象完成对 Date 对象的格式化操作：

```
    if (item instanceof java.util.Date) {

        // 将 item 强制类型转换为 java.util.Date 类型
        java.util.Date date = (java.util.Date) item ;

        // 创建日期格式化对象
        DateFormat dateFormat = new SimpleDateFormat (pattern) ;

        // 将日期格式化为 pattern 对应的格式
        result = dateFormat.format (date) ;

    }
```

2. 定义标签

接下来在标签库描述符中定义 format 标签，并将该标签的 item 和 pattern 属性定义为可以接收运行期由表达式产生的值。可以找到 WEB-INF 目录下的 m.tld 文件，并在其中添加示例代码 9-13 中的内容。

示例代码 9-13：

```
<tag>
 <name>format</name>
 <tag-class>org.malajava.tags.FormatTag</tag-class>
 <body-content>empty</body-content>

 <attribute>
     <name>item</name>
     <required>true</required>
     <rtexprvalue>true</rtexprvalue>
     <type>java.lang.Object</type>
 </attribute>

 <attribute>
     <name>pattern</name>
     <required>true</required>
     <rtexprvalue>true</rtexprvalue>
     <type>java.lang.String</type>
 </attribute>
</tag>
```

需要注意的是，在声明标签时，item 属性的类型为 java.lang.Object，这与 FormatTag 类中定义的 item 字段类型相同。

3. 使用标签

创建好标签处理器类并在标签库描述符中定义过 format 标签后即可在页面上使用该标签，接下来在当前工程的 WebContent 目录下创建 format.jsp 页面，如示例代码 9-14 所示。

示例代码 9-14：

```
<%@ page language="java" pageEncoding="UTF-8" %>
<%@ page contentType="text/html; charset=UTF-8" %>

<%-- 引入自定义标签库 --%>
<%@ taglib prefix="m" uri="http://www.malajava.org/custom/tags" %>

<!DOCTYPE html>
<html>
 <head>
     <meta charset="UTF-8">
     <title>格式化标签</title>
     <style type="text/css">
         h5 { text-align: center ; }
     </style>
 </head>
 <body>

 <%-- 使用 useBean 动作 创建一个 Date 对象 --%>
```

```
    <jsp:useBean id="now" class="java.util.Date" scope="page" ></jsp:useBean>

    <%-- 使用 EL 表达式直接输出日期对象的默认字符串形式 --%>
    <h5>${ now }</h5>

    <%-- 使用自定义标签对日期进行格式化 --%>
    <h5>
        <m:format item="${ now }" pattern="yyyy年MM月dd日 E"/>
    </h5>

    <h5>
        <m:format item="<%= now %>" pattern="yyyy年MM月dd日 E"/>
    </h5>

    </body>
   </html>
```

最后，启动容器并在浏览器中访问 format.jsp 页面 ，如图 9-6 所示。

图 9-6　使用格式化标签对日期进行格式化

9.4　思维梳理

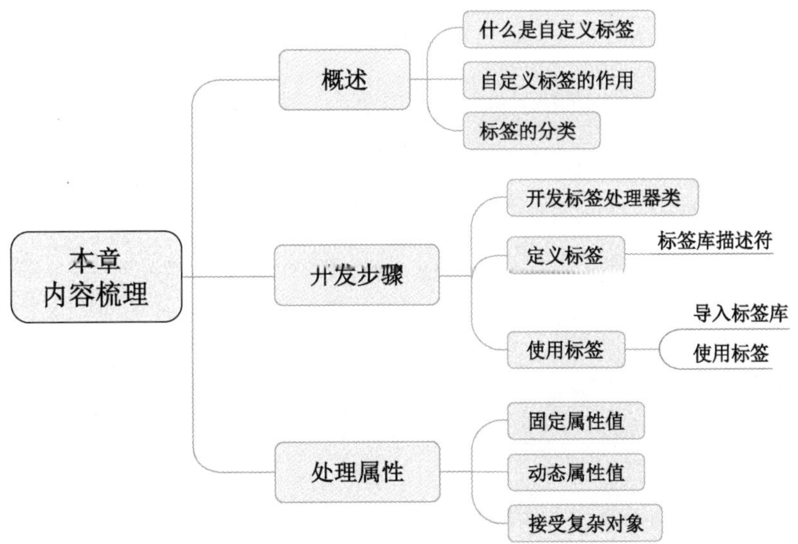

9.5 习题

（1）简述自定义标签的实现过程。

（2）在 JSP 页面中使用的自定义标签是如何调用 doTag 方法的？

（3）简述自定义标签的生命周期。

（4）在标签处理器类中获取的 JspContext 对象与 JSP 内置对象 pageContext 有何区别与联系？

（5）在标签处理器类中获取的 JspWriter 对象与 JSP 内置对象 out 有何区别与联系？

第 10 章

标准标签库

JSTL 全称为（Java Server Page Standard Tag Library 即：JSP 标准标签库），是由 SUN 公司提供的简化 JSP 页面设计的标签。JSTL 由 Core、I18N、SQL、XML、Functions 五个部分组成，其中最重要的是 Core 标签库和 I18N 标签库中的格式化标签库。

表达式语言，即 Expression Language，通常简称为 EL 或 EL 表达式，它是 Sun 公司为 JSTL 所定制的，用于简化对变量和对象的访问。

10.1 表达式语言

EL 表达式的语法非常简单，所有的 EL 表达式都以“${”开始，以“}”结束，比如${name}。EL 表达式会将表达式中的结果在页面上输出，就像使用 JSP 的表达式结构或使用 out 内置对象进行输出一样。

10.1.1 运算符

在 EL 表达式中支持+、–、*、/、%运算。示例代码 10-1 中使用了 EL 表达式进行算术运算。图 10-1 展示了该示例的运行效果。

示例代码 10-1：

```
<%@ page language="java" pageEncoding="UTF-8"%>
<!DOCTYPE HTML>
<html>
  <head>
    <title>EL 表达式算术运算</title>
  </head>
  <body>
    12 + 15 = ${12+15}<br>
    12 * 15 = ${12*15}<br>
    12 - 15 = ${12-15}<br>
```

```
        12 / 15 = ${12/15}<br>
        12 % 15 = ${12%15}<br>
    </body>
</html>
```

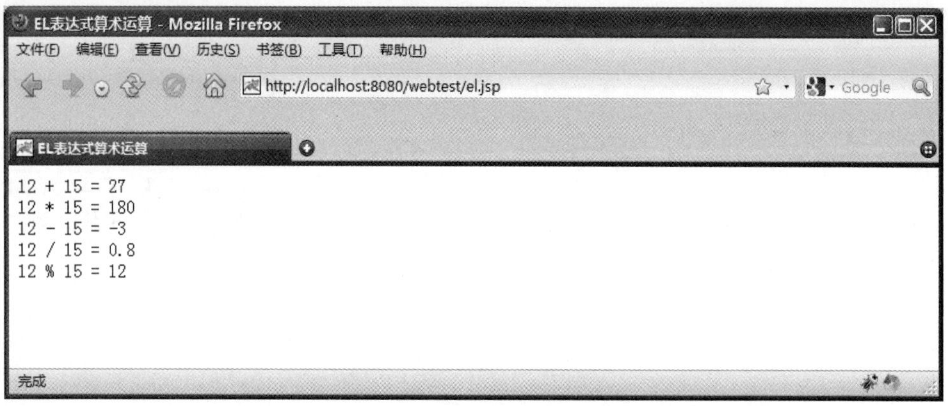

图 10-1　表达式算术运算结果

在 EL 表达式中还可以支持关系运算符操作，如示例代码 10-2 所示。

示例代码 10-2：

```
<body>
    12==15  ${12==15}<br>
    12<15  ${12<15}<br>
    12>15  ${12>15}<br>
    12<=15  ${12<=15}<br>
    12>=15  ${12>=15}<br>
    12!=15  ${12!=15}
</body>
```

EL 表达式除了支持普通的关系运算符，还可以使用字符来表示关系运算符，示例代码 10-3 中的写法和上面使用普通关系运算符表示的顺序一一对应。

示例代码 10-3：

```
<body>
    12==15  ${12 eq 15}<br>
    12<15  ${12 lt 15}<br>
    12>15  ${12 gt 15}<br>
    12<=15  ${12 le 15}<br>
    12>=15  ${12 ge 15}<br>
    12!=15  ${12 ne 15}
</body>
```

示例代码 10-2 和示例代码 10-3 的运行效果如图 10-2 所示。

EL 关系运算符及其对应字符表示如表 10-1 所示。

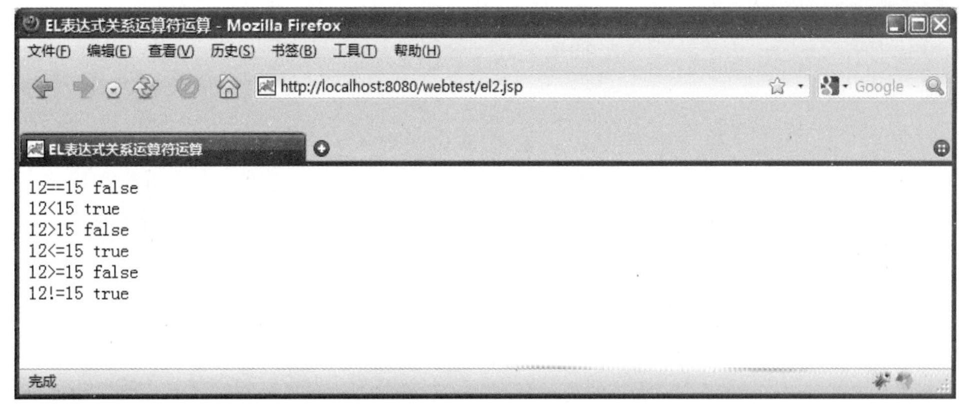

图 10-2 EL 关系运算符结果

表 10-1 EL 关系运算符及其对应字符表示

==	eq
<	lt
>	gt
<=	le
>=	ge
!=	ne

EL 表达式中同样支持逻辑运算，如示例代码 10-4 所示。

示例代码 10-4：

```
<body>
 ${12 < 15 && 12 < 15 }<br>
 ${12 < 15 and 12 < 15 }<br>
 ${12 < 15 || 12 > 15 }<br>
 ${12 < 15 or 12 >15 }<br>
 ${!(12 < 15) }<br>
 ${not (12 < 15) }
</body>
```

从上面的代码中可以看出 EL 表达式中不仅支持&&、||、!方式的逻辑运算符，同样也支持 and、or、not 方式的逻辑运算符。在 EL 表达式中也可以小括号来提升运算符的优先级。

EL 表达式中还可以使用 empty 运算符检测一个值是否为 null 或者为空，如示例代码 10-5 所示，其运行结果如图 10-3 所示。

示例代码 10 5：

```
<body>
   <%
     List list = new ArrayList();
     list.add("tom");
     pageContext.setAttribute("str", null);
     pageContext.setAttribute("list", list);
 %>
```

```
   ${empty str }
   ${empty list}
  </body>
```

①**empty** str 判断内容是否为 null

②**empty** list 判断集合 list 中是否有元素

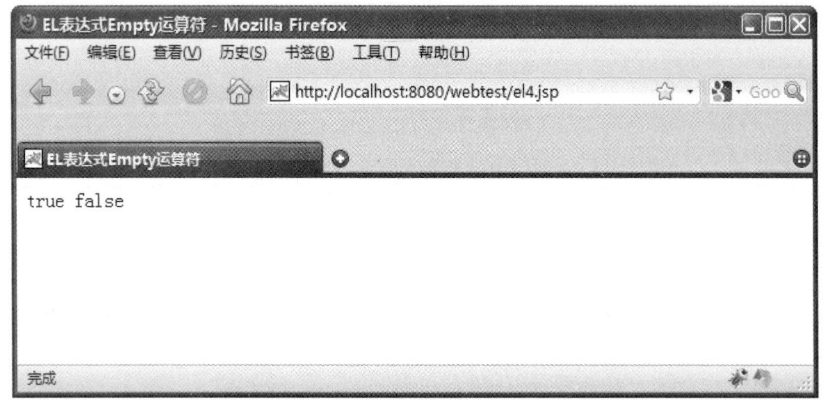

图 10-3　empty 运算符的运算结果

EL 表达式中还支持三元表达式方式的条件选择运算，例如：

```
<body>
 ${12 < 15 ? 'yes':'no' }
</body>
```

注意在 EL 表达式中的字符串需要使用单引号引起来。

10.1.2　访问对象

使用表达式语言的方便性不仅仅体现在对这些算术或关系运算的支持，它还可以很方便地访问对象。例如在上面讲 empty 运算符时，使用 EL 表达式可以访问 page 范围中的对象。EL 表达式不仅可以访问 page 中的对象，还可以访问 request、session、application 中的对象，如示例代码 10-6 所示，其运行效果如图 10-4 所示。

示例代码 10-6：

```
<body>

<%
    pageContext.setAttribute("name","tom");
    request.setAttribute("age","22");
    session.setAttribute("address","中国");
    application.setAttribute("score","75.5");
%>

${name}<br>
${age}<br>
${address}<br>
${score}<br>
```

```

</body>
```

图 10-4　访问对象

从上面的例子可以看出访问对象只需要在 EL 表达式中写对象的名称即可。EL 表达式默认会从 page、request、session、application 中按照顺序寻找名称匹配的对象，如果找不到，则不显示任何内容。还可以指定从哪个范围中获取对象，如示例代码 10-7 所示。

示例代码 10-7：

```
 <body>
<%
    pageContext.setAttribute("name","tom");
    request.setAttribute("age","22");
    session.setAttribute("address","中国");
    application.setAttribute("score","75.5");
%>
${pageScope.name}<br>
${requestScope.age}<br>
${sessionScope.address}<br>
${applicationScope.score}<br>
 </body>
```

① pageScope 代表 page 范围的作用域。

② requestScope 代表 request 范围的作用域。

③ sessionScope 代表 session 范围的作用域。

④ applicationScope 代表 application 范围的作用域。

作用域与范围的对应关系如表 10-2 所示。

表 10-2　作用域与范围的对应关系

作用域	范围
pageScope	page 范围
requestScope	request 范围
sessionScope	session 范围
applicationScope	application 范围

如果在范围内存放一个自定义类的对象，会出现什么样的结果呢？

设存在以下 User 类，如示例代码 10-8 所示。

示例代码 10-8：

```
public class User {
 private String name ; // 表示用户姓名的字段（field）
 private String address ; // 表示用户来自家乡地址的字段（field）
 public String getName() {
     return name;
 }
 public void setName(String name) {
     this.name = name;
 }
 public String getAddress() {
     return address;
 }
 public void setAddress(String address) {
     this.address = address;
 }
 @Override
 public String toString() {
     return name + "来自" + address;
 }
}
```

如果将 User 对象放入到 page 作用域中(即放入到 pageContext 的属性中)，如示例代码 10-9 所示。

示例代码 10-9：

```
<%
 User user = new User();
 user.setAddress("巴西");
 user.setName("小黑");
 pageContext.setAttribute("user",user);
 %>
```

在 JSP 页面中可以通过以下形式来访问用户对象

```
${user}
```

注意，在这里等同于输出 user.toString() 。因此其结果如图 10-5 所示。

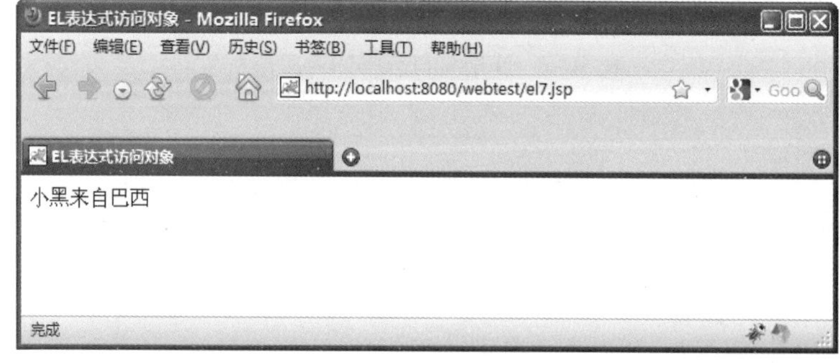

图 10-5　访问自定义类对象

通过上面的例子可以看出，如果直接输出自定义类的对象，EL 表达式将会访问类的 toString 方法并将返回值进行输出。当然我们还可以很方便地使用 EL 表达式获得对象的属性值，如示例代码 10-10 所示。

示例代码 10-10：

```
<body>
 <%
     User user = new User();
     user.setAddress("巴西");
     user.setName("小黑");
     pageContext.setAttribute("user",user);
  %>
  ${user.name}<br>
  ${user.address }<br>
</body>
```

通过点“.”运算符来获取对象 user 中的 name 属性的值。

需要特别注意的是，这里的 user.name 等同于访问 user.getName() 方法。故而这里的 name 实际是 getName()方法的方法名称(getName)将 get 剔除后，再将剩余部分(Name)的首字母变小写后得到的，并不是 getName()方法内部的 return 之后的那个 name，如图 10-6 所示。

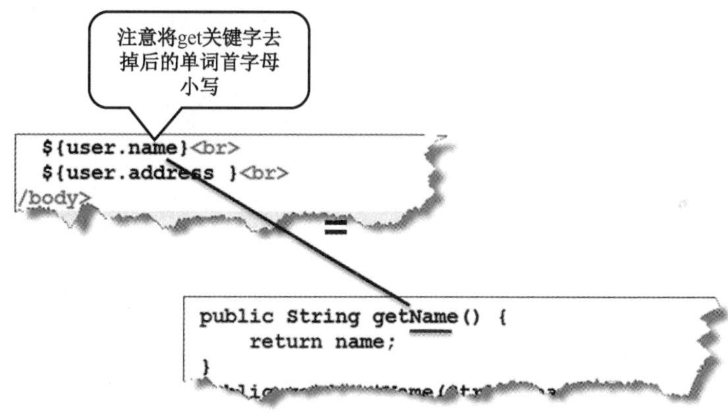

图 10-6　使用 EL 表达式访问对象属性

10.2　核心标签库

在使用 JSTL 之前需要先下载包含 JSTL 的 jar 包。JSTL 的 Jar 包由 jstl.jar 和 standard.jar 组成，下载的网址为 http://jakarta.apache.org/site/downloads/downloads_taglibs-standard.cgi。将下载好的压缩包内的 jstl.jar 和 standard.jar 放入到 Web 工程中的 lib 目录下，并在使用 JSTL 的 JSP 页面上使用 taglib 指令导入所需要的标签库即可。

核心标签库中包含了基本标签、条件标签、迭代标签。在使用 Core 标签时需要在 JSP 页面中使用 taglib 指令导入核心标签库：

```
<%@ taglib prefix="c" uri="http://java.sun.com/jsp/jstl/core" %>
```

因为核心标签库的前缀通常是 c，因此也被称作 c 标签库。

10.2.1 <c:set>标签

<c:set>标签用于在某范围中（pageContext、request、session、application）声明变量并赋值，它的属性如表 10-3 所示。

表 10-3 <c:set>标签的属性

属性名	描述
var	设置保存 value 的变量名
value	变量的值或将表达式的值作为变量值
scope	变量存储的范围，值为 page、request、session、application，默认为 page
target	要设置属性的对象，必须为 JavaBean（属性有 set 方法）或 java.util.Map 对象
property	要设置 target 对象属性的名称

（1）在 session 范围中设置变量 name 的值为“小黑”。

（2）在 page 范围中设置变量 age 的值为“22”，使用 value 属性可以为 var 变量赋值，同样也可以写在标签体中为 var 变量进行赋值。

（3）获得 user 对象并给 user 对象的 name 属性赋值为“林冲”，如果 target 获得的对象为 null，JSTL 会抛出异常。如果 target 的对象为 JavaBean，那么 property 中的值为 JavaBean 的属性，value 为 property 属性的值。

（4）获得 map 对象并给 map 的对象赋值。当 target 的对象为 java.util.Map 的对象时，property 作为 Map 中的键 y，value 作为 Map 的值。可以使用 value 属性为 property 赋值，也可以在标签体中为 property 属性赋值。

10.2.2 <c:out>标签

<c:out>标签用于将范围内的变量进行输出，其属性如表 10-4 所示。

表 10-4 <c:out>标签的属性

属性名	描述
value	输出变量的名字和值
escapeXml	确定在结果字符串中的字符“<>'"&”等符号应该被转换为对应的字符引用或预定义实体引用，默认值为 true
default	如果 value 为 null，则显示 default 中的值
target	用来获得一个引用
var	用来声明一个变量

使用 out 标签输出数据，如示例代码 10 -11 所示。

示例代码 10-11：

```
<body>
    <c:set var="name" value="小黑" scope="session"/>
```

```
        <c:set var="age" scope="page">
            22
        </c:set>
        <c:set var="code" value="<b>hello</b>"/>
        <c:out value="${name}"/> <br/>
        <c:out value="${age}"/><br/>
        <c:out value="${address}" default="没有值"/><br/>
        <c:out value="${address}">
            还是没有值
        </c:out> <br/>
        <c:out value="${code}"/><br/>
        <c:out value="${code}" escapeXml="false"/>
    </body>
```

示例代码 10-11 实现了：

①输出变量名为 name 的值。

②输出变量名为 address 的值，因为变量 address 未声明，所以获得的值为 null。如果 value 为 null，则会显示 default 中的值，或显示标签体中的值。

③输出变量名为 code 的值，变量 code 中包含有 HTML 的值。在<c:out>中 escapeXml 属性默认为 true，所以 HTML 代码会被原样输出不会被执行。

④将 escapeXml 值设置为 false，code 变量中的 HTML 值会被浏览器解析，其运行结果如图 10-7 所示。

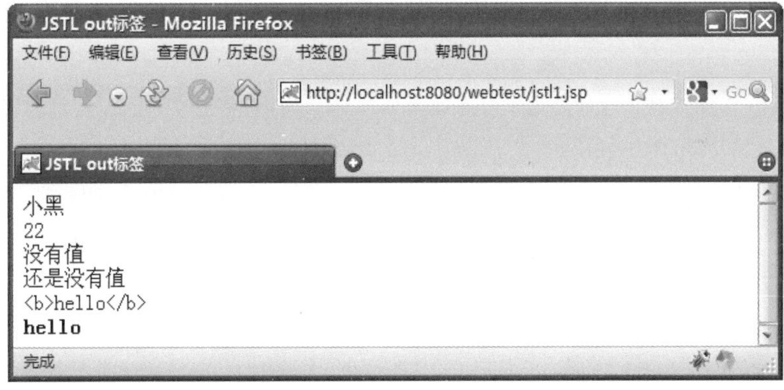

图 10-7 JSTL<c:out>标签

10.2.3 <c:remove>标签

<c:remove>标签用于将变量从范围内移除，其属性如表 10-5 所示。

表 10-5 <c:remove>标签的属性

属性名	描述
var	要移除的变量名称
scope	var 的范围名称，默认为 page

<c:remove>标签的简单应用如示例代码 10-12 所示，删除指定 scope 中的数据。

示例代码 10-12：

```
<body>
    <c:set var="name" value="小黑" scope="session"/>
    <c:remove var="name" scope="session"/>
</body>
```

10.2.4 <c:if>标签

<c:if>标签的作用和 Java 语言中的 if 语句功能是相同的，其属性如表 10-6 所示。

表 10-6 <c:if>标签的属性

属性名	描述
test	条件语句，用于判断标签体是否可以被执行
var	将 test 条件语句执行的结果保存在 var 声明的变量中
scope	var 的存储范围，默认为 page

<c:if>标签的简单应用如示例代码 10-13 所示。

示例代码 10-13：

```
<body>
    <c:if test="${12 > 10}" var="result" scope="page">
        12 大于 10  test 的结果为${result }
    </c:if>
    <c:if test="${12 < 10}">
        12 小于 10
    </c:if>
</body>
```

如果 test 条件成立，将条件返回值存储到 page 范围内的 result 变量中。注意 var 属性和 scope 属性不是必须的，但是如果使用 scope 属性，则必须使用 var 属性。

10.2.5 <c:choose>标签

<c:choose>、<c:when>和<c:otherwise>一起实现 Java 语言中的 if/else 功能。<c:choose>标签是<c:when>和<c:otherwise>标签的父标签，在<c:choose>标签中只能出现这两个子标签。其使用方式如示例代码 10-14 所示。

示例代码 10-14：

```
<body>
    <c:set var="name" value="tom"></c:set>
    <c:choose>
        <c:when test="${name eq 'jerry'}">
            jerry
        </c:when>
        <c:when test="${name eq 'tom'}">
```

```
                tom
            </c:when>
            <c:otherwise>
                other name
            </c:otherwise>
        </c:choose>
    </body>
```

①如果<c:when>标签 test 条件返回值为 true，则该<c:when>标签体会执行。

②如果<c:choose>标签中的<c:when>标签都不成立，则执行<c:otherwise>标签体。

10.2.6 <c:catch>标签

<c:catch>为捕捉异常标签。该标签主要用于处理产生错误的异常情况，并且将错误信息进行存储，该标签语法格式如下：

```
<c:catch var="variableName">
   // 这里是可能抛出异常的代码
</c:catch>
```

其中，var 用于标记异常的名字，类型为 String，该属性的作用域必须是 page。

10.2.7 <c:forEach>标签

<c:forEach>标签为 Core 标签库中的迭代标签，主要属性如表 10-7 所示。

表 10-7 <c:forEach>标签的属性

属性名	描述
var	存储当前迭代元素的变量名
items	被迭代的集合或数组
varStatus	迭代状态对象的变量名
begin	指定迭代开始的索引
end	指定迭代结束的索引
step	迭代的步长

示例代码 10-15 实现了将数组和集合存入到 request 范围内。

示例代码 10-15：

```
<%@ page language="java" import=" java.util.*" pageEncoding="UTF-8"%>
<%
 Map<String,String> map = new HashMap<String,String>();
 map.put("key1","value1");
 map.put("key2","value2");
 map.put("key3","value3");
 List<String> list = new ArrayList<String>();
 list.add("list1");
 list.add("list2");
 list.add("list3");
```

```
    String[] strs = {"str1","str2","str3"};
    request.setAttribute("list",list);
    request.setAttribute("strs",strs);
    request.setAttribute("map",map);
request.getRequestDispatcher("jstl1.jsp").forward(request,response);
%>
```

示例代码 10-16 使用<c:forEach>标签迭代数组和集合，运行结果如图 10-8 所示。

示例代码 10-16：

```
<body>
   对数组的迭代：<br/>
   <c:forEach var="str" items="${strs}" varStatus="status">
       ${status.count}
       ${str}<br/>
   </c:forEach>
   对 List 集合的迭代：<br/>
   <c:forEach var="listItem" items="${list}" begin="0" end="1">
       ${listItem}<br/>
   </c:forEach>
   对 Map 集合的迭代：<br/>
   <c:forEach var="mapItem" items="${map}">
       ${mapItem.key} : ${mapItem.value}<br/>
   </c:forEach>
</body>
```

（1）遍历数组，将数组中每个元素存储到 str 变量中并在迭代体中输出。在 varStatus 属性中声明迭代状态对象 Status。Status 对象是 javax.servlet.jsp.jstl.core.LoopTagStatus 接口的对象，在该接口中还定义了 getIndex()、getCount()、getFrist()、getLast()四个方法，分别代表当前元素的索引、当前元素是第几个元素、当前元素是否为第一个元素、当前元素是否为最后一个元素，在使用时需要去掉 get，并将 get 后面的字母小写。

（2）对 List 集合的迭代，begin 属性指定了迭代的开始索引，end 属性指定迭代的结束索引。

（3）迭代 map 集合，调用 map 集合中元素的 key 和 value 属性可以获得该元素的 key 值及 value 值。

图 10-8　使用 forEach 标签迭代数组和集合

10.3 格式化标签库

在使用 JSTL 格式化标签库时，需要在使用的 JSP 页面中使用 taglib 指令导入格式化标签：

```
<%@ taglib prefix="fmt" uri="http://java.sun.com/jsp/jstl/fmt" %>
```

在 JSTL 格式化标签中最重要的是<fmt:formatNumber>标签和<fmt:formatDate>标签，分别代表对数字和日期的格式化输出。

10.3.1 <fmt:formatNumber>标签

formatNumber 标签的属性及其作用如表 10-8 所示。

表 10-8 formatNumber 标签的属性

属性名	描述
value	要格式化的值
type	要按照什么类型（数字、货币、百分比）去格式化。默认值为 number。货币为 currency，百分比为 percent
pattern	自定义的格式化样式
currencyCode	ISO 4217 货币代码。只适用于格式化货币，其他格式化类型则忽略此属性
currencySymbol	货币符号，比如"￥"。只适用于格式化货币，其他格式化类型则忽略此属性
groupingUsed	格式化的输出是否采用分组方式输出。默认为 true
maxIntegerDigits	指定格式化输出的整数部分的最大数字位数
minIntegerDigits	指定格式化输出的整数部分的最小数字位数
maxFractionDigits	指定格式化输出的小数部分的最大数字位数
minFractionDigits	指定格式化输出的小数部分的最小数字位数
var	将格式化后的结果存储到范围内的变量名
scope	将 var 变量存储到的范围名称。默认为 page

formatNumber 标签的简单应用如示例代码 10-17 所示，其运行结果如图 10-9 所示。

示例代码 10-17：

```
<body>
      格式化货币：
 <fmt:formatNumber value="7898712.567878"
                       type="currency"
                       currencySymbol="$"
                       maxFractionDigits="3"/>
      <br/>
 格式化数字：
 <fmt:formatNumber value="123456.1" type="number"
minFractionDigits="3"/>
      <br/>
 格式化百分比：
 <fmt:formatNumber type="percent">
```

```
    0.98
  </fmt:formatNumber>
</body>
```

①type="currency"，将 value 中的值格式化为美元货币格式，小数部分最大位数为 3 位。

②type="number"，将 value 中的值格式化为数字格式，小数部分最小位数为 3 位，不足 3 位使用 0 补齐。

③type="percent"，将标签体内的值格式化为百分比格式。“percent”仅用在 Apache JSTL 中，其他容器提供的 JSTL 要写作“percentage”。

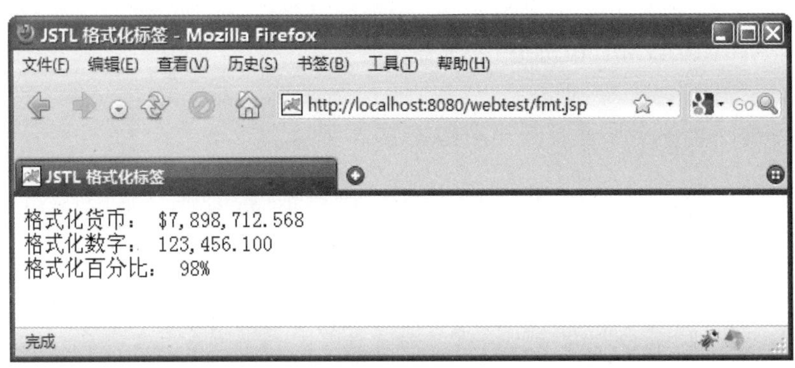

图 10-9 <fmt:formatNumber>标签格式化运行结果

10.3.2 <fmt:formatDate>标签

formatDate 标签的属性及其作用如表 10-9 所示。

表 10-9 formatDate 标签的属性

属性名	描述
value	要格式化的日期或时间，类型为 java.util.Date
type	指定 value 中的日期部分或时间部分要进行格式化还是全部都要格式化。值为 time|date|both，默认为 date
dateStyle	日期的预定义格式化样式，有 default | short | medium | long | full 五种样式，默认为 default
timeStyle	时间的预定义格式化样式，有 default | short | medium | long | full 五种样式，默认为 default
pattern	自定义格式化时间或日期样式
timeZone	使用时区
var	将格式化后的值保存到范围内的变量值
scope	var 变量保存的范围

formatDate 标签的简单应用如示例代码 10-18 所示，其运行结果如图 10-10 所示。

示例代码 10-18：

```
<body>
    <fmt:formatDate value="<%=new java.util.Date() %>"
                   pattern="yyyy 年 MM 月 dd 日"/>
  <br/>
    <fmt:formatDate value="<%=new java.util.Date() %>"
```

```
dateStyle="full"/>
        <br/>
        <fmt:formatDate value="<%=new java.util.Date() %>"
type="time"/>
    </body>
```

图 10-10 使用<fmt:formatDate>格式化日期

10.4 思维梳理

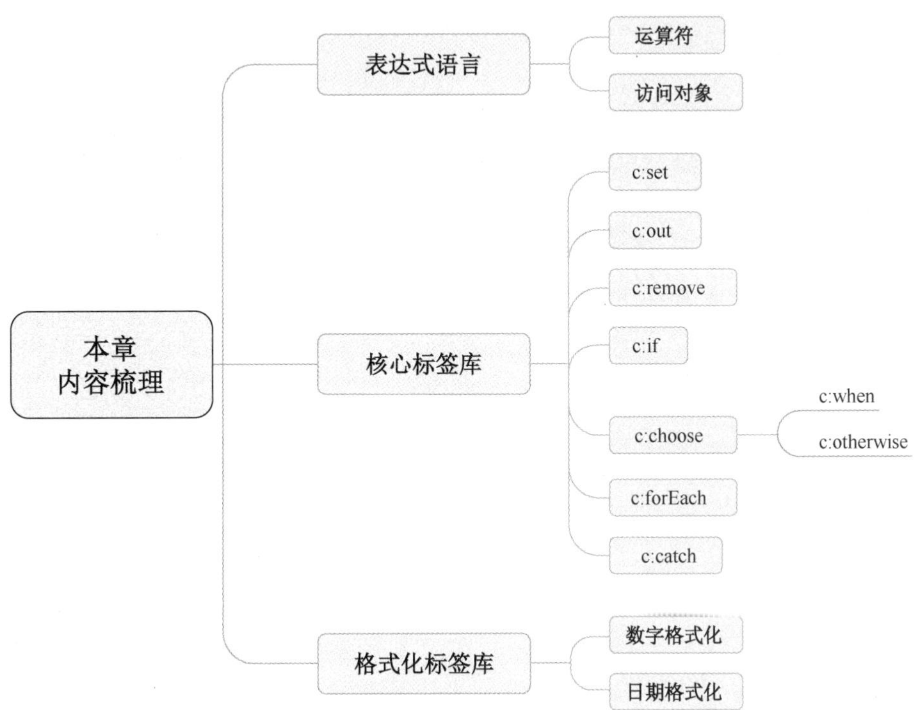

10.5 习题

（1）表达式语言（EL）的作用是什么？

（2）JSTL 标签库对 JSP 程序开发有何意义？

（3）<c:set>标签中的 scope 属性的作用是什么，其取值有哪些？

（4）<c:forEach>标签中的 varStatus 属性的作用是什么？该属性是什么类型？

（5）<c:when>标签是否可以脱离<c:choose>标签独立使用？

（6）<c:if>标签的 test 属性中是否可以直接使用字符串而不使用表达式？

附录 A

@WebServlet 属性列表

@WebServlet 中定义的常用属性及含义如下：

类型	名称	功能
String[]	urlPatterns	指定一组 Servlet 的 url 的匹配模式。 各属性值等价于 web.xml 中的<url-pattern>元素。 示例：urlPatterns={ "/hello","/hello/*" }
String[]	value	与 urlPatterns 作用相同。 不能与 urlPatters 同时出现在注解中。 示例：value = { "/hello" ,"*.do" }
int	loadOnStartup	指定 Servlet 的加载顺序。 等价于 web.xml 中的<load-on-startup>元素。 示例：loadOnStartup = 1

WebInitParam[]	initParams	指定当前 Servlet 的初始化参数。
		等价于 web.xml 中的<init-param>元素。
		示例：
		initParams={
		@WebInitParam(name="csn",value="UTF-8"),
		@WebInitParam(name="encode",value="true")
		}

boolean	asyncSupported	声明 Servlet 是否支持异步操作模式。 等价于 web.xml 中的<async-supported>元素。 示例：asyncSupported = true
String	name	指定 Servlet 的名称。 等价于 web.xml 中的<servlet-name>元素。 若未显式指定，则默认采用当前类的全限定类名。 示例：name ="HelloServlet"
String	description	指定当前 Servlet 的描述信息。 等价于 web.xml 中的<description>元素。 通常可以通过 getServletInfo 方法获取该属性的值。 示例：description="我的第一个 Servlet 程序"

附录 B
常用 MIME 类型

类型/子类型	扩展名
application/envoy	evy
application/fractals	fif
application/futuresplash	spl
application/hta	hta
application/internet-property-stream	acx
application/mac-binhex40	hqx
application/msword	doc
application/msword	dot
application/octet-stream	*
application/octet-stream	bin
application/octet-stream	class
application/octet-stream	dms
application/octet-stream	exe
application/octet-stream	lha
application/octet-stream	lzh
application/oda	oda
application/olescript	axs
application/pdf	pdf
application/pics-rules	prf
application/pkcs10	p10
application/pkix-crl	crl
application/postscript	ai
application/postscript	eps
application/postscript	ps
application/rtf	rtf
application/set-payment-initiation	setpay
application/set-registration-initiation	setreg
application/vnd.ms-excel	xla

续表

类型/子类型	扩展名
application/vnd.ms-excel	xlc
application/vnd.ms-excel	xlm
application/vnd.ms-excel	xls
application/vnd.ms-excel	xlt
application/vnd.ms-excel	xlw
application/vnd.ms-outlook	msg
application/vnd.ms-pkicertstore	sst
application/vnd.ms-pkiseccat	cat
application/vnd.ms-pkistl	stl
application/vnd.ms-powerpoint	pot
application/vnd.ms-powerpoint	pps
application/vnd.ms-powerpoint	ppt
application/vnd.ms-project	mpp
application/vnd.ms-works	wcm
application/vnd.ms-works	wdb
application/vnd.ms-works	wks
application/vnd.ms-works	wps
application/winhlp	hlp
application/x-bcpio	bcpio
application/x-cdf	cdf
application/x-compress	z
application/x-compressed	tgz
application/x-cpio	cpio
application/x-csh	csh
application/x-director	dcr
application/x-director	dir
application/x-director	dxr
application/x-dvi	dvi
application/x-gtar	gtar
application/x-gzip	gz
application/x-hdf	hdf
application/x-internet-signup	ins
application/x-internet-signup	isp
application/x-iphone	iii
application/x-javascript	js
application/x-latex	latex
application/x-msaccess	mdb
application/x-mscardfile	crd
application/x-msclip	clp
application/x-msdownload	dll

续表

类型/子类型	扩展名
application/x-msmediaview	m13
application/x-msmediaview	m14
application/x-msmediaview	mvb
application/x-msmetafile	wmf
application/x-msmoney	mny
application/x-mspublisher	pub
application/x-msschedule	scd
application/x-msterminal	trm
application/x-mswrite	wri
application/x-netcdf	cdf
application/x-netcdf	nc
application/x-perfmon	pma
application/x-perfmon	pmc
application/x-perfmon	pml
application/x-perfmon	pmr
application/x-perfmon	pmw
application/x-pkcs12	p12
application/x-pkcs12	pfx
application/x-pkcs7-certificates	p7b
application/x-pkcs7-certificates	spc
application/x-pkcs7-certreqresp	p7r
application/x-pkcs7-mime	p7c
application/x-pkcs7-mime	p7m
application/x-pkcs7-signature	p7s
application/x-sh	sh
application/x-shar	shar
application/x-shockwave-flash	swf
application/x-stuffit	sit
application/x-sv4cpio	sv4cpio
application/x-sv4crc	sv4crc
application/x-tar	tar
application/x-tcl	tcl
application/x-tex	tex
application/x-texinfo	texi
application/x-texinfo	texinfo
application/x-troff	roff
application/x-troff	t
application/x-troff	tr
application/x-troff-man	man
application/x-troff-me	me
application/x-troff-ms	ms
application/x-ustar	ustar

续表

类型/子类型	扩展名
application/x-wais-source	src
application/x-x509-ca-cert	cer
application/x-x509-ca-cert	crt
application/x-x509-ca-cert	der
application/ynd.ms-pkipko	pko
application/zip	zip
audio/basic	au
audio/basic	snd
audio/mid	mid
audio/mid	rmi
audio/mpeg	mp3
audio/x-aiff	aif
audio/x-aiff	aifc
audio/x-aiff	aiff
audio/x-mpegurl	m3u
audio/x-pn-realaudio	ra
audio/x-pn-realaudio	ram
audio/x-wav	wav
image/bmp	bmp
image/cis-cod	cod
image/gif	gif
image/ief	ief
image/jpeg	jpe
image/jpeg	jpeg
image/jpeg	jpg
image/pipeg	jfif
image/svg+xml	svg
image/tiff	tif
image/tiff	tiff
image/x-cmu-raster	ras
image/x-cmx	cmx
image/x-icon	ico
image/x-portable-anymap	pnm
image/x-portable-bitmap	pbm
image/x-portable-graymap	pgm
image/x-portable-pixmap	ppm
image/x-rgb	rgb
image/x-xbitmap	xbm
image/x-xpixmap	xpm
image/x-xwindowdump	xwd
message/rfc822	mht
message/rfc822	mhtml

续表

类型/子类型	扩展名
message/rfc822	nws
text/css	css
text/h323	323
text/html	htm
text/html	html
text/html	stm
text/iuls	uls
text/plain	bas
text/plain	c
text/plain	h
text/plain	txt
text/richtext	rtx
text/scriptlet	sct
text/tab-separated-values	tsv
text/webviewhtml	htt
text/x-component	htc
text/x-setext	etx
text/x-vcard	vcf
video/mpeg	mp2
video/mpeg	mpa
video/mpeg	mpe
video/mpeg	mpeg
video/mpeg	mpg
video/mpeg	mpv2
video/quicktime	mov
video/quicktime	qt
video/x-la-asf	lsf
video/x-la-asf	lsx
video/x-ms-asf	asf
video/x-ms-asf	asr
video/x-ms-asf	asx
video/x-msvideo	avi
video/x-sgi-movie	movie
x-world/x-vrml	flr
x-world/x-vrml	vrml
x-world/x-vrml	wrl
x-world/x-vrml	wrz
x-world/x-vrml	xaf
x-world/x-vrml	xof

附录 C

page 指令的属性

属性名称	属性功能
language	设置当前页面中编写 JSP 脚本所使用的语言。 目前只支持 Java 语言。 示例: <%@ page language="java" %>
pageEncoding	指示将当前 JSP 转换为 Servlet 时所使用的字符编码。 默认值为 ISO-8859-1。 示例: <%@ page pageEncoding=" UTF-8" %>
contentType	设置响应结果的 MIME 类型。 默认为 text/html，默认字符编码为 ISO-8859-1。 示例: <%@ page contentType="text/html;charset=UTF-8" %>
buffer	设置 out 对象所使用的缓冲区容量。 默认取值为 8Kb，表示 out 对象所用的缓冲区容量。 当取值为 none 时，表示不使用缓存(等同于 0Kb)，而是通过 out 对象直接将内容输出。 示例: <%@ page buffer="8kb" %>
autoFlush	设置 out 对象缓冲区中的内容是否自动刷出。 默认值为 true，表示 out 对象缓冲区已满时自动将其中的内容输出到客户端。 若取值为 false，当缓冲区中内容超出缓冲区容量限制时，可能触发 JSP Buffer overflow 溢出异常。 示例: <%@ page autoFlush="true" %>
session	默认值为 true，表示当前 JSP 页面支持访问 session。 当取值为 false 时，当前 JSP 页面不能访问 session。 示例: <%@ page session="true" %>
isErrorPage	指示当前 JSP 是否是一个异常处理页面。 默认值为 false，表示当前 JSP 并不是异常处理页面。 取值为 true 时表示当前 JSP 是一个异常处理页面，此时在该 JSP 中可以通过 exception 对象来获取异常信息。 示例: <%@ page isErrorPage="true" %>
errorPage	用来设置当前 JSP 出现异常时所要调用的 JSP 页面。 示例: <%@ page errorPage="catch.jsp" %>

续表

属性名称	属性功能
isELIgnored	告知 JSP 容器是否忽略 JSP 文件中的 EL 表达式 默认值是 false，表示不忽略 EL 表达式。 取值为 true 时，容器会忽略当前页面上的 EL 表达式。 示例: <%@ page isELIgnored ="false" %>
isThreadSafe	默认值为 true，表示当前 JSP 被转换为 Servlet 后，会以多线程方式处理来自多个客户端的请求。 若设置为 false，则转换后的 Servlet 会实现 SingleThreadModel 接口，此时该 Servlet 将以单线程方式处理来自多个客户端的请求。 注:从 Servlet 2.4 开始，已不赞成使用 SingleThreadModel 接口。 示例: <%@ page isThreadSafe="true" %>
extends	指示当前 JSP 被转换为 Servlet 后继承哪个父类。 通常不设置该属性的值，JSP 容器会提供转换后的 Servlet 的父类。 示例: <%@ page extends="javax.servlet.http.HttpServlet" %>
info	用来设置当前 JSP 转换为 Servlet 后的描述信息。 可以通过 Servlet.getServletInfo() 来获取。 示例: <% page info="这是一个 JSP 页面" %>
import	类似于 Java 类中的 import 语句，用于导入当前 JSP 文件中所依赖的类或包 示例一(在一个 page 指令中导入多个包): <%@ page import="java.util.*,java.text.*" %> 示例二(用多个 page 指令分别导入不同的包): <%@ page import =" java.util.*" %> <%@ page import =" java.text.*" %>

在 JSP 2.1 规范中引入了两个新的属性：

- trimDirectiveWhitespaces

该属性用来设置是否删除由 JSP 输出产生的 HTML 文档中多余的空行。

默认值为 false，表示不清除多余的空行；当取值为 true 时，表示清除多余的空行。

```
<%@ page trimDirectiveWhitespaces ="true " %>
```

- deferredSyntaxAllowedAsLiteral

该属性用来指示在 JSP 页面的模板文本中是否允许出现字符序列 #{ 。

在 JSP 2.1 中，字符序列 #{ 被保留给表达式语言使用，故不能在模板文本中直接使用 #{。

如果需要在 JSP 模板中出现字符序列 #{ ，则可以将该属性值设置为 true 。

默认值为 false ，表示当模板文本中出现字符序列#{时，将引发页面转换错误

```
<% page deferredSyntaxAllowedAsLiteral ="true " %>
```

以上两个属性需要在支持 JSP 2.1 规范的容器中才能使用，而我们所采用的 Apache Tomcat 容器，从 6.0 版本开始就已经支持 JSP 2.1 规范。我们所采用的 Apache Tomcat 8.x 更是支持 JSP 2.2 规范，因此可以放心使用。